探究室内与设计的真谛

——人类与建成环境的相互关系

[英] 莎茜·卡安　著
谢　天　顾蓓蓓　译

中国建筑工业出版社

著作权合同登记图字：01－2011－3783号

图书在版编目（CIP）数据

探究室内与设计的真谛——人类与建成环境的相互关系/（英）卡安著；谢天等译．北京：中国建筑工业出版社，2013.5
ISBN 978－7－112－15382－4

Ⅰ．①探… Ⅱ．①卡…②谢… Ⅲ．①室内装饰设计－基本知识
Ⅳ．①TU238

中国版本图书馆 CIP 数据核字（2013）第087758号

This book was designed, produced and published in 2011 by Laurence King Publishing Ltd., London

本书由英国 Laurence King 出版社授权翻译出版

责任编辑：孙立波　程素荣
责任设计：董建平
责任校对：陈晶晶　关　健

探究室内与设计的真谛
——人类与建成环境的相互关系
[英] 莎茜 · 卡安　著
谢　天　顾蓓蓓　译
*
中国建筑工业出版社出版、发行（北京西郊百万庄）
各地新华书店、建筑书店经销
北京嘉泰利德公司制版
北京方嘉彩色印刷有限责任公司印刷
*
开本：787×1092毫米　1/16　印张：12¼　字数：240千字
2013年7月第一版　2013年7月第一次印刷
定价：88.00元
ISBN 978－7－112－15382－4
（23368）

目录

作者致谢

本书的出版正如一句建筑谚语所言：“建造一栋房屋需要动用整个村庄的力量”（it takes a village to build a building）。我的研究源自我的学生所提出的简单却又尖锐的问题，它促使我去探索深层次地理解并调研人类需求和设计原则之间的一些基本关系。项目结束之际，我想感谢大家对项目的完成所作出的贡献，这些贡献包括各种讨论、建议、研究和观点的评论，以及不同版本的手稿。除了我接触的这些人，我还要由衷地感谢那些帮助我将手稿付诸出版的人，感谢他们给予的帮助。

作为一名教师，我首先要感谢所有的学生，我从他们那里学到了很多东西，正是他们的好奇心和对设计需求理解的不断发问，促使我寻求复杂问题的综合解答。本书的观念诞生于释疑的需求，而在这一过程中，它极大地提高了我对问题的理解力。

感谢 Laurence King 出版社的主任编辑 Philip Cooper，他不仅鼓励我将观点写成文字，还耐心地引导我经历了写作和出版的有趣旅程。事实上，我应该感谢 Laurence King 出版社的整个团队，在本书的出版过程中，他们给予了很多方面的帮助。如果没有他们的支持与帮助，我的观点还只能停留在口头辩论的层面上。

为了更加全面地阐述这些原创的观点，我需要广泛的理论性研究尝试，而我有幸得到了一群优秀的研究人员的帮助。非常感谢 Mikel Ciemny、Heidi Druckemiller、Olivia Klose、Karla de Vries 和 Tara Rasheed 的帮助，他们坚持不懈地帮助我查找正确的原始资料、解释说明和参考文献。他们的帮助为论文奠定基石、保持连贯性作出了巨大贡献。如果没有 Patrick Ciccone 的帮助和支持，所有的观点假设和文字内容不会具有思考性和内聚力。他专心致志研究的成果帮助我确定了核心论点。如果没有 Annabel Barnes 对细节的关注和专门的支持，我无法完成最后的手稿，她确保了准确无误地汇总所有材料。

我的顾问、同事和同辈——Susan Szenasy、Ruth Lynford、Madeline Lester、Denise Guerin、Beth Harmon-Vaughn、Jennifer Busch、Danielle Galland、Cheryl Lim、Ian Pirie、John Rouse、Phillip Abbott、Brad Powell 和 Drew Plunkett 在写作过程中以及手稿的不同阶段，都提供了宝贵意见和真知灼见，他们帮助我剖析、检测并重组核心论点和关键内容。帕森斯新设计学院（Parsons the New School for Design）所在系里的同事也都贡献了专家性的意见和智慧，直接或间接地树立了我对这项研究的必要性的坚定信念，他们人数太多，在此不一一列举他们的名字。

我最近在世界各地和全球性组织进行宣传，我意识到，本书中讨论的许多问题已经超越了国家和文化的界限。这是我在国际室内设计师 / 建筑师联盟（IFI）（the International Federation of Interior Designers/Architects）任职期间的工作中得到的体会，在那里我既是一名成员，也是主席。来自世界各地的成员和组织在广度和深度方面极大地拓展了我的见识。Kristi Cameron 和 Liz Faber 编辑的专业知识和洞察力为语句清楚准确的表达起到了决定性的作用，使得语句最恰如其分地表达了我的意思。

最后，我要感谢一名重要人士——我的导师 Theodore Prudon，如果没有他无私的支持和鼓励，我不可能完成这项研究，他源源不断提供的素材为这本书奠定了深度，他的智慧也同样深植于这本书的内容当中。

总之，《探究室内与设计的真谛——人类与建成环境的相互关系》提供了一系列相互关联的论点，它们的共同点在于围绕人类居住的设计环境的重要性，拓展讨论的范围，从而引发更大范围的关注。本书所表达的观点获得了众多的帮助与支持，不仅包括文中提到的，还包括在写作过程中以其他方式介入的帮助与支持。我们正处在一门崭新领域的研究前沿，而设计可以引导这一领域进入更加完善的、更加敏锐的人工环境。对此，我充满信心。

序言：设计的深层思考

众所周知，当代社会的各行各业都处于危机之中。以前世纪所创造并发展成熟的各种方法似乎已经无济于事。各种迹象表明我们还没有准备好迎接这场危机。在工业化社会的许多部门中，快速决定的思维方法取代了审慎的、系统的方法，这种系统的方法能够产生长效的、利于民主的制度。而系统方法的失效机制导致了危机的形成，其原因在于我们处于全球化经济之中，它的特征是资本快速流通，而人们却原地不动，限于各自的需求、智慧和当地资源，不得不自谋生计。

要理解这种新的背景，我们必须拓展思维方式，充分考虑当代超负荷的需求：全球范围内巨大且灾难性的环境恶化、大流量且快速的全球通信、史无前例改变生活的技术革新。这些发展要求新的思维方法——立足于每一种范围、每一种文化、每一个地理位置，重新考量我们的世界。正如其他的方法和设计，那种可以影响所有文化的、经过缜密思考的人类行为必须发生转变，采取系统的思考方式。

这本书指出了当今日益更新的复杂世界中室内设计的方法，它深入地分析了各类现象——将人类、与人类紧密相连的环境、人类的室内环境结合为一个整体。它探究了人类与空间之间稳固的、不断发展的关系，这是我们长期居住的空间——或是我们的居家所在，或是其他室内空间。这种亲密的关系最早可以追溯到洞穴时代，它曾是人类祖先的庇护所，当今的高层办公楼仍然延续了这层关系，在宜人的、精致的空间环境里，我们可以从事复杂的、无形的电子交易。

尽管人类的居住环境已经从原始的洞穴演进为现代的办公空间，我们似乎已经忘记了那些使我们成为人类的最基本的需求：寻求庇护所、寻求社会福利、寻求社会交往。从这本书中的每一个章节，以及这本书所涉及的读物中，读者将了解到社会学家通过观察、文献记载和分析得出的结论，以及即将进一步展开的研究。现在，这种科学方法必须成为设计思维的基石，因为室内艺术（美观、情感、直觉）需要建立在科学的基础之上（观察、研究、分析）。

即使当专业进一步向前发展，室内环境质量达到更高的标准，要求无害的、健康的材料，我们仍然需要深入研究人类的行为与情感、舒适感觉与体验。尽管室内设计师们能够用文件证明他们设计作品的绿色程度，但直觉告诉他们这种工作方法是不全面的。巴克敏斯特·富勒（Buckminster Fuller）所称为整体的设计方法或系统的思维方式，关注我们的感觉——气味、声音、温度、触觉——以及支持他们的自然和人工环境。

读者即将开始踏上一段富有吸引力的旅程，这段旅程讲述了艺术与科学如何共同造福于身居室内空间中的人类，如何为他们提供人类进化所需的自然环境，并如何创造了室内空间设计的职业。在这一过程中，读者将会重温人类生存的基本条件：信任、尊严和满足。

苏珊·S·塞纳希（Susan S.Szenasy）

《大都会杂志》（*Metropolis Magazine*）主编

2010 年 9 月

绪论

作为职业人士的室内设计师并不十分了解室内设计的学科内涵，也不会在意群众对其设计作品的普遍接受程度。他们施展受过良好训练的专业技能，用信手拈来的方式快速解决问题，通过满足客户需求获得自我满足。但是，当我作为纽约帕森斯新设计学院室内设计系的主任，结识了一群充满思想的年轻人时，他们如同我一样，正致力于研究设计并试图营建意义丰富的环境，你很快就会发现他们在寻求一种更加综合的专业技能的定义方式：它如何确切地与其他设计学科相关联，它的独特之处是什么？我们又为什么需要室内设计？

作为一名接受过建筑学、工业设计和室内设计训练的专业人士，我非常清楚地知道，所有设计学科本质上是共享特定的技巧。但同时我也知道这一事实：这些学科所关注的领域未必可以互换。通常，建筑师设计建筑物、处理室内空间时主要考虑这些空间的形状如何影响居住者，而对于工作或旅行途中需长时间坐在椅子上的人们，工业设计师关注他们的舒适度和功能需求，以及这些产品的周围环境。专业室内设计师则思考人们如何占据和体验空间，如何安置和使用物品，这些物品置于空间之中的方式让我们意识到我们作为个体的属性，意识到我们如何与他人联系，并通过成熟的环境创造其他一些无形的特质进而成功地完成上述使命。这并不仅局限于（任何尺度的）单个空间，也局限于相互关联的要素转变所产生的体验表述（无论有或没有实际的墙体或顶棚），室内设计的核心是理解所塑造的负空间和虚空间的抽象品质。所有这些复杂的部分需要综合在一起才能形成一个有凝聚力的整体。

塑造居住空间是人类的本能。自从人类第一次放弃露天宿营，栖身于有屋顶和墙体围护的庇护所，人类一直在改变周围的环境，改造和塑造环境中的各种要素，力图维持并提高人类生活的质量。从此，室内空间和设计紧密地与人类联系在一起。与其他学科不同的是，室内空间将人类、行为和情感非常紧密地界定在建成环境之中。然而，这样的答案并不能令我的学生满意，他们需要一种更加清晰、更加完善的关于学科特征的定义，以及关于他们所选择的职业——室内设计的定义。

我从帕森斯室内设计系主任的职位卸任之后，我的工作室开始接受一些国际设计任务，我也被委任为国际室内设计师/建筑师联盟（IFI）的主席，我开始意识到有一项更重要的议题亟待解决。我们不但不理解当代室内设计的作用，而且我们还处在高度全球化和社会变革的前沿，这些变化深刻影响了我们对居住方式的需求，也影响了我们对消遣度日的室内场所的需求，可以说，这一点影响了所有的设计。人类作为一个成功的物种，在地球上顽强地生存，而它的生态系统已经失去平衡。城市和建筑物的密度不断提高，我们努力使其容纳更多的人，使更多的人成为城市居民。在不久的未来，我们将居住在巨大、复杂的建筑物中，它们构成了一体化的邻里和社区。室内空间设计给我们带来了新的挑战，它促使我们记住设计的首要初衷：它是人类提高生存条件，为人类获得物质和精神愉悦感受的一种方法。因此，面对这些挑战，学科将如何发展?

我们正处于世界历史以及设计学科发展进程中的一个关键时刻，为了迎接我们面对的挑战，室内设计学科需要建立更牢固的基础，这要求加强关于建成环境如何影响人类的科学知识。室内设计意味着需要广泛地了解社会和环境行为并为此担负更多的责任与义务，意味着确信知识深植于教育和实践环节之中。本书致力于介绍当代实践的发展，以及学科如其所是的原因。通过收集现象学和感官方面的数据，介绍了室内设计必须如何变革，它如何涵盖对人类行为的全面理解，以及理解设计语言如何影响学科。一旦我们能更好地将人们对物体和空间的体验进行量化和定性，我们就能让新的设计知识顺应我们的教学和设计进程。最终新知识将在建成环境和空间使用者之间形成更高的认知度，并加强两者之间的联系。它将产生并提升幸福感，促进人类的进步。

这种设计研究的需求并不局限于某一特定的设计学科，而是构成一门通用语言的组成部分，即使专业学科变得更加具体化，它也为学科之间的协同合作实践提供了预留空间。在所有的设计学科中，室内设计发挥了重要的作用，引领着所有影响设计实践的知识核心体系的发展：室内应满足、并一直满足了我们对建筑的最基本需求。尽管人类的未来与历史紧密相连，过去的历史不仅表现为风格化的时期，还呈现于人类进化的过程中。历史源自于人类自身，因此设计也源自于人类自身，它展望和勾画未来建成环境，是对建成环境的一种敏感的回应和责任担当。

莎茜·卡安

2010 年 9 月

第一章

寻找庇护所

The Search for Shelter

人类最早的遗迹证明人类最初是猎人，也是艺术家，但他一直需要具备关于想象力的技能：幻想、意识、猜测和假设等。

盖伊·达文波特（Guy Davenport）
《想象的地理学》（*The Geography of the Imagination*）[1]

在洞中的原始人画像。尽管原始洞穴画像的目的不明确，但在不容易获得实证的领域却不乏这样的例子。尽管理论繁多，但普遍认为其不只是一种装饰，还有更大的作用。当我们的祖先发现洞穴的内部空间时，就已经创造了最早的室内空间。这一环境创造了一个远离外界危险的安全空间，同时也是自我发现和愉悦的新形式开始繁荣的空间。

人类的进化和设计相互影响。设计一直寻求解决问题的正确途径，它从实用化和本土化的方式演变到当今我们所知的正规实践。它源自人类自身的本性——通过想象力去创造改善人类生存条件的方法，并融入到生活的各个方面，无处不在。人们的日常生活不能缺少设计。

然而，优秀的设计必须考虑人类的需求和行为。虽然我们对功能和风格方面的需求有所考虑，但我们还没有建立一种理解本能和心理需求的有效方式。要理解本能和心理需求，我们可求助于人类第一个可居住的环境——洞穴，因为它是人类创造性解决其最基本的需求——庇护所的一种自觉干预方式。通过第一次拥有室内空间的居住方式，人类将设计视作可以获得安全感和安宁感的一种方式。洞穴可以使人类感觉受到保护、避免受到伤害，并远离焦虑和怀疑。从进入洞穴的那一刻起，人类获得了一种关于“他们是谁”的异样感受，从此，人类以一种有别于野外生存的方式开始了进化的历程。

室内进化的故事是人类思考自身及内在需求以提高人类的环境生存体验的一段历史。这也是我们设计的出发点。探究人类聚居地的深远历史，不仅是回顾过去，在某种程度上也是展望未来。最早的建成环境相当简陋，这使我们开始能够更清晰地理解它对人类的影响。只有认识到这种关联性，我们才能够建立综合的知识体系，这一体系对于推动设计向前发展起到了重要的作用。当人类面临更加复杂的、难以理解的工业技术进步，它威胁到人类远离其基本需求时，设计专业必须解决人类基本的感觉、认知和身体需求。

建筑的演变历程	时间阶段	形成庇护所的类型
庇护所需求意识的萌芽	 寻找阶段	
建筑过程的发现	 狩猎阶段	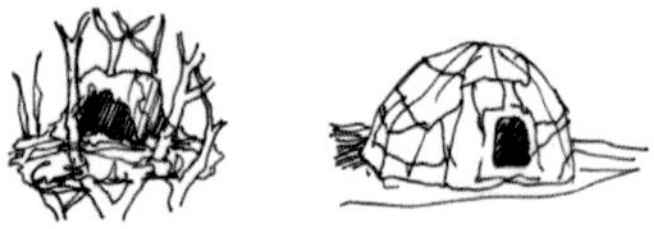
建筑过程的发展	 原始农业阶段	
	 耕作阶段	
材料技术发展带来的建筑过程的优化	 机器时代	
	 电子时代	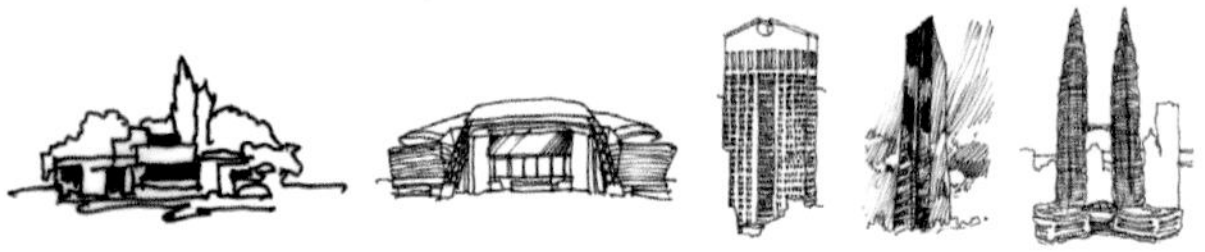
	 全球网络时代	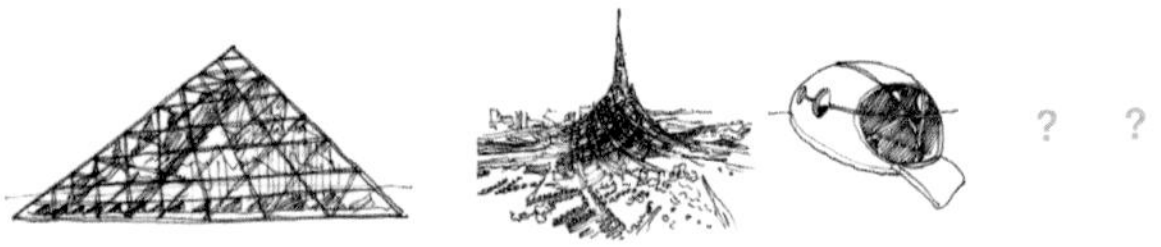 ? ?

1.1 庇护所——人类的根源所在

最初不存在任何室内空间，外界是世界存在的唯一状态，它或友好，或充满敌意。可充当遮蔽物的物品非常有限——可以遮挡阳光的树荫，背后可以藏身的石头堆，但它们只能作为临时之用。在这种情况下，即使原始人可以得到暂时性的歇息，躲过外界的危险，但他们还是处于室外。这个问题可以从两个方面来解释。一边是大自然的美妙，可以尽情饱览生机盎然的绿色，享受阳光抚慰的温暖与舒适，与此同时，危机四伏，随时担心野兽的攻击、天气的突变和其他人类的偷袭。假设天然遮蔽物中室内空间的发现激发了一种意识，人类需要一种关系更亲密的环境，它具有保护性和可控性，这类环境反过来可以确保适度的、别样的舒适和愉悦。人类第一次钻进洞穴也许是出自本能以逃离外界恶劣的环境，但决定留下来足以证明人类意识到了遮蔽物的好处。这一决定的时刻就是一种设计行为，并从此改变了人类。

帐篷、棚舍是最早的建造活动的尝试形式，它们借鉴了洞穴的经验。它们跟洞穴一样，不仅提供了遮蔽物和安全感，使居住者远离其他人群、动物和自然界的侵扰，而且这种人工构筑物还能让人们在环境中受到保护从而得以生存，否则失去保护则面临死亡的威胁。尽管洞穴的发现至关重要，但洞穴并非一个合适的长久居住之地，新的空间形式很快采纳了既有洞穴空间的经验。

考古学和人类学的证据表明，人工洞穴复制品的出现与天然洞穴的发现和居住几乎是同步的。美国著名的人类学家J·沃尔特·菲克斯（J.Walter Fewkes）这样描述洞穴的结构影响："建筑进化的两条路线均可追溯到洞穴这一原始形式：（1）源自天然洞穴的建筑演变历程;（2）源自人工洞穴的建筑演变历程。"[2]人类在天然洞穴和人工洞穴中获得的体验无法从人类对室内空间品质的预期中分割开来。因此，设计意识与室内意识也相互关联。

早期的人工遮蔽物也许非常轻便，尽管使用期限很短，但对居住室内空间的创造性而言，人工遮蔽物的重要性并不亚于永久的洞穴。"由于它们的特性，帐篷之类的人工遮蔽物并没有给考古学家留下可供研究的永久痕迹"。[3]然而，帐篷和棚屋作为早期人类居住建筑的基本形式，在一些游牧民族中仍然沿用至今，从中，我们也能了解到一些早期建筑形式的发展情况。

游牧民族的生活方式，以及材料、结构技术和劳动力的局限性决定了早期的遮蔽物形式非常简单。它们通常为圆形，既易于搭建，也利于人们在炉火周边围坐一圈。中央的柱子是由树枝互相倚靠并捆扎和包裹而成，建造方便快捷，并构成了所有建筑的基本形式。圆顶的棚屋是狩猎民族最基本的居住建筑形式，在公元前15000年之前，几乎所有的民族都采用这一建筑形式。[4]即使是当代，纳瓦霍（Navajo）族传统的印第安人草屋（hogan）平面布局方式也是以火炉居中，其上是圆形的屋顶。洞穴所塑造的遮蔽物的概念并没有失传或遗忘，而是得到了沿袭式的发展，

对页图
老子（Lao-Tse）简要地概括了遮蔽物从史前到未来的进化历史："凿户牖以为室，当其无，有室之用，故有之以为利，无之以为用。"居住建筑的形态直接反映了人类的生活方式。但人类居住建筑的进化方式并非直线式的发展。相反，在建筑技术迅猛发展的时代，室内空间必须关注的基本品质却没有得到提高。人类作为一个物种，历史性地寻求了解并改善物质世界和生存状态。围绕这一点，即使天然的遮蔽物带来了进步，自狩猎时代以来，对内部环境——物质和心理方面的关注程度似乎仍然一直停留在相对次要的地位。如果从那时起，建筑和室内具有同等重要的地位，今天也许人们能充分认识到室内建成环境的重要性，室内设计也能同样得到一定程度的发展，最后，当我们关注于了解DNA、遗传学和延伸的建成环境时，我们的注意力转向了内部。

传统的蒙古包是人类智慧的结晶，表明人类可以身处不同的环境并以最少的材料建造遮蔽物。蒙古包呈圆形，外形简单，易于运输搭载。安装完成之后，便在人烟稀少的蒙古大草原上建造了安全的室内空间。蒙古包通常是游牧民族的传统之物，它比帐篷更具有居家氛围，木格构框架外覆毛毡，轻便易于携带。将一整块毛毡铺开覆盖在圆形的框架之上，整个结构包括墙体分隔、门框、顶柱和环形的天窗。大部分为无柱结构，部分类型有一根或多根支撑天窗的柱子。蒙古包一般视作许多中亚部落的民族象征，如今通常在一些供应传统食品的场所中使用，或者出现在咖啡馆、博物馆以及一些专卖纪念品商场中。

2009 年重建的纳瓦霍族临时性凉棚，位于谢利峡谷国家公园（Canyon de Chelly National Park）。传统的纳瓦霍族凉棚建造于亚利桑那沙漠的空旷之地，自古至今一直用以遮蔽太阳和抵挡恶劣气候。印第安人草屋是另一种当今仍在建造使用的早期建筑形式，它代表了早期设计师的智慧，他们能以最简单的方式为人类建造阻挡侵害并提供保护的建筑物。

经再创造和改良后，呈现为其他的建筑形式，并伴随着人们遍布世界各地。

尽管洞穴式建筑耐久性强，但早期人们并不需要长期居住其中，人们跟随动物的迁徙和季节的变化只做短暂的停留。人类学家劳伦斯·盖伊·施特劳斯（Lawrence Guy Straus）认为："洞穴不应是最理想的长期居住的场所，一些洞穴阴冷、潮湿并透风。例如，对季节性的狩猎而言，一些洞穴只是具有埋伏守候的优势，但并不适合长期或冬季居住，因为这些洞穴阴冷、地势较高且四处漏风。有些洞穴经常得到使用是因为有特殊的用途，或是短期性的重复使用"。[5] 实际上，自从农业发展提供了稳定的食物来源，这些洞穴的使用经验拉开了其后永久性居所出现的序幕。从这一点来说，经过世代的更新适应，洞穴和其他暂时性或季节性的遮蔽物所带来的基本经验得到了转化。[6]

《牛津英语字典》（*The Oxford English Dictionary*）将遮蔽物定义为"一个可以挡风遮雨防晒的保护性结构，从更宽泛的意义上说，任何可以充当隔离恶劣天气的屏障或逃避的场所都可以称为庇护所"。[7] 这一定义暗示了一种感官的、情感的体验："被庇护的状态；远离危险受到保护的状态、防止受到攻击的安全感……去寻找、发现和占有遮蔽物等，处于遮蔽物中 = 得到

本页图
这块内有洞穴的高耸的巨石是人类发现的第一个天然的居住空间。随着洞穴室内和室外空间的分界，人类创造了室内空间。本页的这两张图片——室内立面和平面证明了穴居的存在，它位于土耳其境内东部安纳托利亚（Anatolia）高原的卡帕多基亚（Cappadocia）地区。尽管这些洞穴可以追溯到公元4世纪，它们仍然激发了人们对遮蔽物的基本需求，正如早期室内空间所实现的那样。卡帕多基亚通常凿山而成，可容纳几个秘密城市，早期基督徒主要将其作为藏身之处，精美的教堂、住宅和其他建筑物显示了当时整个社会的生活方式。这些建筑空间也清晰地展示了一些细部，如改建的谷仓、漂亮的壁画。这些场址解释了人类对保护性居所的基本需求，尤其处于异教徒的攻击之下，这种情况通常源于宗教的不容异说。

对页上图
这座位于亚利桑那的蒙特苏马（Montezuma）地区的四层建筑，一直被认为是由西纳瓜（Sinagua）部落建造的，最后可能是由于该地区水源的消失而被遗弃。西纳瓜部落是前哥伦比亚（pre-Columbian）的一个民族部落，在公元500—1425年间占据了亚利桑那部分地区，他们最早的建筑形式包括穴居（pit houses）和之后演化为普埃布拉（Puebla）建筑的结构形式。

对页下图
19世纪晚期位于爱尔兰的带有谷仓的穴居。遮蔽物最初的形式与自然界和谐一致，有时甚至是完全利用自然空间，如巧妙地隐藏在悬崖侧壁的洞穴。这说明早期人类清楚地知道人们对自然环境的干预作用，而当人类居住的世界已经完全人工化时，人类已经丧失了这种环境的敏感意识。考古学所称的“崖居”描述了史前时期人们利用高耸悬崖上的壁龛和洞穴所形成的居住空间。

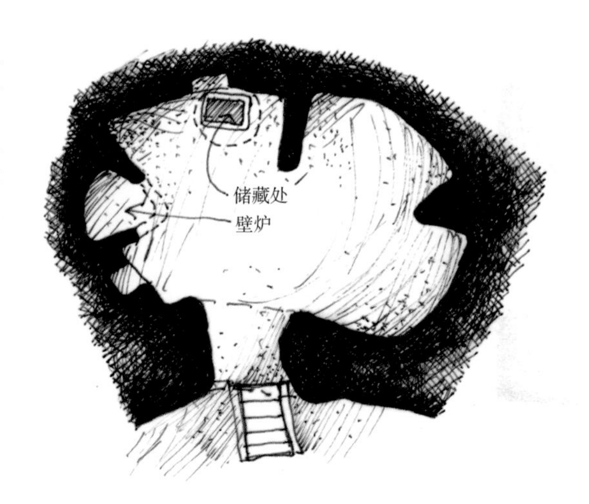

位于新墨西哥州西南部的希拉洞窟国家保护区（Gila National Monument）的崖居，建于14世纪。洞穴室内提供了保护感和安全感，从洞口向外望去，当地的景色一览无余，呈现一片静谧之美，这正是人类追求幸福与进步所展示的内在生活品质。

保护”。[8] 我们在为人类建造居住空间时，应该延续第一个人工环境所赋予的安全感。[9]

早期人类寻求具有个人安全感的场所，但是远离危险，尽情享受私密的感官愉悦导致了新的体验方式，舒适是最主要的体验方式。找到洞穴是第一步，之后发现洞穴空间可以利用、可以哺育后代、可以获得幸福，而不只是为了生存。最早的洞穴中发现的壁画，可能是出自装饰的需要，或是表明一种占有的领域，不管人们创作它的原始初衷，可以肯定的是它超出了基本的功能需求。这些壁画证明了物质掌控和感官愉悦两种需求同时存在，那时和现在都无法分割开来，两者紧密相连。

因此，室内空间的主角并不是所发现的可居住空间，而是人类自身。这些早期室内空间恩惠于人类的基本特征同样也适用于当代社会，因为人类的基本需求没有改变。对室内设计师和所有学科的设计师来说，认识到这一点是至关重要的，因为人类生活环境的改善是所有设计的核心所在，设计的任务是精心地打造环境从而改善人类生存的条件。遗憾的是，人类本体的关键组成部分没有得到充分的认识，我们仍然将人类文明的进步归结为技术的原因，错误地用机械的技术手段解释人类进步的神话，而不是从人类进步和自我认知的角度来阐释这一现象。

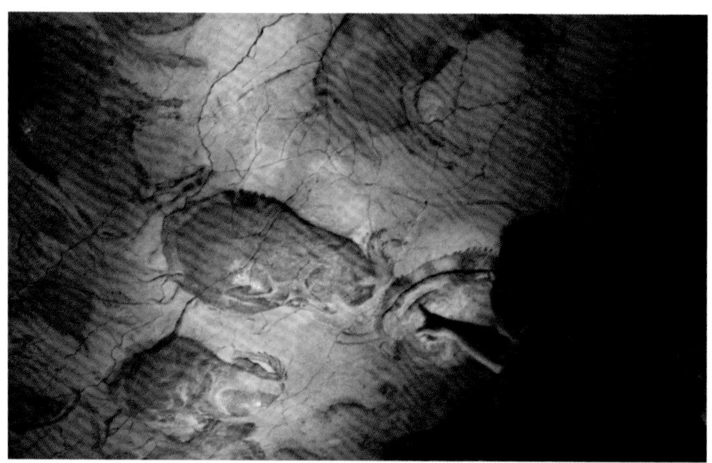

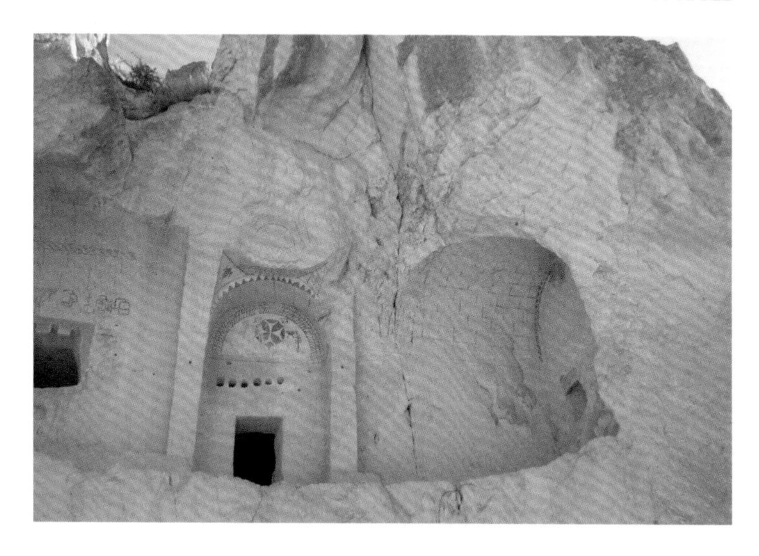

上图

墨西哥洞穴壁画中的说明。尽管这些壁画的创作意图和主要功能还存在争议，它们既是一种装饰元素，也是一种自我表达、视觉记录，或许是标明领域的一种方式。早期洞穴壁画表明精神需求和感官刺激与人类对庇护所的需求是密不可分的。装饰、艺术和设计在洞穴中同时存在——没有理由将它们区分为不同的体验。

中图

位于西班牙坎塔夫里亚（Cantabria）地区的阿尔塔米拉（Altamira）洞穴，洞穴内有一系列的房间和通道。它大约起源于15000年前至欧洲南部的马格达林（Magdalenian）时期。洞穴中完好地保留了绘有野牛、野马和野猪等动物的壁画，这些绘画线条简洁、充满了生活气息。

下图

尽管卡帕多基亚洞穴自4世纪以来一直有人居住，许多绘有壁画的教堂可以追溯到10—12世纪之间的历史时期。这个小洞穴断裂的侧面表明了人工复制史前洞穴和拜占庭教堂室内空间的能力，它们在半山腰上经开凿而成，并非高大宏伟、拔地而起的建筑。卡帕多基亚洞穴也表明人类对视觉和感官环境的熟悉以及再创造的内在需求，这些环境唤起并提供了仪式的空间。最后，这些洞穴提供并充分满足了人类对舒适和愉悦的需求。

位于佛罗里达州杰克逊维尔市的沙丘之家（Dune House）。设计师：威廉·摩根（William Morgan），设计时间：1975年。最早的庇护所——洞穴，即使它基本上已被别的建筑形式所取代，但至今仍在影响我们。原样复兴洞穴建筑的尝试虽然显得有些怪异，它仍然激发了人类对洞穴建筑形式下意识的某种联系。

1.2 遗忘的建筑本源

根据建筑历史的记载，人类最早于史前时期开始寻找庇护所。尽管相关叙述证明寻求保护的动机是建筑产生的主要催化剂。但在随后的建筑发展进程中，人们通常忽略了同样的动机所发挥的作用。在建成环境的历史长河中，删除了寻求庇护所的这段历史，也意味着遮蔽了人类体验历史的一个基本组成部分。[10]

尽管作为一份原始材料，这份自然遗留的记载对于了解人类早期居住历史具有无法衡量的作用，但仅凭这一点还不足以揭示建筑进化的历史。问题在于，长期以来，考古学的研究一直专注于自我表述圆满的神话故事当中，这个神话描述了建筑和建筑学的起源，讲述了从维特鲁威（Vitruvius）至今建筑的发展历程。洞穴作为第一个室内空间的导入概念，在神话的核心叙述中是最重要的部分，它不是一种可以从历史记载中完整恢复的物质遗存。我们可以将它视作人类一种状态的结束，并将它与人类的本性联系在一起，这种人类的本性在支离破碎的自然记载中消失了。而通过这种方式，我们重新恢复了当今人类思维中缺失的设计基本关注点。

原始人类一旦发现洞穴，他们也许立即着手改善这些洞穴的舒适条件，通过一些可以利用的材料，例如用动物的毛皮来保暖。第一件毛毯的诞生也许是源自洞穴地面铺垫的一张兽皮。后来，人类的祖先或是特地发明或是有意识寻找一些便利的生活设施，将岩壁的凹处作为储藏室，将岩石架作为椅子或者床铺，

源自1902年的一张图片，描绘了地处墨西哥一处穴居中（没有记载具体地点）的一位萨满巫医（shaman）和他的妻子，周围是他们制作的工具和生活用品。

而不用坐在或睡在冰冷的地面上。晚期的考古学证据表明人类可追溯的穴居历史尽管随地区而各不相同——但洞穴室内均划分了不同的区域，并具有不同的功能，例如烹饪、睡觉、起居等功能区域。也出现了各种精细制作的家庭小物件，其中有骨头雕刻而成的碗、木制的勺子，和其他一些基本生活工具，它们由穴居时代沿用至今并仍然发挥作用，表明人类自古以来利用工具的生存智慧。

尽管考古学和史实性的人类学证据相左，它本身仍然不足以修正关于建筑起源的理性神话。这个神话流传已久，它绝对权威，拒绝任何质疑。这种普遍认可的历史实际上将人类与设计分离开来，肯定了形式的因素而否定了内在的本质。弄清事实的真相将会产生一种历史性和学术性的合理解释，它将人类的需求作为设计的基本准则，并为建成环境的进一步发展提供了意义丰富的参数。

在一些早期的建成环境的著作中可以找到关于第一座建筑物的故事，而一些广为流传的经典故事也确认了寻找庇护所的历史，至少是一带而过地提及了这段历史，从中诞生了关于当代的一些传说。

有几个例子非常值得一提。19世纪英国作家、建筑师约瑟夫•格威尔特（Joseph Gwilt）于1867年出版了《建筑百科全书》（*Encyclopedia of Architecture*），开篇第一句话便是："远离恶劣的气候是建筑学的源泉"。[11] 此处，也许应将建筑学理解为庇护所，而不是真正意义上的建筑学，因为后来格威尔特并不将建筑学的起源归结为这一动机。对他而言，只有当另一种层面的复杂性和习性使建筑物成为一种艺术形式时，建筑学才能够诞生。"如果艺术，被严格地限定于它的实际用途，那么它的作用将限制在非常有限的范围之内，因为在美术中，建造的纯艺术或者科学找不到任何立足之地"。[12] 格威尔特与同时代的许多人一样，断然驳斥了这样的观点：所有的早期建造活动是原始的，它不是建筑学艺术进化的组成部分，至今这种观点也很普及。[13]

巴尼斯特·弗莱彻（Banister Fletcher）先生于1896年出版了《弗莱彻建筑史》（*A History of Architecture*）一书，20世纪以来，这本书被视作英语世界建筑院校的标准参考教材，书中的观点与格威尔特的观点基本类似，尽管有细微的差别。"建筑的起源非常简单，人类原始的动机是寻求庇护，躲避风雨防止受到侵害"。[14] 后来，原始人类学会了如何创建别的栖身之处："'野人'在岩石洞穴中寻找到了庇护所，这是最早的居住建筑，后来人类学会了用芦苇秆、灯芯草和泥巴墙搭建棚舍，用树皮、毛皮、兽皮或树枝包裹的小树搭建帐篷"。[15] 与格威尔特一样，弗莱彻在书中将庇护所的早期历史和建筑后期的风格化发展历史进行明显的划分，他将焦点完全集中于后期发展阶段的形式、美学方面的历史。对一个艺术史学家而言，这是非常值得关注的，但它却与人类的需求关联甚少。"前面所提到的史前遗迹并没有显示出重要的进化轨迹或发展顺序，而那些历史性的重要建筑……尽管经历了兴衰演变、功能衰退，却遵循了一条连续的进化路线"。[16]

弗莱彻的历史观认可了人类寻求庇护所的重要意义，然而他最终却将其视作发生在一个自给自足时代的自发行为，认为它与后来人类介入建成环境的行为毫无关联，从而将源自洞穴的室内设计的历史与它的现在和未来发展阶段割裂开来。

人们通常认为构筑物有别于建筑学作品，[17] 然而否认庇护所的早期形式如构筑物、棚屋或洞穴，也就意味着忽略了这一事实：设计行为的发生要早于构筑物和建筑学艺术的产生年代。艺术和功能是一个整体，人类在"重建"洞穴之前已经开始装饰洞穴，并且在洞中放置了日常生活中的各种工具和物品（这类建筑在当代被称作乡土设计）。

尽管弗莱彻的观点在当代很容易被视作是过时的言论，他的书在建筑院校中也不再是流行读物，他的观点所持的方法论却产生了一种经久不衰的误解，即设计和建筑物可以根据所处的风格年代进行分类，史前时期的建筑——文字记载之前仅有可见物质遗存的历史时期的建筑——尽管充满了神秘感，最终还是与当代建成环境毫无关系。这一观点也支持了另一种更流行的论点：建

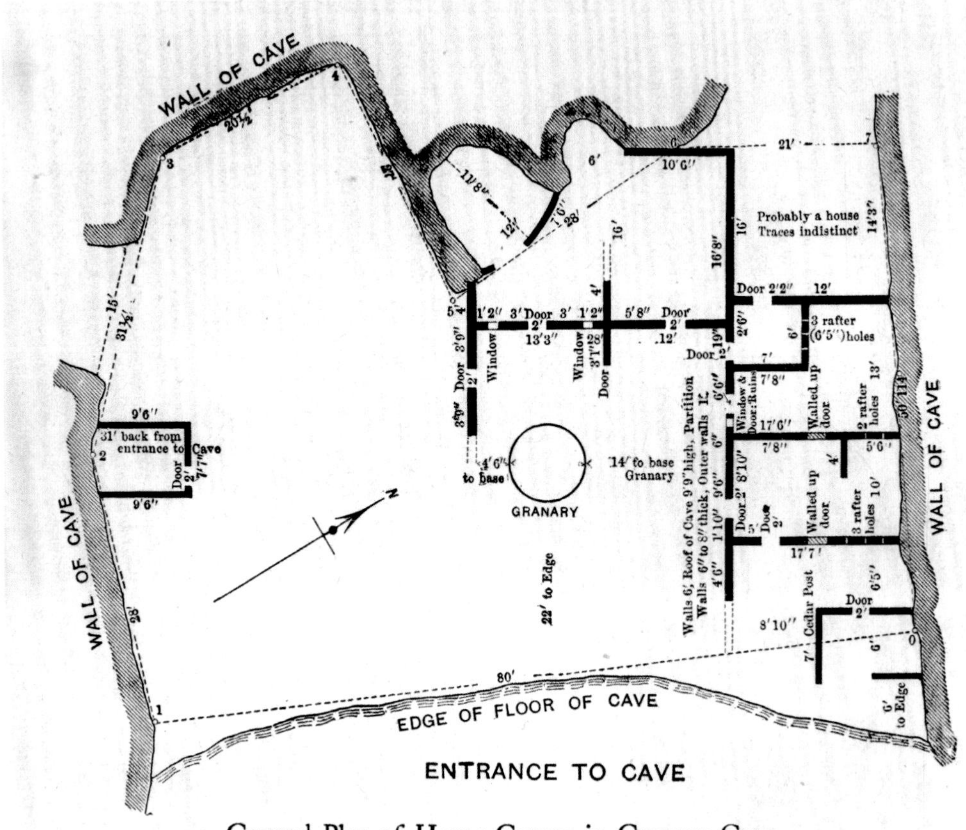

Ground Plan of House Groups in Granary Cave.

位于墨西哥的穴居和谷仓平面图，尽管洞穴通常被视作是原始的庇护所，许多穴居演变成为复杂的室内空间，内部根据用途划分为不同的区域，这一室内空间揭示了人类掌控所创造的居住环境的高超能力，并展示了人类的意图和愿望，这也是设计的基本要素。

成环境主要是一种外在的现象，是一种文明的显现，而不是由内及外的、内在的、个人的体验。建筑的外在形式反映了一个民族的特征，这一论断由此流行开来。巴尼斯特·弗莱彻对这一关键论断铿锵有力的总结影响了好几代的设计师和建筑师：

> 建筑，历经时代的洗礼，不断进化、成形、调整以适应各民族不断变化的宗教、政治和国内发展的需求。回顾历史，它揭示建筑是一部石头般的史书，是社会条件、人类进步、宗教信仰和人类历史中标志性事件的历史记载。在任何时代，建筑与人类的生活紧密相连。一个民族的精神清晰地烙印在建筑的纪念碑上……在人类的历史中，建筑，作为艺术之母，成为了宗教的圣地，安居的家园，逝者的纪念碑。[18]

弗莱彻的这段话值得充分引用，将这段话与揭示古老历史的木版画——火的发现，1519 年切萨里亚诺（Cesariano）根据维特鲁威的《建筑十书》所绘制。人们可以在最熟悉的、广泛认可的建筑起源故事中找到人类建造庇护所的动机。此处是文艺复兴时期最早的有关建造作品的解释，它表明人类如何通过偶然发现火的作用从而发现群体的愉悦感受，以及如何发现互相交流的方式。

图片来自维奥莱-勒-杜克(Viollet-le-Duc)的《建筑辞典》(*Dictionnaire raisonné de l'architecture*)(1856)。第一座庇护所或建筑物的诞生是建筑神话中一个熟悉的组成部分，大家所熟知的便是原始棚屋被视作所有建筑的起源，这一类型建筑出现之后，尽管大家经常忽略人类建造庇护所的原因，庇护所仍然延续了人类留驻于其中的最基本特征。

第一座遮蔽物的木版画，1519 年切萨里亚诺根据维特鲁威的《建筑十书》所绘制。在维特鲁威的叙述中，火和语言的发现引导人们创建了一种更长久的、可以重复建造的遮蔽物形式，这一论述验证了我们对遮蔽物的观点：它是人类智慧的产物。人类通过集体性的设计，可以更高效地建造遮蔽物并由此获得愉悦的感受，而个体无法做到这一点。

真正论述进行比较：设计源自空间的体验，可以得出这样的结论：一直以来，人类居住的设计环境采用风格和形式的标准进行判断，这种做法忽视了人类的存在（这种描绘方式类似于当代的摄影技术），限制了我们对设计的理解。

最早的有关庇护所的记载来自于 1 世纪维特鲁威的《建筑十书》（*De Architectura*），他在书中讲述了建筑的起源来自于火的发现，原始人类学会了利用闪电引发灌木丛燃烧的大火。“当火势减弱的时候，人们逐渐靠近火堆，发现站在温暖的火堆面前感觉非常舒服，于是人们将木柴扔进火堆中，让火势持续燃烧，并招呼更多的人过来，用手势告诉他们火堆带来的舒适感觉。”[19] 在维特鲁威的想象中，火第一次将人们聚集在一起，围绕这种可控的温暖之源形成了一个群体，由此也就开启了创造语言的时代。他说，第一次的“人类聚集”，使人类得以“与他人交流”，而在此之前，他们或许是“纯粹只会发声的个体”。[20]

对维特鲁威而言，遮蔽物的产生是一种共享的创造性体验：舒适，尽管是个人的体验，但在此处却被视作一种集体的收获——人类从此学会了更主动地追求享受的权利。在他的叙述中，“更多人的聚集”促使他们意识到自己有别于动物，他们能够“用自己的双手和灵活的手指，轻松地完成他们所想做的任何事情，他

们在第一次聚集中开始共同建造遮蔽物。”[21]请注意维特鲁威提到建造“遮蔽物”——不是建造建筑物或纪念碑。尽管舒适的发现纯属偶然，但一经发现，人们意识到他们已经离不开火，接下来一步就是设计一种围护结构，可以用来围圈和保持火焰散发的热量，从而获得相对长久的温暖感受。维特鲁威的历史叙述表明了人类安全和舒适的本能需求是建造活动的基本原因。

历史表明，设计虽简单地定义为一种意图，但它有双重的历史内涵：一层内涵是机会——我们的祖先意外发现了火和洞穴，另一层内涵是目标明确的应用。因此，设计是一种经验性（获得温暖的愿望）和实用性（创造实现愿望的手段）的结合。[22]

18世纪，洛吉耶（Abbé Laugier）发表了著名的论断，其观点十分类似于上述观点。作为18世纪欧洲启蒙运动的产物，他的叙述关注于人类的原始或自然状态，将远古的活动与所有后期的建筑联系在一起。洛吉耶写道，“这就是简单的、自然的过程，艺术诞生于模仿自然的过程。”“任何可以想象的壮丽的建筑学奇观都是模仿我方才描述过的矮小的、用糙木做成的棚屋建造而成”。[23]洛吉耶在棚屋、遮蔽物和建筑物之间建立了一种普通的纽带：“在建筑学中如同在其他艺术门类中一样：建筑的原理建立在简单的自然基础之上，而自然的过程清晰地揭示了它的法则，让我们来观察一下处于原始状态的人类，他在没有获得任何援助和指引的条件下，仅有自然的本能。此时，他需要一个休息的场所”。[24]

洛吉耶在劝导我们观察人类的“自然本能”和观察人类对休息场所的需求中，间接地解释了舒适的概念，认为它是建造原始棚屋的核心动机。

> 人类希望为自己建造一处居所，从而能够保护他而不是埋葬他。一些林中落下的树枝正是满足这一要求的合适材料，他从中挑选了四根最粗壮的树枝，将它们垂直立起，形成一个正方形；在它们的顶部又架起其他四根树枝。在这之上，他从两边吊起另外四根树枝，两两相对倾斜，在最高处相交。然后，他用密密麻麻铺实的树叶覆盖在树枝骨架上形成了阳光和雨水无法穿透的屋面，从此人类住上了房屋。诚然，居住在这样的房屋中，寒冷和炎热仍然会让人觉得不舒服，因为房屋的四面都是通透的，但很快他会在两根柱子之间塞满东西以确保安全。[25]

对页图
1755年洛吉耶出版的《建筑论》（*Essai sur l'architecture*，*c.*）中描述的原始棚屋，洛吉耶谈到，人类在偶然发现的天然遮蔽空间中获得了舒适体验，从而有目的地进行第一次建造活动之后，不断地重复建造。尽管这是想象的过程，但这一动机与人类建造室内空间的真正动机没有太大的出入。

洛吉耶认为人类寻求的是安全感，而不是创造形式，因为当代人类建立的 DNA 空间基本形式与人类最早寻求并建立的原始遮蔽物的空间形式并无差异。

如果我们略微地重申一下洛吉耶的观点，我们很容易梳理出其潜在的含义，即设计的普遍原理（尤其是室内设计的原理）建立在人类的“自然本能”基础之上。神话学和人类学的解释在某种程度上认可了这个观点。相应地，自然本能推动设计进步，促成构筑物到建筑学的跨越式发展，也应该从同一角度来看待，并且也值得认可。

设计的真实故事一直与建筑界中长期存在的神话故事分庭抗礼。不仅如此，在第一个室内空间如何产生的问题上也存在同样的情况。然而，从物质和生理两个方面充分满足人类内心对遮蔽物的需求，仍然是当代设计最重要的出发点，这是建成环境中所有要素的基础，也是所有设计学科实践的基础。如果说，弗莱彻的著名论断——建筑是“艺术之母”，那么，室内设计是设计之父。

1.3 回归历史

对于早期人类的建造活动，我们不能认为无法得知他们的动机，在一些人的倡导下，这些建筑被冠以民间建筑或乡土建筑的称号，人们普遍接受了这种看似合理实则错误的观点。托马斯·胡布卡（Thomas Hubka）认为民间建筑的重要性为设计实践奠定了基础。他写道：在 20 世纪 60 年代 [这十年正是伯纳德·鲁道夫斯基（Bernard Rudofsky）撰写了著名的《没有建筑师的建筑》（*Architecture without Architects*）的时期]，“原始”设计的流行并没有把设计的动机归因于非专业的设计师，他认为“民间建筑师真正完成的是将他们的意图和方法误解为设计和建筑物，例如，直觉的（或神赐的？）方法论中夸张的理念等同于神秘的起源”。[26]

本书所倡导的设计的起源借助了神话和事实两方面的内容，这并不意味着在某个特指的神秘时代，设计以一种不同的、无意识的逻辑运行，而是指安全和舒适作为主要动力引导人们有意识地创造更好的方法从而改善他们的生存条件。设计诞生于人的正常感知行为，并进一步演变为娴熟的技艺，最终发展为专门的职业。但是，设计一词适用于所有的建造活动，它只是一个简单的过程，描述了人们如何用智慧发现和解决问题，如何满足人类在功能、生理和美学方面的需求。设计无处不在，只不过没有人将“设

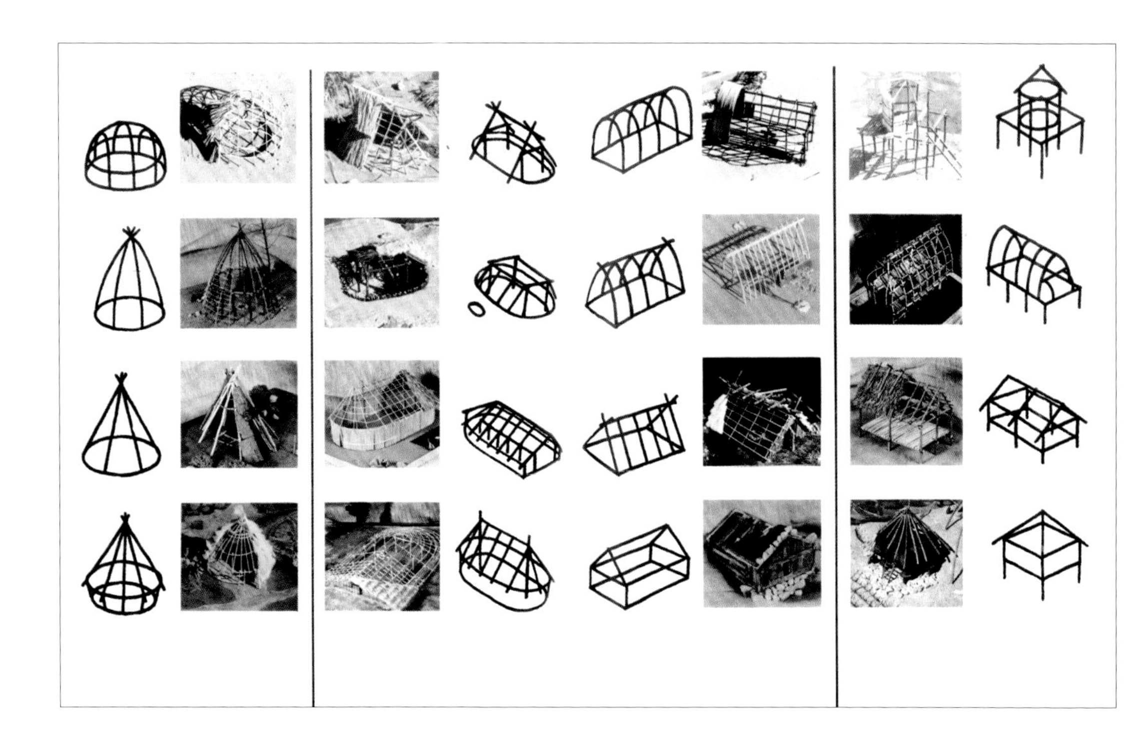

遮蔽物早期建筑形式的进化过程。遮蔽物的发展历程表明了洞穴的形式要素不断得到复制，因为它们易于建造、就地取材。几乎所有的居住形式都采用了简单的圆形平面，既缩短了建造时间，又节约了资源，并能最好地获取火堆四周圆形辐射区域的热量。这张图表也说明了建筑形式从圆形到方形的演变历程。多个世纪以来，建筑形式在平面尺寸和高度上不断扩展，新材料和新技术代表的有机建筑形式已经出现。

计”两字说出来而已。设计作为一种职业实践在两个世纪前就已经存在，但在那之前，设计早已诞生，不仅如此，现在乃至将来，设计都与人类的生活如影相随。

甚至可能——在正常思维范围内——有人认为设计先于艺术而存在，但愿是因为设计源于生存的需要而不是表达的需要。事实是，设计是审美体验的先决条件，因为愉悦远远高于最低限度的生存，尽管有证据表明所有艺术门类的发展最早可以追溯到石器时代，而且几乎是同步发展。[27] 最新的一些洞穴艺术评价中已经摈弃了“原始的”称谓，认可了早期史前作品的艺术价值。人们对待设计也应该采取同样的态度：洞穴的改造可以算作是设计的介入，因此设计也不应冠以“原始的”称谓。[28]

人类对遮蔽物的需求并非是一种原始的、长期被遗弃的需求，它今天仍然留存在我们生活当中，用以纪念曾经滋补养育过人类的自然环境。那些带着情感色彩的空间还能激起人们的共鸣——有时，一处故居的记忆就是一个消失的乐园，或许，又重新回忆起那些快要遗忘的场所，那是我们年幼或长大时曾经路过的地方，它停留在我们的记忆深处。寻找遮蔽所是大家共同追求的目标，同时它的私密性决定了这一目标也是个体的目标。

也许有人会进一步质问这个观点，认为最根深蒂固的回忆全部来自于完美的哺育环境：子宫。如果这种封存的回忆存在的话，它如此遥远，其结果如同一幅画面，上面绘制了人类寻找理想空间的构想。子宫的观点有些许道理，因为它暗示了设计的终极目标是创造维系人类的生存环境，并为人类提供保护，防止外界的侵扰。

但即使无法证实集体记忆中的子宫位置的存在，子宫的例子仍然可以充当建筑起源的隐喻点，从而可以感受空间的环境氛围。例如，詹姆斯·马斯顿·菲奇（James Marston Fitch）认为，以生理学为背景，人工环境——从衣服到有形的实体包裹着我们的身躯——他们保护人类的方式如同子宫一样。[29] 设计师弗兰克·阿尔瓦·帕森斯（Frank Alvah Parsons）写道，"住房和衣服完成了人类需求遮蔽物的使命"[30] 的同时显然也满足了美学的需求。但菲奇也特别提出我们所体验的建成环境中还存在一些心理上的缺陷："与子宫不同的是，这种外在的环境绝不会给个人的发展提供最适宜的条件。个人的内部需求和外在的条件之间的关系通常相当紧张"。[31] 因此，室内设计必须在建成环境和追寻的理想条件之间充当桥梁的作用。

以当代的观点看，早期人类建造遮蔽物的尝试并不总是成功的，尽管原始动机相同。即便如此，早期遮蔽物所采用的非常简陋的形式还是满足了或者力求满足人们情感和感官需求，这是外部环境不能单独提供的。甚至在当代，如果缺少衣服和住所的供给，人类几乎不能生存。只不过当代人对刺激的寻求，远远超过了对遮蔽所的需求，而且这种状态还会持续下去。

总的来说，空间和人类自身的区别并不容易界定，斯坦利·阿伯克龙比（Stanley Abercrombie）在《室内设计的哲学》（*A Philosophy of Interior Design*）一书中写道："一旦步入一座建筑中，我们不再是参观者，我们成为建筑中的一部分，我们无法完全了解一座建筑除非进入其中。"[32] 他的观点与温斯顿·丘吉尔（Winston Churchill）是一致的："我们塑造了建筑，而建筑反过来也塑造了我们"。[33]

这也解释了我们为什么装饰室内空间而不会让它空荡荡的原因。即使早期遮蔽物中的洞穴壁画表明人类祖先试图将他们的某种东西放置到可以装载下它们的空间中，室内空间发挥了缓冲器的作用，成为了一种过渡地带，联系了人类自身和整个世界。

人类对遮蔽物的渴求是如此根深蒂固，它并不需要存在于意识层面上，即使是儿童在游戏当中也能体会这一点。约瑟夫·里克沃特（Joseph Rykwert）写道："小孩子们最常玩的游戏之一就是喜欢建造围栏、'领养孩子'、占领桌椅下封闭的空间——将这个‘温暖舒适的场所’当做‘家’”。[34]

我们对建成环境的期望一方面取决于生命的过程，另一方面取决于成长过程中知识的积累。“任何情况下，在时间开始之前，环境将那些完美的建筑具体化为一些投影和记忆：当人类在自己的住所中体会到家的感觉时，他的住所就呈现了它应有的本质”。[35] 关于人类聚落的人类学作品中，也能找到类似的论断：

> 人们普遍认为，如物质文化表述的那样，语言、信仰经历了环境的生存考验，在一定程度上得到了修正。在人类的早期，这种修正幅度很大，但是后来，人类具备了更多掌控环境的技能，外部环境的影响力被削弱。环境对原始聚落特征的影响比对人类其他智力活动的影响要大，在这些原始聚落中，我们也能看到先前环境影响留下的特征。[36]

为了创建满足人类各方面需求的环境，设计专业应首先建立科学的思维方式和环境美学观念，其次，新的设计知识体系要认识到我们对建筑文化的期盼根植于我们的基因中，存在于洞穴的遥远记忆中。

只有当设计师头脑中存在这些概念时，设计师才能发挥设计的全部潜能——否则，设计永远只是一个盲点。同时，设计必须平衡下列各方面的关系：平衡技术与现代社会产生的问题，尽管它们实现了人们大部分的愿望；平衡外部世界和内部自我的关系；平衡功能和美学的关系。一个优秀的设计作品是过程的产物，它产生于我们内部，并塑造了我们的周围环境。

第二章

存在

Being

居住，是存在的基本特征，它与人同在，思考居住和建造的关系或许能得出较为清晰的结论：建造属于居住，但问题是它又如何从居住中获得自身的品质。如果居住与建造的关系值得探讨，我们已经收获颇多，因此仍然值得继续思考。

马丁·海德格尔（Martin Heidegger）
《诗，语言，思想》（*Poetry*，*Language*，*Thoughts*）[1]

在我们视野所及中，人类存在的唯一目的是在纯粹的自在的黑暗中点亮一盏灯。

C·G·荣格（C.G.Jung）《回忆，梦，思考》（*Memories, Dreams, Reflections*）[2]

生存并非人类的本质。设计并没有诠释人类所创造的环境如何塑造人类自身，我们需要进一步研究我们的目标以提高生存的品质，只有这样，我们的设计才能提高人类的生存条件，使人达到心理、社会和生理三方面和谐统一的状态。

若要提出满足人类需求的内涵丰富的设计解决方案，首先，我们必须领会基本构成要素的内涵和品质。设计应将人视作血与肉组合基础之上的抽象和深奥的整体，因为室内设计是范围最广的设计学科，与人的本质联系最密切，也是最适合引导创造设计新理念的研究领域，它的工作方式是由内及外。21 世纪初期正处于一个严峻的时刻，人类竞相争逐地采用巨型建筑作为解决所面临的可持续和社会问题的手段。广义上的房屋设计范围包括农业、工业、教育、居住和娱乐建筑。巨型建筑的出现表明室内空间不再是小尺度的个体环境，而是在同一屋檐下的整个邻里社区，并共享完全一体化的平衡建成环境，进而形成一个新的生态系统。为了适应这样的发展趋势，科学和艺术又一次地融合在一起，从某种角度来说，室内空间设计遇到了前所未有的良机。

新的设计理念必须全面体现人类如何与物质和现象世界相互交流，必须满足人类无形的追求，如信任、心灵的平静。尽管人类（物质和抽象的）的需求可用工具进行量化，迄今为止，我们仅掌握了其内涵和知识的基本原理，它有助于设计师创造优秀的、受欢迎的作品和空间。

现有的文字和视觉语汇限制了我们对室内空间的质量作出恰当评价，设计术语非常实用（它包括诸如功能、交流的表达方式，将安全性能编制成法律条文），但是这些术语并不能描述人、物体与环境之间意向性的情感交流，这种交流对刺激提升意识和行为是必要的，进而能创造相应的环境氛围，例如，设计过程产生的效果可以为使用者提供尊严感，提高信任度。

大部分建筑学理论减少了空间、协调和均衡的相关哲学概念的内容，而强调形式的艺术法则，这些理论培养了一批设计师，他们认为建筑创造的是没有生命的抽象建筑物，并忽略了设计过程中参与者的重要性。如果我们要创造更好的设计方法论用以评价设计的情感要素，迫切需要开发一套更精确的体系。

长期以来，各领域的设计师都尽可能避免深度探究设计领域的现象学概念。[3] 我们简化了人类的生存状态，一视同仁地看待人类，似乎存在一个共同的标准可用以衡量每一个体。事实上，公认的第一条设计法则是关于人体的比例和测量方法，它建立在人体多样性的美学基础上，属于观念化的诗学范畴。为人的存在而设计需要的不仅是测量人体相关部分的比例，对任何建造活动来说，设计必须从内开始，由内而外地运行，并体现所有空间体验的品质。

2.1 室内空间和第二层皮肤

室内环境设计反映并塑造了我们的世界观，它无法用推理单独诠释，只能从智力尤其是直觉的方式理解其内涵。设计调和了室内体验（空间内部和人类内部）与外部世界的矛盾。物质环境只有通过人的知觉才能感知，人通过感官收集到各种原始刺激，经过大脑的加工，于是形成了人类对世界的感知。[4]

对人而言，内部和外部的关系非常关键，因此，也是设计的关键所在。亲密度和尺度必须与人的躯体、思维和精神密切相关，它可以通过室内空间得到最好的体现。无论它是一个小房间、大中庭，还是不规则的体量（城镇广场、露天广场或花园），室内空间多层次地展现了人类的存在方式。

我们所创建的室内空间，不应只被视作有形的物质交流区域，也是一种心理和情感交流的产物。凭直觉我们能辨认出物体的外在特征——椅子的形状、房间的温度、体量的大小——它们能在生理层面影响我们。除此之外，室内空间还能产生一种物理学词汇无法准确描述的影响，很多人尝试过捕捉室内空间这种无形的特征。

18 世纪狄德罗主编的《百科全书》记录了室内空间的历史，它不仅被视作有形的容器，同时也是一种囊括了人类生理和心理体验的反应方式。

> INTERIOR，作为形容词的“内部”，其反义词是外部。物体的表面是区分内部和外部的界限。属于表面的部分，以及视觉和触觉可见的远离表面

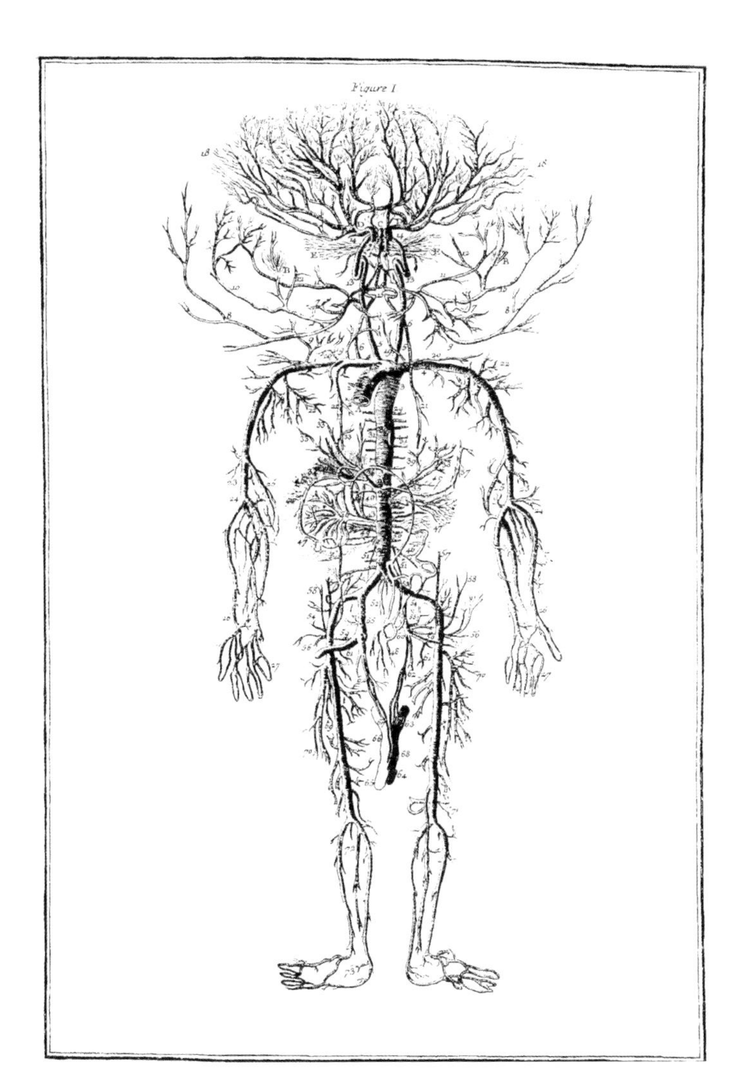

人体动脉循环剖切面的解剖示意图和建筑的剖面图。狄德罗（Diderot）和达朗贝尔（d’Alembert）的《百科全书》（*Encyclopédie*）（1751—1772）给出了内部的两种定义：一种是指人体内的任何组成部分，包括物质和精神方面的内涵；另一种是指用围圈的方式囊括或与外界隔离，如建筑物的室内部分。这两张来自《百科全书》的插图——动脉的图片和建筑物的图片生动地解释了内部的两种含义。

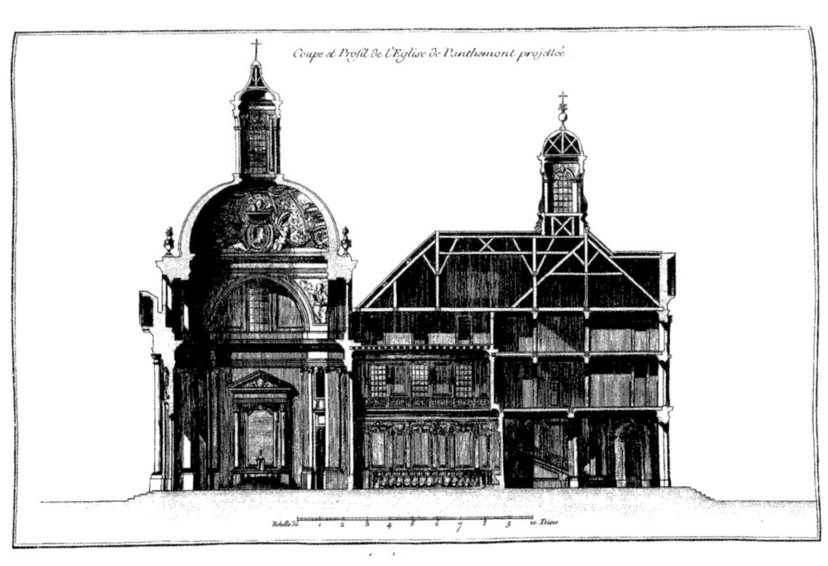

的部分，是外部，离开表面深入到物体内部的部分，是内部。[5]

狄德罗的定义暗示了设计中难以理解的一种宽泛的概念，它既包括了难以解释的表面的特征，也触及了人类存在的核心所在。他提供了两种互相补充的内部的解读方式：一种是指建筑物，另一种是指人。建筑物的内部，如狄德罗的定义，仅仅是指内部，或墙体以内的任何部分。但人的内部包括人的外在个性特征和当代所称的“内部自我”。狄德罗定义中最有趣的部分是他暗示了墙体的内部与人自身的内部有相互重叠的部分。

因此，室内是评价人类与设计之间相互作用的最好媒介。室内空间并非通常所认为的屋内的简单摆设，而是显示了人类所占用的空间的所有特性。

狄德罗的定义在区分内部和外部的同时也介绍了隔离和界限的概念。任何远离皮肤的人工屏障——衣服、墙体、建筑的立面（以及人体四周的空间）——都被定义为“另一层皮肤”，尽管另一层皮肤远离人体的真实皮肤，但是，它对于定义我们是谁以及我们如何被感知却至关重要。于是，我们的特征得以从有形的躯体边界向外延伸。设计位于皮肤和向外延伸部分的中间地带。作为另一层皮肤，设计是自我向外延伸的基本部分。

建筑物和它的内部是人体向外的延伸部分，这并非新观点。建筑物的功能经常被视作等同于子宫环境，如第一章中所介绍的，建筑物的墙体也经常被视作衣服。[6] 如同衣服延伸了皮肤的功能，建筑的外壳将我们的个人空间延伸到更大的领域中，这一领域并不限于直接与躯体发生接触的空间范围。

人类成功地在裸露的躯体外覆盖了好几层皮肤，它们发挥着保护、功能、识别的作用，也提供了用以装饰和流行的表面（见第 40 页插图），不管这一观点是否严谨，我们对这一领域的理解还只停留在文字层面上，强调划定室内空间的有形界限，忽略了第二层皮肤所创造的潜意识和理解的可能性。[7]

人类并非远距离地评价空间，如同透过镜头审视空间，而是通过感知的过程定义空间。在人类的内部自我和外部世界中，存在着一系列人类所创建并可明确感知的边界。这些边界并不囿于躯体的最外层边界，它包含躯体的第二层皮肤，甚至包含更远的边界，它可以定义为城市空间。因此，设计师不能局限于处理人与物质环境的关系，还应该关注他们自身与不断变化的自我的关

来自《寻爱绮梦》(*Hypnerotomachia Poliphili*)木版画，弗朗西斯科·科隆纳(Francesco Colonna)(1499)。这张木版画从剖面的角度无意中说明了临近身体部位的区域的重要性，它能界定我们是谁。衣服、家具、装饰以及对外的边界——都能创造一种自我的概念，而仅凭外部世界则无法创造这一概念。

系，因为自我与建成环境相互关联。

尽管存在大量关于建筑与建成环境的空间、空间性的理论，但理论中仍然缺少人类与建成环境相互作用的体验内容。许多概念性和理论性的实践证明了空间的抽象性和体量的关系，但我们并不完全理解人们对建成空间的行为反应，相应地，我们缺少深层次的空间设计经验特征的设计知识。

美国诗人拉尔夫·沃尔多·爱默生(Ralph Waldo Emerson)详细阐释了人体对环境的影响："人体是一个发明库，是专利局，那里存放着各种模型，所有新发明的思路皆由此而来"。爱默生认为人的每一项创造都是人体的延伸："世界上所有的工具和机器都是人的四肢和感官的延伸"。[8] 对爱默生而言，"人的延伸"一词纯粹是对人的影响的技术性解释，因为它强调了工具但并没有将它延伸到建成环境中。[9]20 世纪 60 年代，马歇尔·麦克卢汉(Marshall McLuhan)的观点与其相似，他认为该词语能从更宽泛的意义上来理解——亲密的环境是人体和内在自我的延伸。具

服饰的演变过程	历史时期	附属的皮肤
意识到基本的身体保护需求阶段		
发明织布的阶段		
服装从实用到流行的发展阶段		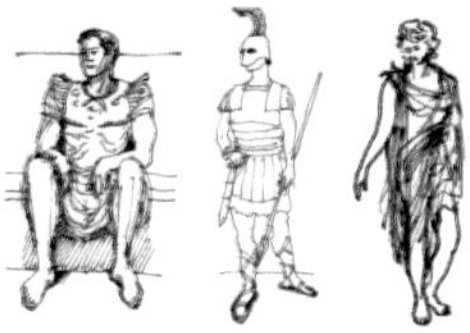

技术和材料发展带来服装改进的阶段		

		 ? ? ?

备了这些品质的第二层皮肤既是一种心理的投射，也是一种身体的反应。人类与所处的环境之间是一种互惠的关系。人类与空间不断变化的相互作用影响了人类的存在状态，也影响了人类的行为方式。这种非常复杂的关系表现为两个方面。一是表现为：我们是谁？我们在做什么？我们怎么做？对这些问题的回答，因地而异，例如从办公室到住宅，从公共场所到私人领域，从一个城市到另一个城市。二是表现为：意向性的环境设计如何塑造处于空间之中的人？人类学家爱德华·霍尔（Edward Hall）在他的经典之作《隐藏的维度》（*The Hidden Dimension*）中指出："人与环境都参与到了彼此影响的游戏中。……人在创造世界的过程中，一直在思考他将成为何种类型的有机体"。[10] 尽管对大部分建筑师而言，这可能是一个明显的事实，但却没有得到充分的认可和应用。室内空间是我们与外界联系的媒介，影响了自我的感觉，因此，环境设计必须充分考虑人的感受。

尽管空间无处不在，空间观念并非一个形式概念，它是身体的占据、使用、体验。直到19世纪90年代，空间才进入建筑学话语的中心。在接下来的半个多世纪中，建筑师开始讨论空间的抽象性——它源自现代主义的语境——以及它符合趋于理性的设计要求。[11] 随着室内规划设计实践的发展，空间塑造的作用逐渐清晰起来，它演变成为了建造功能性的、满足一定需求的居住空间，并涉及特殊的功能区域、家具、设备和物品的布置。而早期人们对空间塑造的理解方式与此相反，空间被视作是抽象的设计意图的形式表现，而不是特定空间的使用和体验。

哲学上的空间是指人们对物质世界意识的投射或反应。即使在最早的空间哲学的描述中，它的意思是以人为中心。德国哲学家奥古斯特·施玛索（August Schmarsow）是将空间概念引入建筑学科的著名人物之一，在此引用他的两句话，"我们体验空间的感觉如同自我之外的身体与有机体之间的关系一样"。空间是一种"人的存在的释放，来自主体内部的投射，无论是我们的身体置于空间之中还是我们的精神投射于其中"。[12] 根据施玛索的观点，人类感知世界和空间的方式直接来自人类自身，缺少人类的感知，世界根本不存在。

许多作家在作品中表达了类似的观点。其中，H·范·德·拉恩（H.Van der Laan）撰写的一本鲜为人知的《空间建构：人类环境设计十五课》（*Architectonic Space：Fifteen Lessons on the Disposition of the Human Habitat*）[13] 一书中，进行了比较严密和详尽的描述，他的分析相当有特点，并提供了数学分析的论

对页图
图表记录了服饰历经不同的时期从必需品到流行配饰的演变过程，服饰作为人的另一层皮肤，发挥着延续和维持人体机能的作用，过去它的功用只是保暖，现在已经进化成为了内在自我的投射和表达，内在的自我外在表现为一种可见的形式。尽管衣服还保留着基本功能，但21世纪新技术的发展根本改变了织物的构造，随着纳米技术等新技术的发展，织物具有了自我清洁的功能，提高了耐热、避光和承压性能。既然织物的发明是为了维持和提高人体的机能，衣服的表现形式也将会随之发生变化。

据。在“空间、形式和尺寸”一课中，范·德·拉恩假设将墙体置于无限的空间中，即创造了能从内部和外部感知的空间。

> 建构空间的定义是墙体限定的空间，它从无（without）当中限定了空间。相反，体验到的与自我相关的空间则源自人的各种活动，它从内部（within）当中限定了空间。[14]

建筑体量内部的分隔创造了室内空间，它同样塑造了建筑的外部形式。相反，人的空间体验从自我内部显现出来。空间是一种封闭的有形领域（例如墙体所限定的区域——另一层皮肤的外在形式）和可感知的内部空间体量。范·德·拉恩建议将空间视作一种隐喻的虚空（建造时从自然空间中开凿出来的部分）和隐喻的实体（体验建成空间的方式）之间的对比：……“我们必须认识到建构空间是用墙体分隔人为建造而成，如同自然空间中的某种虚空。”他接着写道，“此外，两种空间意向本质相异……通过墙体限定的围合方式，我们可以带走自然空间中的完整信息”。[15] 于是建成环境降低了存在于自然界中的空间的完整性，使得空间看上去缺少人气。但是，由内而外地看，实体和虚空部分正相反：

> 同理，将体验到的人类空间视作全部被虚空包围的整体，于是，对人类所体验的完整空间而言，自然空间成为了虚空——它不是水中的气泡，而是空气中的一滴水。

就空间形态而言，是整体包围虚空，就空间体验而言，它处于虚空的中间。[16]

两者的并置是共存，而非互相否定，两者互相补充，不可分割。即使范·德·拉恩富有哲理的空间概念分析也只让我们理解如何感知自我与空间的关系。其观点的核心部分是：抽象的墙体既是内部和外部的分界，同时他也将人类视作一个与外界没有物质联系的抽象的实体。这指出了所有空间理论存在的巨大缺陷。即使那些认为空间源自人类的理论——从内部向外部的演变——这些理论也没有把内在的哲学认知与外部空间的感官投射有机地结合起来。[17] 在这些哲学理论中，空间总是抽象的，不可居住的，更没有考虑人的参与和人的活动。

然而，空间不仅是四道墙体限定的虚空和空气：它为人类所占据，为人类所使用；它具有私密性和个体性。那么，占有空间意味着什么？假设空间中没有建成环境，仅仅表示人们之间的距离。如果建筑学中的空间概念未能认识到人们的存在，结论恰恰相反：这个空间成为另一种特征的人群所占据的虚空。当然，这是一种假设，它将人置于特定的环境之前，从而评价人们之间的互动。

爱德华·T·霍尔是研究人类空间的人类学家，也是"近体学"的创立者，他提出空间之间的距离可以分为四种区域：

1. 亲密空间，它的范围从身体接触到 45 厘米的距离；
2. 个人空间，从 45 厘米到 1.2 米的距离；
3. 社会距离，从 1.2 米到 3.6 米的距离；
4. 公共空间，从 3.6 米到 7.6 米的距离。[18]

人们相互关系的不同界定方法不仅说明了每一区域适宜与不适宜发生的行为，而且还赋予了深刻的社会和文化涵义。虽然霍尔的划分方法有些简单化，但他却指出了空间的产生源自人们以不同的距离相互传递的感官信息。(见第 44–45 页表格)

在霍尔的研究著作《隐藏的维度》中，他进一步指出："世界上任何事情都发生于某个空间场景当中，场景的设计能对身处其境的人产生深远而持续的影响"。[19] 虽然他提到了环境的空间质量，但他认为最根本的问题是要将人置于建成环境的中心，而不是让抽象的空间长期垄断建筑和设计话语权。即使在某种情况下人处于某类空间创造的核心位置，这类空间也极少是为人而设计，而更有可能是试图打动他。

在建立为人类而设计的空间目标之前，我们需要界定身体之外的空间的不同领域，这些领域仍然与人体直接相关："个人空间是指'个体周边不受他人打搅的区域'"。[20] 它影响到了室内设计，因为人类的自我感觉不可避免地延伸到了与他人相交的领域。相反，在更广阔的公共空间背景中，人们希望彼此相互影响，下意识地调整了自身的边界以容纳他人的介入。

许多建筑学观点错误地认为，室内空间的体验起源于从外部进入到内部的过程，事实并非如此。相反，进入内部的体验是次要的，室内空间源自我们自身，并包含了临近我们身体的周边环境。最后，个人空间并不是一个关于我们如何体验现存环境的问题，而是一个关于我们在空间语境中如何表达自身的问题。[21]

因此，设计的过程应该始于个体，并由此向外延伸。我们所获得的环境体验必须通过建成环境的渠道才能产生。认识到这一

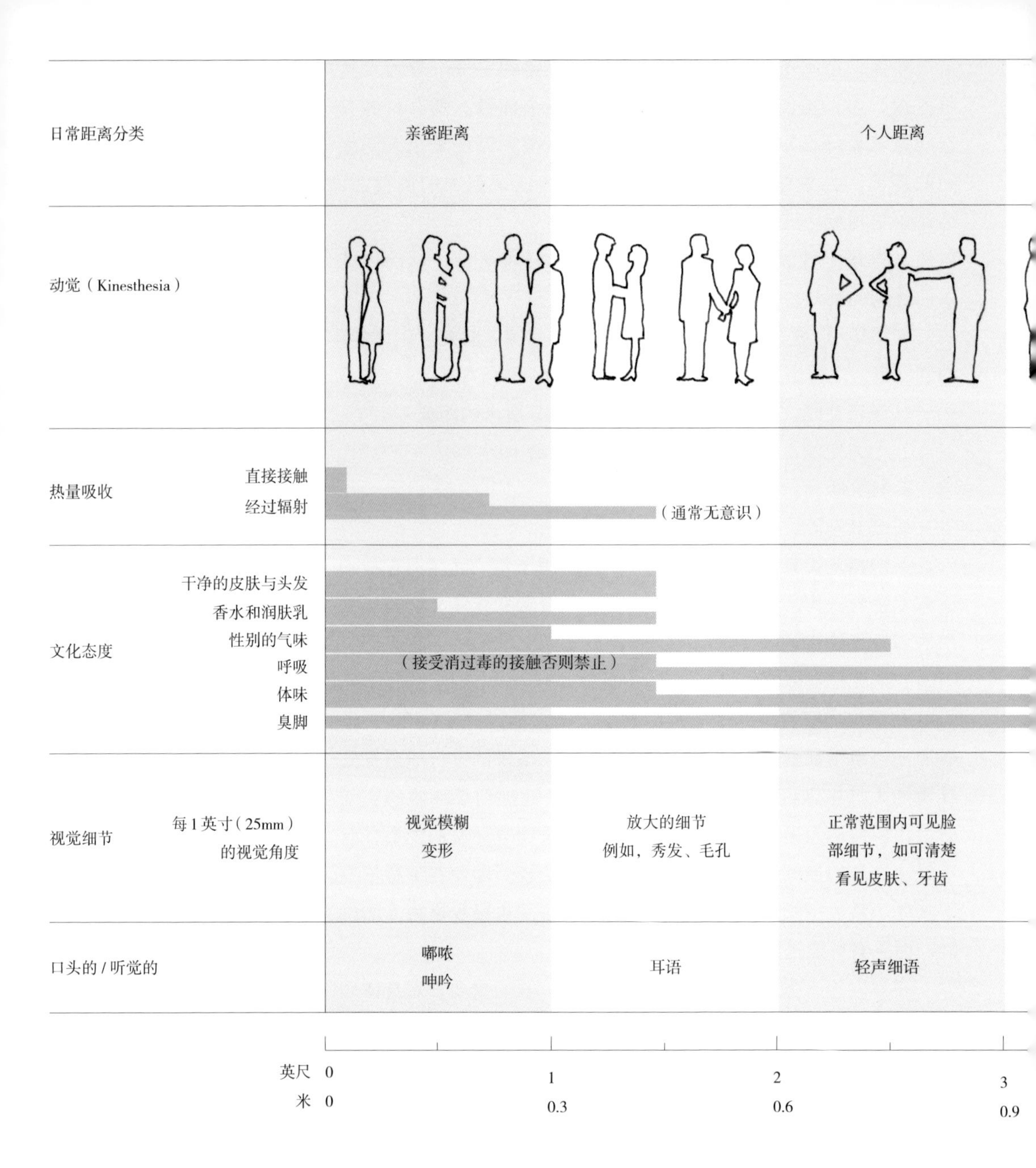

人类相互关系的近体学图表。最初由人类学家爱德华·霍尔创建于20世纪60年代。霍尔将近体学的术语引入到理论中，以寻求定义人们之间的空间交流与边界。在这张图表中，他用感官定义和分析人们的交流区域。霍尔观察到，空间体验并不是纯粹的视觉体验，它涉及所有层次的感官、知觉和交流。

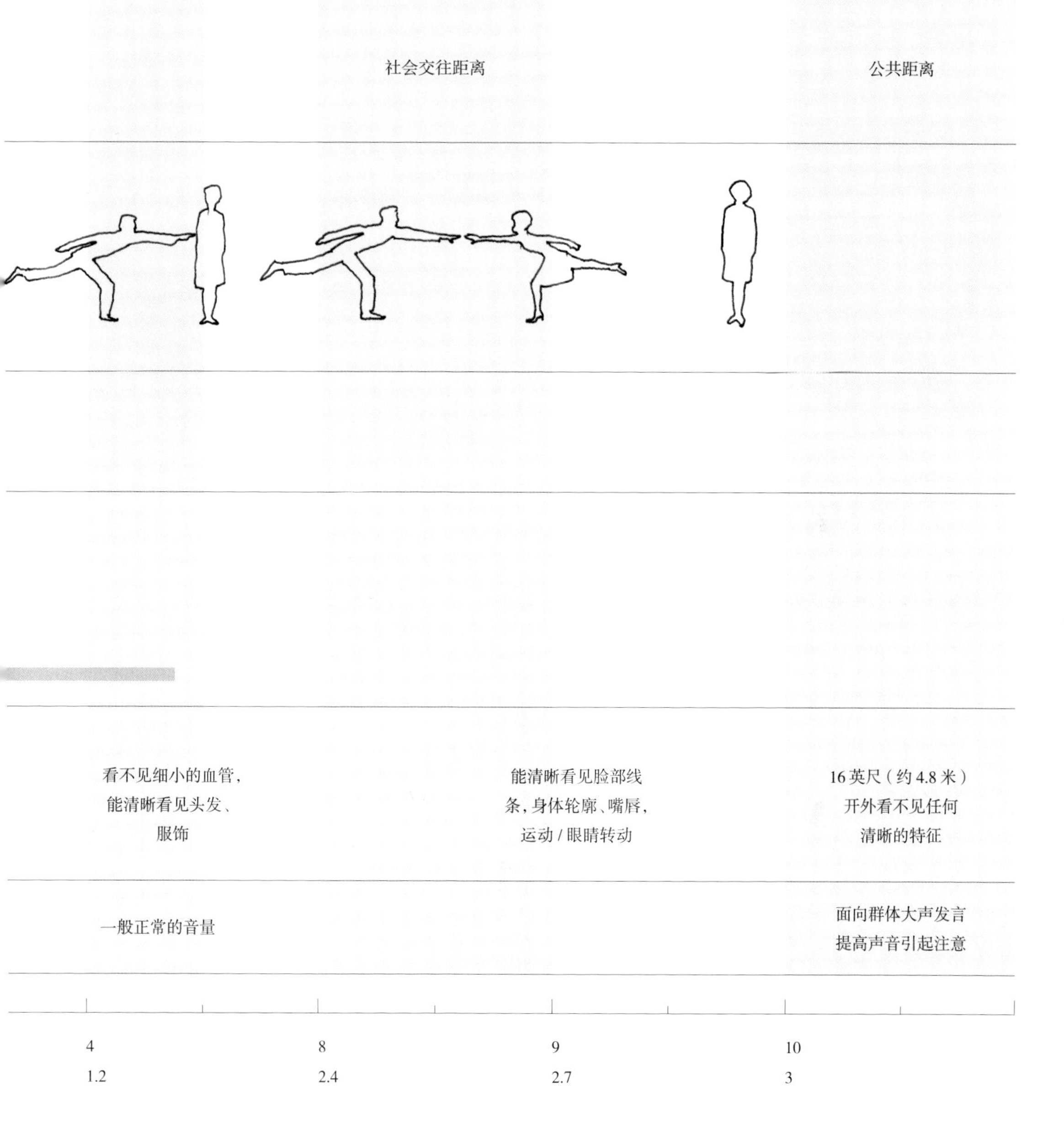
社会交往距离
公共距离
看不见细小的血管，
能清晰看见头发、
服饰
能清晰看见脸部线
条，身体轮廓、嘴唇，
运动 / 眼睛转动
16 英尺（约 4.8 米）
开外看不见任何
清晰的特征
一般正常的音量
面向群体大声发言
提高声音引起注意
4
1.2
8
2.4
9
2.7
10
3

20世纪50年代《生活杂志》(*Life Magazine*)所展示的现代主义家具。家具的形式划定了房间的总体轮廓，虽然没有墙体，仍然清晰说明了室内和室外两个部分。这些边界创造了空间的体积概念。然而，这张家具照片反映了一种普遍的观念：室内仅限于单个的房间内，而不是与环境相互联系在一起。

点，室内便可获得崭新的定义：它是人的另一层皮肤，是所有设计的调节器。

2.2 自我的延伸

家具是空间中最真实和最直接的自我延伸部分。除了空气和人类穿的衣服，家具是人们每天身体接触最频繁的物品。事实上，我们并没有真正意识到我们在日常生活中对家具的依赖程度。除了它的象征性特征（这一点仍然是家具设计中普遍接受的观点），家具也在生理和心理上满足了人类的需求。正如伯纳德·鲁道夫斯基写的，家具“不只是一个假体，而是人体的延伸，它为思维提供了支撑”。[22]

最新的考古学证据表明，第一张椅子诞生于新石器晚期，大约公元前10000—前4000年期间。盖伦·克兰茨（Galen Cranz）在他那本著名的书籍——《椅子：文化、身体和设计的深层思考》(*The Chair：Rethinking Culture，Body and Design*)

ECA 进化住宅（ECA Evolution House）的室内。苏格兰爱丁堡艺术学院（Edinburgh College of Art），设计师：莎茜·卡安团队（2007） 该项目的照片显示了夹层空间（interstitial space），它的作用是介于两种不同的功能与自身之间的连接器和调节器（功能是休息和等候室）——完整的、必要的空间。目的是为了传达和提升 ECA 的素质教育目标：公开交流、平易近人、集体学习、思维清晰、传播细节。可以通过色彩、灯光、在各个方向上降低透明度和优化透明度的方式赋予这一空间全新的视觉感受。

中写道，对人体而言，第一张椅子所支撑的直立姿势是一种压迫式的不自然的姿势。她指出椅子的发明是一种社会地位的象征。她的结论与普遍接受的设计观点并无太大差异，椅子首先是象征的产物，其次才是功能性的物品。[23]

但是，还有一种相反的、可信的人类学观点，这种观点认为人的行为种类相当有限，仅仅是几种姿势的组合：站立、躺下和介于两者之间的一种姿势。[24] 尽管这些姿势还可以分解为更小（通常是细微）的姿势变化，更重要的一点是，尽管躺下或者站立可以不需要家具的参与，若没有家具的辅助，几乎不可能做到长时间地保持一种介于两者之间的姿势。因此，椅子满足了生理的需要：它是人类活动的支撑。即使它有显著的社会和文化功能，它最基本的功能还是提供支撑。

家具便于使用，方便携带，它与房间的空间附属物之间的区别在于它与人体有密切的联系。法语中存在类似的区分，它将作为领地的建筑物与建筑物内部的附属物作了比较："immeubles"——指"不可移动的"建筑，而"meubles"——

椅子的演变过程	历史时期	支持人体处于坐姿的中间状态
需要坐姿的中间状态的意识萌芽	石器时代	
椅子制造的发明	青铜时代	
椅子制造过程的发展	铁器时代	
	中世纪早期	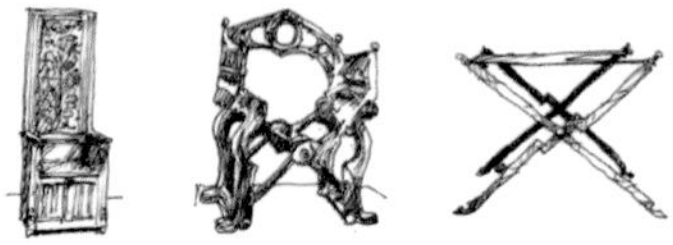
	文艺复兴时期和现代早期	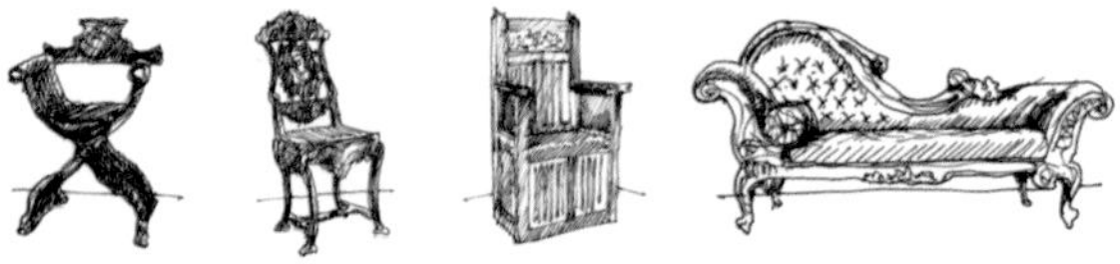
技术和材料发展带来椅子改进的阶段	工业革命时期	
	电子时代	
	全球网络时代	

椅子的演变过程图表，自从椅子出现，它的功能一直延续至今，尽管它的外形有所改变。作为功能性的物件，椅子完成了它最初的功能：创造介于站立和平躺之间的一种姿势，并允许了一定范围内的活动，倘若没有这个中间姿势，人类就不可能完成某些活动。

即“可移动的”家具。[25]（可以不太确切地用英语中的同义词来替代“immeubles”与“meubles”，即附属物与房屋中的可移动物品）。这一词源表明了一个事实：家具是上流的住区中的流通之物（19 世纪末期盛行这一风俗），也可以被解读为：家具是人体延伸的可移动之物。建筑物是不可移动的空间，相反，设计的产物——如家具，是空间中人的形式的直接延伸，是可移动或者

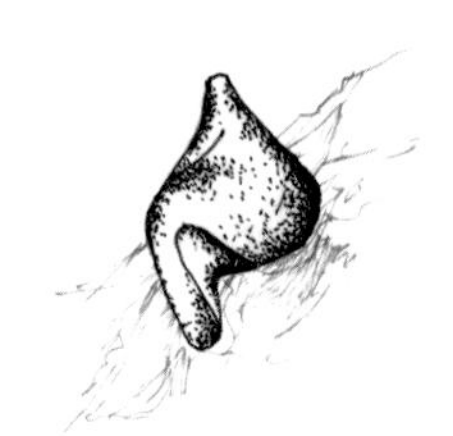
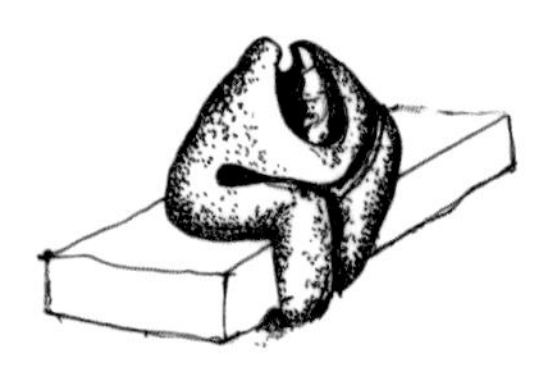

迈锡尼的一幅人的坐姿雕塑的素描。从那一时期起，雕塑捕捉到了人体与椅子的紧密联系的实体关系。这张原创性的素描以非常写实的方式暗示了家具是人体的空间延伸。这种象征性的基本的中间姿势具有自我描述性，并隐喻性地展示了自我延伸的坐姿。

可调节的物品，它源自人的需要并服务于人。

设计必然包含了功能和象征的意义。作为支撑物和象征物的椅子之间的张力一直存在。家具，如同我们另一层皮肤的组成部分一样，总是展示功能性支撑的特征，它既独立于外部的象征性元素，又与它紧密结合。另一层皮肤的表述方式可能显得过于简单化，以至于不能准确地描述设计对于人体与居住的物质空间之间的调节关系。它仍然有助于我们将这双重的特征结合起来，如果设计要成为一种完全满足人类需求的实践，那么设计必须表现这双重特征。

空间体验不仅是一种视觉感受，也是视觉与其他感官的合力作用。[26] 气味、声音、温度和触觉都可以影响和改变我们的空间感觉，它们有益于人体的舒适和健康，并留存于人的心灵和记忆当中，而仅凭视觉是无法做到这一点。相反，当前的许多设计流派采用单一的、类型化的风格代表整个项目，并期望人们从枯燥的思考转向精美的杂志页面或者借助于电视画面的播放，由此判断建成环境的优点和价值。这种发展趋势令人困惑：人完全丧失了思考能力，结果只剩下一个风格的空壳。这种方法将设计环境变成了一个缺少人气、只剩下形式的空间。人在这样的环境中不能自在地生存，至少不会感觉舒服。

我们设计空间时需要将人的变化因素考虑在内。加斯东·巴舍拉尔（Gaston Bachelard）在《空间的诗意》（*Poetics of Space*）一个有趣的段落中点评了空间和内在自我的相互关系，他在这个段落中写道，人对同一空间的心理感受是不断变化的。“我的家并非玻璃制成的，但却是透明的，它像蒸汽一样缥缈。墙可以如我所愿地伸缩自如，有时，我可以将它拉到我的身边充当我的保护盔甲……但更多的时候，我让屋子里的墙在空间中自由地发展、无限地延伸”。这段话表明了一个事实：我们的第二层皮肤具有保护性，同时也具有可塑性，它可以排斥或者包容外部世界。[27]

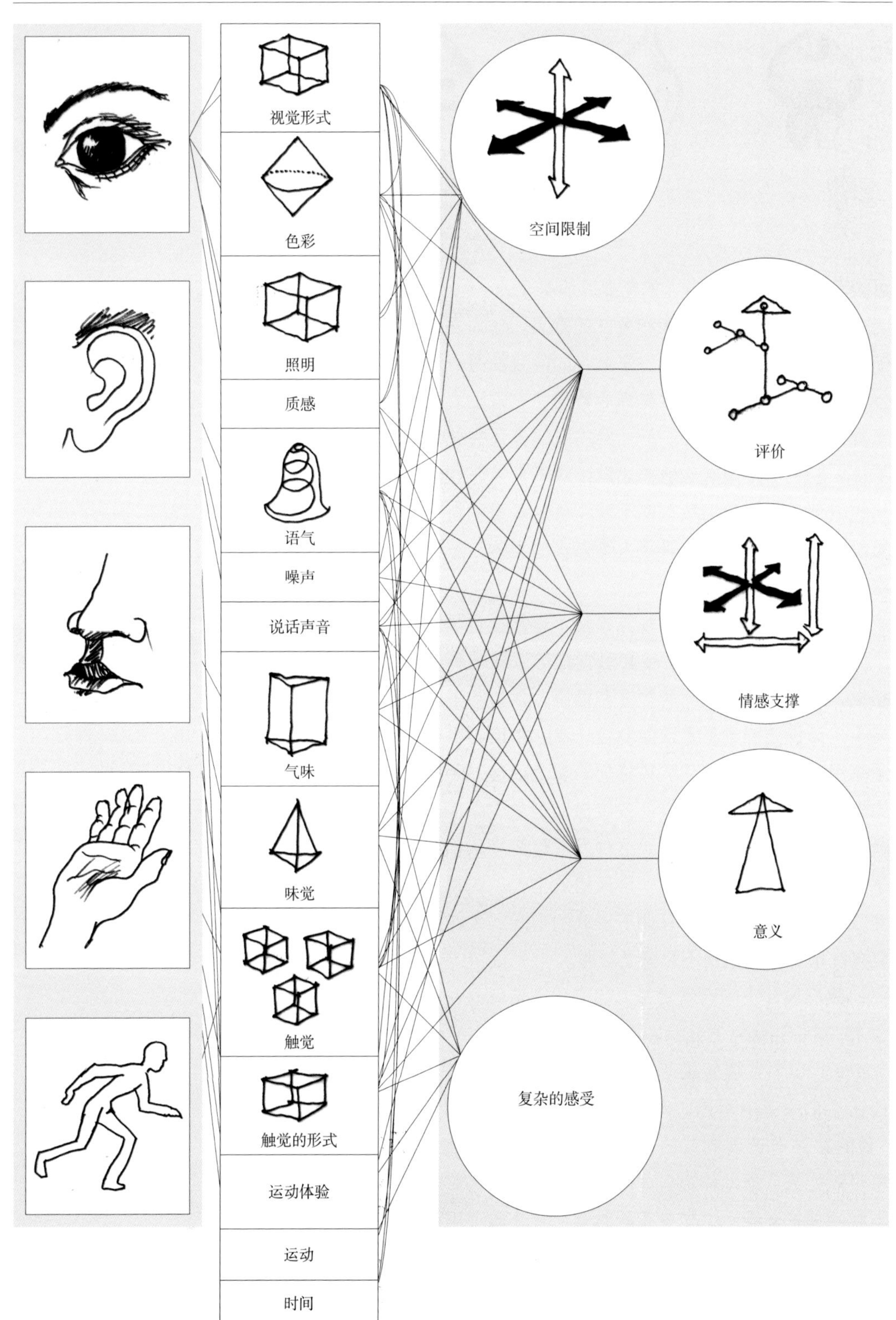
感官
简单的知觉
复杂的知觉
连接的实体
视觉形式
色彩
照明
质感
语气
噪声
说话声音
气味
味觉
触觉
触觉的形式
运动体验
运动
时间
空间限制
评价
情感支撑
意义
复杂的感受

埃内斯托·内托（Ernesto Neto），Anthropodino 装置（2009） 内托的大型、互动、体验雕塑向公众展示了通过感觉体会人类愉悦的力量的机会。巨大的半透明的罩篷（36.5 米宽，54.8 米长）内悬挂了具有香味的“织物钟乳石”，篷内有大量迷宫般的通道和房间，在悬挂的钟乳石的末端有香料袋。这一装置邀请参观者感官参与到设计的环境当中以寻求发现和快乐。内托说周围像子宫的环境“……并非指性，而是指舒适”。

巴舍拉尔的话指出我们视野中空间的可替代性（fungibility），空间既是一种现实存在也是一种感觉，它根据思维的状态和对自我的感受而不断改变。为了更好地为人类服务，设计必须将这种变化考虑在内，这些变化不仅因人而异，也随着人类对自身的感觉发生变化。

重新思考设计方法同样需要重新定义人的概念。长期以来，我们简单地看待世界，将人视作抽象的概念，似乎存在一个普遍的人，他能为所有人充当一个标杆。长期以来，我们没有深入地探究设计的感性的、感官的、现象学的影响。

对页图
作为人类，我们知道我们的世界并非仅由五种感觉官能、感官的相互连接和知觉的相互作用所体验（以及其他的物质因素如温度、湿度、重量、体积、深度等）。尽管可以将这些相互作用还原到人体感官的最纯粹和最基本的形式，理解的复杂性和体验的可塑性决定了错综复杂的程度，建筑师因此需要在设计中研究、理解、和使用这种复杂性，这种设计也才有可能是敏感的并且让人感到满足。

2.3 非普遍的人

人是万物的尺度，这句话耳熟能详。它源自公元前 4 世纪柏拉图的对话——特埃特图斯篇（*Theaetetus*），尽管不厌其烦地重复这句话，但却几乎遗忘了它的起源。[28] 然而，它广泛的认知度仍然不能掩盖这句论断的基本原理：我们的视野决定了我们如何看待世界。我们衡量世界的尺度毫不令人惊讶的是人的角度——我们记录环境的方式根植于人自身。[29] 柏拉图的论述是个非常好的例子，它非常实用，它是第一个实际的身体衡量单位，它不是尺子而是人体自身。

人类身体与世界的关联形态有三种方式：

1. 创造完美和谐的体系，它将人体形态的感觉之美与完美、永恒的宇宙秩序相联系；

2. 通过测量世界而不是直接获得身体体验的方式，创建的测量尺寸如英寸，它以拇指的第一个关节的长度为基础。

3. 通过建立理性的、可复制的测量体系的方式。这一过程源自将无规律的、以人体为标准的单位转换为标准单位，并进一步创建了分类方法，如米制测量体系，最终这一体系与人的体验脱离开来。这种尺寸的理性最终产生了人体的标准测量方法，并为设计师所采纳。

第一种和第二种体系是最古老的方式。它们可以追溯到人类历史的初期阶段，这两种定义测量宇宙的方式难分伯仲。第三种体系来自工业制造的作业流程中，工业制造需要协调各部分组件和零件，通过标准化生产提高效率，它决定了设计师面对的大部分设计的形式，因为它是物体和环境的基础。然而，标准化经常与人的体验脱节，生产出一种有缺陷的、不精确的统一标准，它的普遍性感受，与早期的完美和谐体系非常相似。

完美和谐的概念历经多个世纪经典文学关于人体形态和宇宙形式的相互关系的诠释，至今还在影响着我们。在西方传统中，叠映在人体上的数学比例被用以展示宇宙秩序的静态之美。人体的尺寸反映了固定的比例和倍数关系，它与自然界中所发现的事物完全一致，后来又与音乐中的音阶（scale）一致。这种和谐统一产生了所谓的“普遍的人”，这是一个抽象的概念（尽管通常不这么认为），与柏拉图的形式更为接近，而不是指一个真正的有血有肉的人（见54页图解）。

随着完美和谐体系的发展，人体形态间真正不同的比例部分变得不重要，尤其是当它与体现世界秩序的完美形态相左的情况下。普遍的人应该符合几何的倍数与比例关系，而事实上，这样的人体不合常理。这一概念最著名的例子是一幅将一个人框在一个圆圈或者正方形内的图画，如达·芬奇（Leonardo da Vinci）那幅著名的15世纪画作所描绘的那样，这幅画是根据维特鲁威《建筑十书》的内容绘制而成。通常这个人体形象指代维特鲁威人[30]（见56页图解）。

维特鲁威人完美地象征了所认可的普遍的人，但这段话存在着疑问（值得一提的是，维特鲁威书籍的摹本年代久远，并没有附带图解说明），它包含两个主要的论点：建成环境的几何形态具有与人体一样的比例，反过来说，人体可以用完整的几何图形来界定。对于第一个论点，维特鲁威这样解释：“任何神庙的设计都不能缺少对称和比例的关系，即不能缺少各部分之间的准确关系，如同一个身体健硕的人体不能缺少对称和比例关系一样。”[31]这种倍数关系在数值上是固定的，因为自然界赋予了人体这些数字。例如，人体与脸部的比例（脸部测量范围是“从下巴的端点到额头的顶点位置”）设定为 10 ∶ 1；“足部的长度是身体高度的六分之一，前臂是身体高度的四分之一，胸部的宽度也是四分之一”。等等。

尽管维特鲁威关于身体比例的一系列数值已然成为大家所接受的真理，我们并不清楚它是人体尺寸的真实反映，还是仅仅建立了一个理想的模型，该模型与人体尺寸关系不甚密切。[32] 实际上，约瑟夫・里克沃特认为：“没有人认为维特鲁威是通过经验尺寸得出这一结论，尽管众所周知，他也许核实过古代的人体比例。事实是身体所代表的数字显然是最重要的测量工具，而且它们内在的可测量性也是古人经验中的一个部分”。[33] 但即使这些比例关系可以追溯到早期人们获得的经验数值，一旦发现了人体的比例关系，与它相比，人体（尤其是男人的身体）本身居于从属的地位，数值比肉身反而具有更重要的地位。

维特鲁威文字中的第二个论点，也就是达・芬奇的图画的出处，将神庙的对称特征和人体的对称性结合为一个统一的整体：

> 类似地，神庙各部分之间应该存在着对于整体而言是最和谐的对称关系。而在人体中，肚脐是中心点。因为当一个人背朝下平躺时，手和脚尽量伸展，形成了以肚脐为中心的一副圆规的形状，四肢的手指和脚趾正好处于圆的圆周位置上。当人体形成了一个圆周的轮廓线，进一步则可从这个圆周中得出一个正方形的图形。如果测量脚的端部到头顶的垂直距离，再测量伸展的两只手末端之间的水平距离，会发现宽度与高度的数值一致，就像正方形平面一样。[34]

维特鲁威认为人是万物的尺度，但前提是在特定的情况下，源自人体的几何比例才能成为决定世界形态的一条基本定律。

尽管维特鲁威的描述作为哲学概念是易于理解的，但他也不可避免地扭曲了人体的形态，因为现实中的人体形态存在变化，不可能是完美的正方形或圆形，可能是椭圆形、长方形或者是非几何形态。在达・芬奇的精美图画中，人体形态是完美的，这幅画表明实际运作规律如同维特鲁威所描述的那样。然而，这是一种误解，因为这只是一种概念性的图画，并不是任何真正人体的临摹之作。

Aptissima regionum & partium Microcosmi cum illis Macrocosmi comparatio.

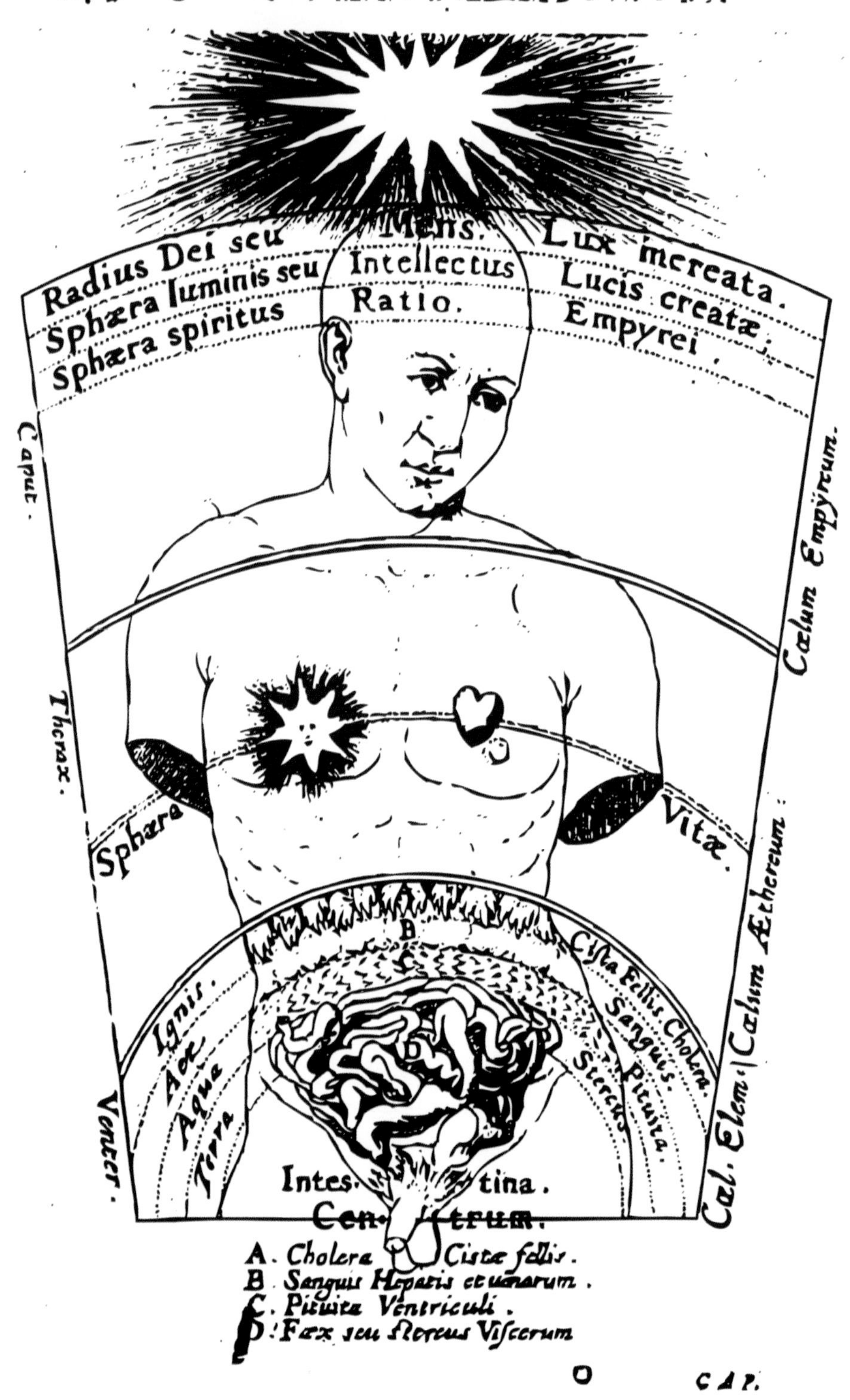

CAP.

对页图
这张图表来自1969年弗卢德（Robert Fludd）的《宏观宇宙》（*Utrisque Cosmi*），它表明一种流行的人文主义者的观点：人和他的比例是世界完美比例的直接体现。为了说明这一点，人体被直接投射到宇宙中，两者的比例相同。

虽然维特鲁威的观点体现了人本主义的性质，但这一体系脱离了现实生活中的人体，这不得不说是对维特鲁威观点隐含的讽刺。即使这一体系也要求进行实际的测量，如阿尔伯蒂（Alberti）1464年在他的论文《论雕塑》（*De Statua*）中所做的那样。阿尔伯蒂认为人体测量可用于发现“高度的美学特征，如同人体中存在精确的比例关系一样”。[35] 如鲁道夫·威特科尔（Rudolf Wittkower）总结为：从“许多被视作最美的身体”中提取的尺寸数值决定了理想的人体形态，“将他们最基本的部分组合起来”的同时消除了“自然界中的不完美现象”。对文艺复兴时期大部分正统的人文主义者而言，这一理想模型“似乎是揭示了关于人与世界相互关系的深层次的基本原理”。[36] 所有艺术门类、建筑学和设计的产生都源自关于身体的诠释。

这些理念一直盛行，直到18世纪中期，理性主义的观点开始挑战这种奉为经典的人体比例体系。1757年，埃德蒙·伯克（Edmund Burke）在他的《崇高与美学观念起源的哲学思考》（*Philosophical Enquiry into the Origin of our Ideas of the Sublime and Beautiful*）的一个标题为“比例不是人类美学的起源”的章节中，质疑了仅有比例是人类美学起源的观点。长期以来，人们认为人体比例与建成环境形式之间有直接关系，伯克认为这样的观点是令人困惑的：

> 建筑的比例源自人体的比例。我知道这种说法由来已久，从一个作者传到另一个作者那里，转述了上千遍。为了使这种强加的类比更加形象，他们描述了一个举起手臂并充分舒展四肢的人体形象，将他描述为一个正方体的形象，理由是沿着这个奇怪的人体的四肢端点画线可以得到一个正方体形状。但对我来说，显而易见的是，人体的形象从来不会给设计师带来任何灵感。原因是，第一，人们很少摆出这样拉伸的姿势，这是不自然的姿势，更谈不上优雅。其次，人体所摆出的姿势并不能认为是一个正方形的形态，而是一个十字形，因为在手臂和地面之间必须填充某种东西，才有可能将这个人体视作一个正方形。[37]

伯克的观点非常有趣，表现为两个方面：第一，它挑战了和谐统一的学说，第二，它质疑了以简单的几何形体作为人体的图示性象征的做法。伯克认为，人体结构复杂，事实上并不遵循特

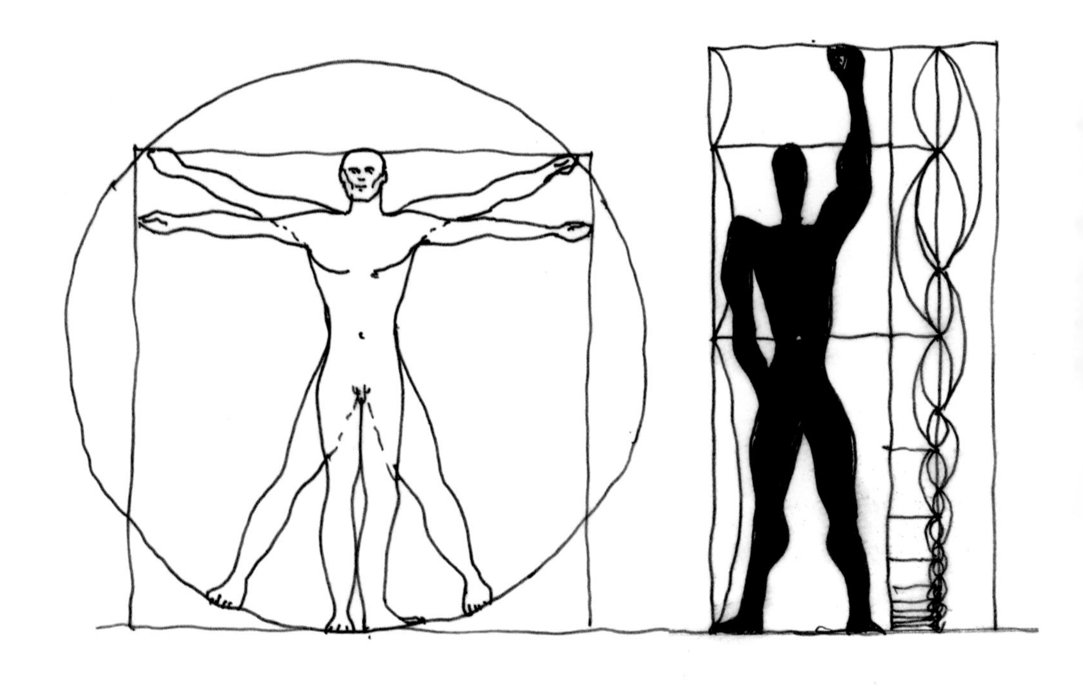

人体尺寸的度量分析比较图。众所周知，左边的图片是达·芬奇1492年根据维特鲁威《建筑十书》所绘制的人体比例分析图。将维特鲁威人置于两个完整的几何图形中——圆形和方形，暗示了人体的完美比例。左数第二张图片是勒·柯布西耶1948年绘制的模数体系。他也将人体与理想的数学测量方法相联系，但该方法并不与人体尺寸直接相关。右数第二张图片是一种不同角度的尝试，它提供了更合理的尺寸类型，考虑了人的自然差异。改编自亨利·德雷夫斯（Henry Dreyfuss）的《男人和女人的尺度》（*The Measure of Man and Woman*），给出了人体尺寸百分位数的变化范围，最右侧的图片是坐轮椅的人的测量尺寸，它拓展了人体变化的概念，包含了残障人士的需求。

定的统一比例关系。他进一步说，“没有哪一类物种能够严格遵循某种特定的比例关系，若是如此，世界上的个体差异基本没有显著的区别。人类的个体差异证明了这点，在其他低级物种当中也是一样，美学特征可以毫无关联地以各种比例关系呈现出来，只需每一物种认可这种比例关系，也不需要改变它的原初形式。”[38]摆脱了比例关系的束缚，人体形式的巨大差异可以充分展现出来，人的环境体验也不再受限于一系列抽象的比例和数字。不过各种不同起源和内涵的比例体系却依然保留了下来。第二次世界大战后勒·柯布西耶（Le Corbusier）的模数体系就是一个例子，该体系号称是“符合人体尺度的统一的测量方法，普遍适用于建筑学和机械制造”。[39]

功能尺寸的体系直接来源于人体，同时也体现了普遍的人的概念。在严格的标准化体系出现之前，这些尺寸是测量的主要单位，男人（有时和女人）是度量世界的最直接的实体方式。早期的单位名称——例如，英语中的英尺，法语是pouce（英寸，词源是拇指），意大利语是braccio（码，手臂的尺寸）——这些词的衍变全都与人体和周围物质环境直接相关联。即使度量单位的命名方法一样，实际的尺寸却并不相同，因地而异。某个城镇英尺的实际长度并不与邻近城镇的一样（见60页图解）。

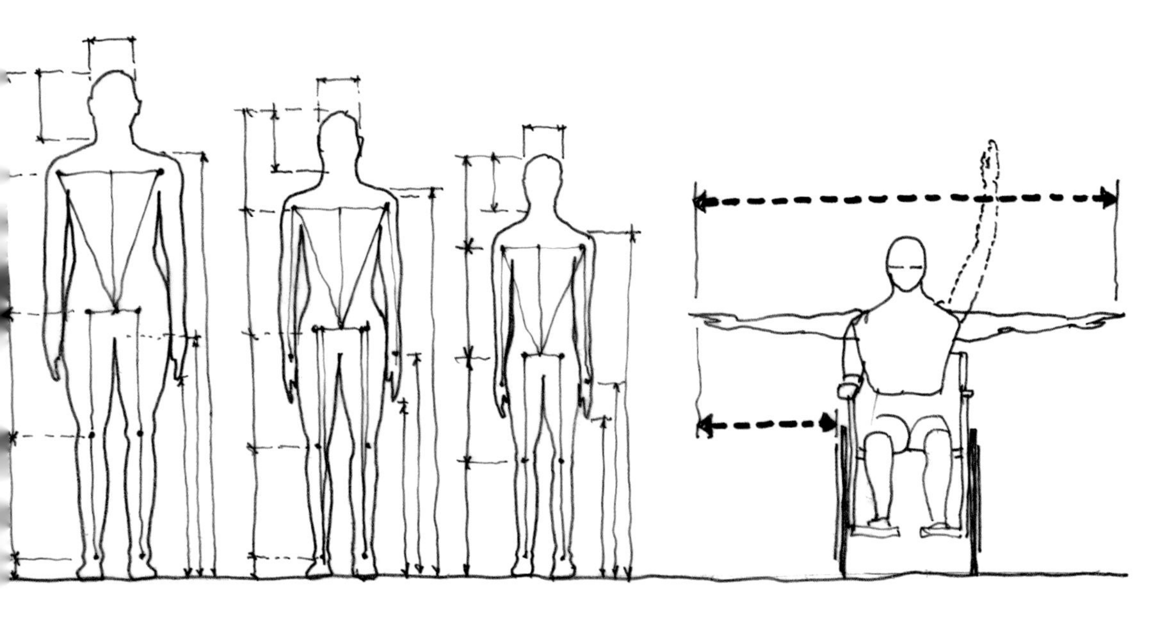

这些人体尺度的测量方式发展成为衡量世界大小的工具，他们直接影响了舒适的体验感，并通过我们发挥作用并改造环境。尺寸的名称和单位在现代标准化体系中得以保留，其中仍然隐含着所受到的身体部位的影响：英尺依旧代表一种标准的计量单位，同时也表示人的脚在地面占据的空间。

这些测量体系的重要性在于它将个人的体验转化成为了通俗易懂的术语，它创造了人们都能理解的尺寸词汇，即使这些词汇不是来自所测量的物体的直接体验。

20 世纪的度量体系表明设计师尝试寻找一种更加客观的衡量方法，以摆脱普遍人概念的束缚。最著名的这类尝试（至少在欧洲）要数恩斯特·诺伊费特（Ernst Neufert），他在 1936 年出版了《建筑师的资料》（*Architects' Data*）一书，书中汇编了涵盖建成环境所有领域的标准尺寸数据，可供建筑师和设计师使用。（见 61 页图解）[40] 亨利·德雷夫斯的美国设计公司也做了一次著名的尝试，它根据性别、年龄以及是否有残疾等方面将人进行了合理的区分。1960 年德雷夫斯第一次出版了《男人和女人的尺度：设计中人的因子》（*The Measure of Man and Woman：Human Factors in Design*）一书，该书以图表和数据的方式提供了人的身体形态的变化范围。[41] 实际上，这本书将人体的差异视作设计

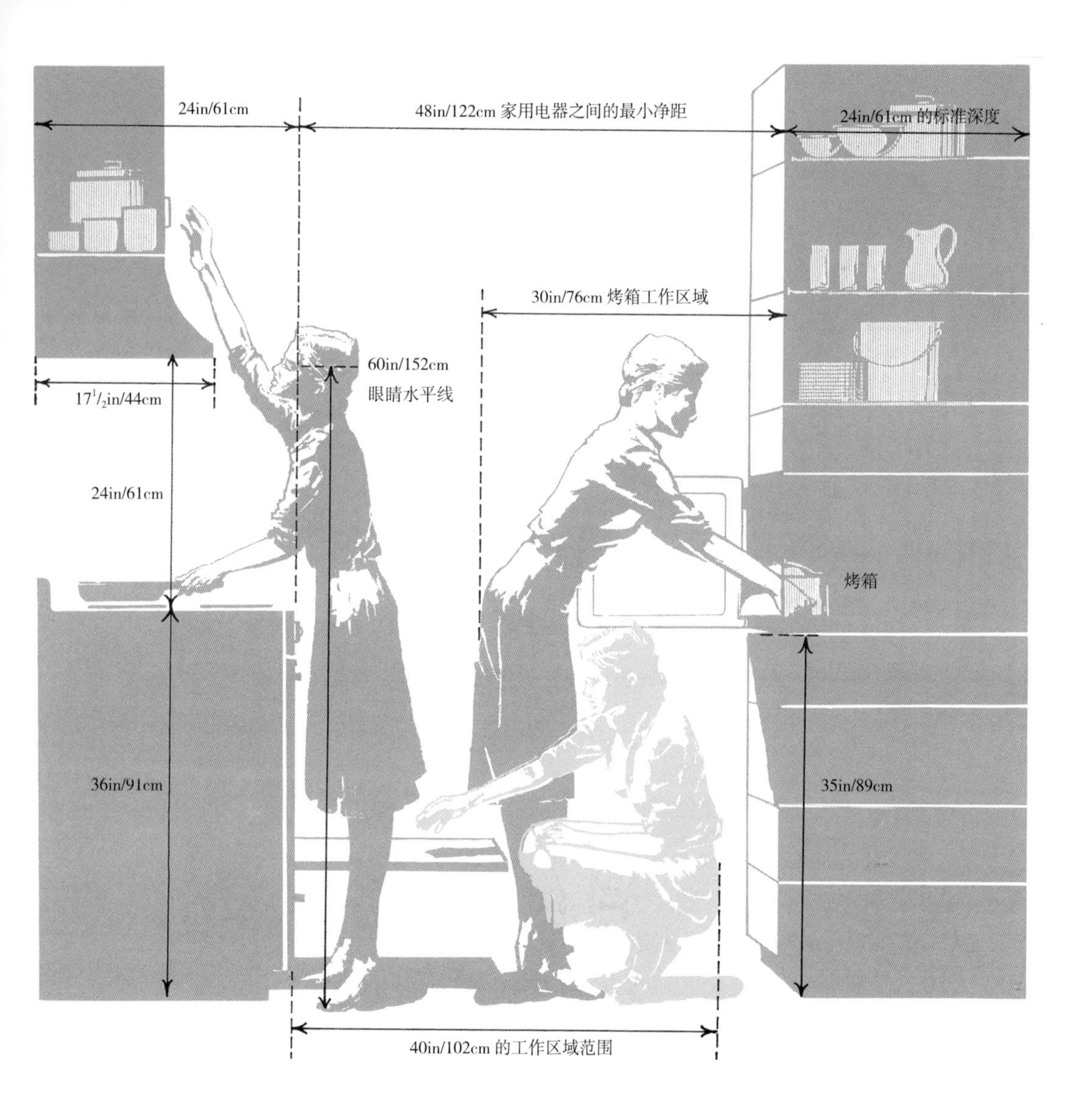

厨房设计的认可尺寸，源自人体比例和活动的相关研究，如手能够得着的范围。住宅的厨房设计是影响家庭关系的一个重要因子，20 世纪工业领域引领的家政工程规划并未认识到女性设计师的先锋作用。

的一个参数，从这个角度来看，这本书也许推翻了关于普遍的人的理想模型。[42]

但即使这种差异化的分类尝试也可能成为一种威胁，被奉为一种崭新的标准体系。目前乃至将来，身体的度量体系都还不够完善，人们对建成环境的参与方式——采用超越身体的度量方式——尚未得到开发。一旦建立经验的准则，它将成为男人和女人的真正度量方法。

2.4 设计服务于人的基本需求（人的尺度）

如果设计师需要提供解决方法真正满足人们的要求，那么，

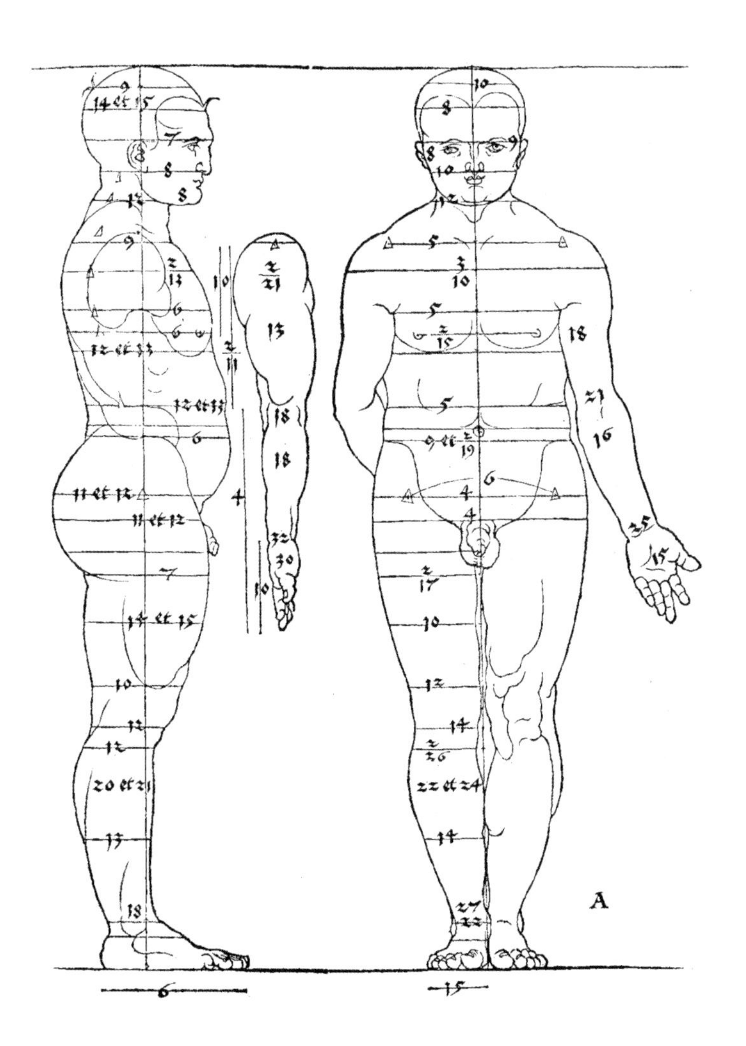

图解来自于杜勒（Albrecht Dürer）的《人体比例四书》（*Four Books on Human Proportion*）（*Vier Bücher von Menschlicher Proportion*）（1512—1523）图片表明人体面临着正统的完美比例与实际自然差异之间的困境。杜勒绘制的人体尺寸源自维特鲁威的比例，以及几百个真实的人体的测量尺寸。

他必须重新界定普遍的人的概念，并且要考虑到三种不同的需求种类。范围最广的一类与所有人相关，包括内在的生理和心理需求，这些需求形成了人类共同的、固定的遗传特征。社会责任和生态义务是这些需求中的一个重要组成部分，它可以简述为人的本质特征。自从人类出现，这种特征一直没有改变，并且在设计中必须得到体现。

与静态的需求相反的是另一种特殊的文化需求，它更具变化性，随着地理位置、时间和历史时期的不同发生巨大的变化。它根据人们对建成环境的期望值的变化（和技术的发展）而波动。

最后是范围最小的需求类型，它包括个体的具体需求，如归属感、信任和自豪感。显然，每个人的大部分需求都与其他人相似，但个体的感受发挥了独特的作用，使得人们能够观察建成环境。对人体测量术语图表。最早的测量体系直接源自人体的尺寸，并暗示了与外部环境的紧密联系。例如，在过去的英语体系中，长度的最小单位可以通过食指和拇指之间的距离表示。第二大的单位则根据手的尺寸来测量，它可以依次成倍的增长变成以手臂和足部的长度为基数的长度单位，也可以依次转变为以人的步数为基数的长度单位。

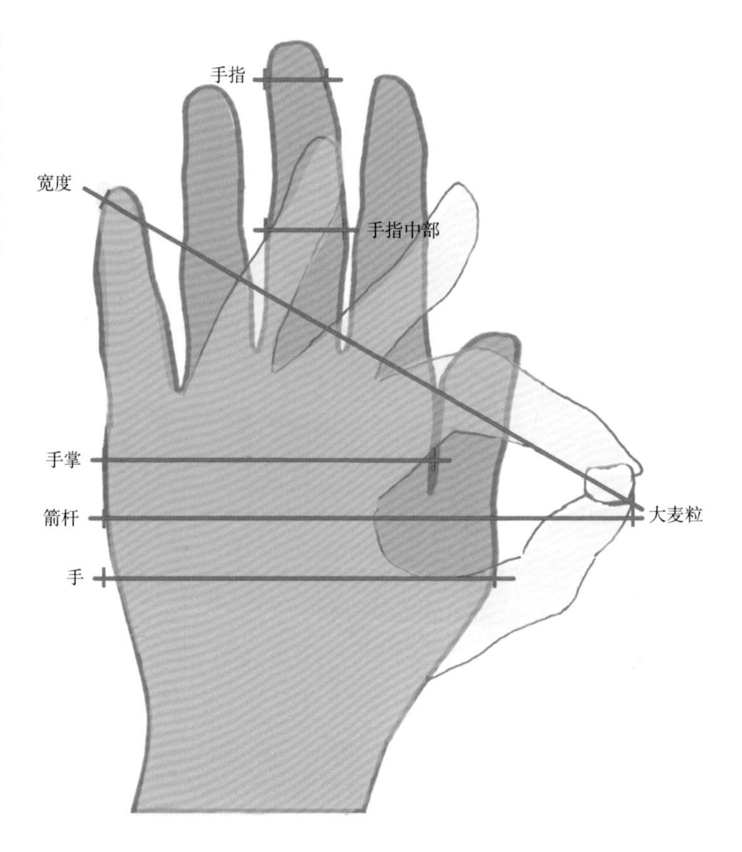

基本的拟人化的单位

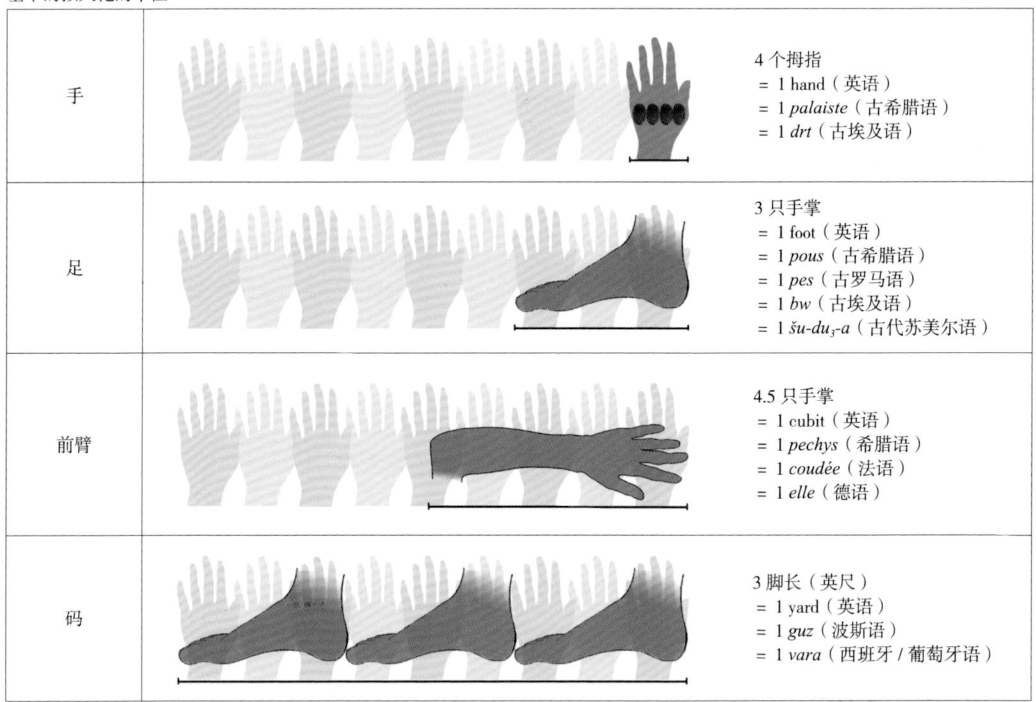

手		4 个拇指 = 1 hand（英语） = 1 *palaiste*（古希腊语） = 1 *drt*（古埃及语）
足		3 只手掌 = 1 foot（英语） = 1 *pous*（古希腊语） = 1 *pes*（古罗马语） = 1 *bw*（古埃及语） = 1 *šu-du*$_3$*-a*（古代苏美尔语）
前臂		4.5 只手掌 = 1 cubit（英语） = 1 *pechys*（希腊语） = 1 *coudée*（法语） = 1 *elle*（德语）
码		3 脚长（英尺） = 1 yard（英语） = 1 *guz*（波斯语） = 1 *vara*（西班牙 / 葡萄牙语）

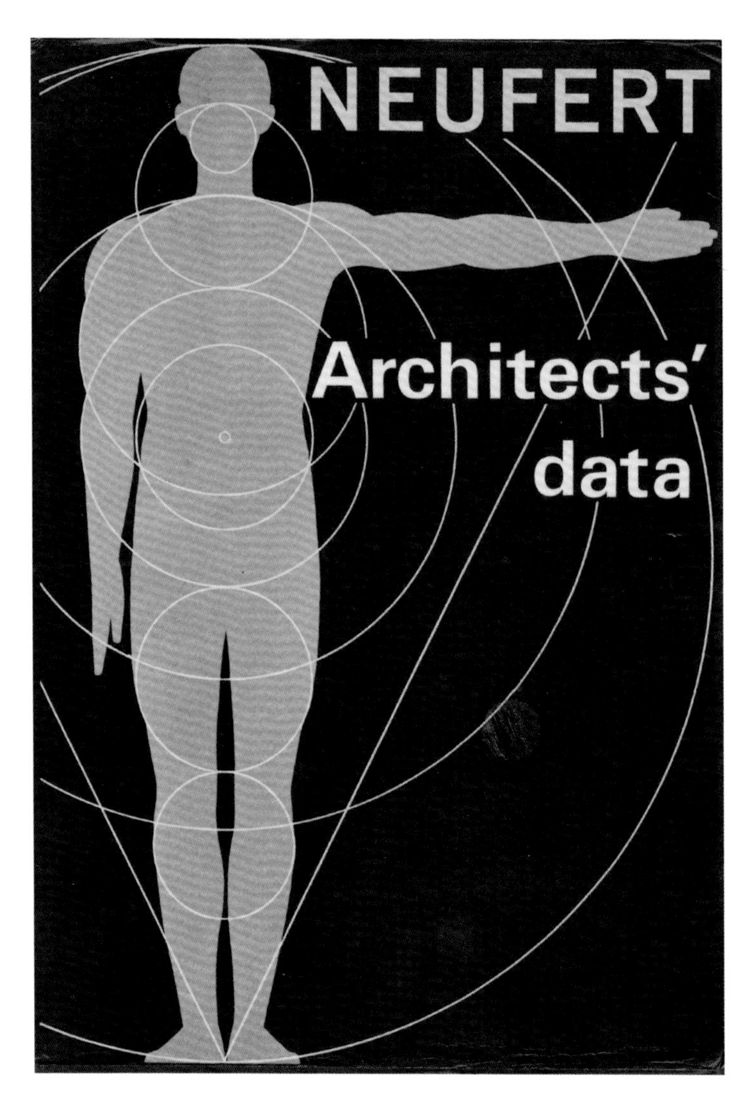

恩斯特·诺伊费特1970年出版的《建筑师的资料》英语版本的封面。1936年该书最早出现于德国，是一本综合性的著作，书中汇集了各种标准尺寸，可供建筑师和设计师使用，代表了最早的收集人体实际尺寸的尝试之一。

设计师而言，最难掌握的任务是满足人们的最后一类的需求。

以人为核心的、不同层次的需求意味着设计师必须时刻了解人们的核心需求，熟练掌握文化特征的差异，敏锐地捕捉到个体的独特需求，因此对设计师来说是巨大的挑战，因为这些需求经常互相冲突。要求建筑师采用的方法也不再是一般的身体尺度的测量方法（似乎只有最敏锐的人学尺度的测量方法才能完成这项任务），而是需要掌握一种全面理解人类需求的非物质方法。

要做到这一点就要求建立一种可以描述和判断人类需求的基本语汇，因为目前的设计理念并不能充分地满足人类的需求。接下来要做的尝试是用实例的方式去辨别和描述一个独立的设计参数，分别实现每个层次的需求：对安全感（safety）和安宁感（security）的内在需求、对舒适的特殊文化需求以及对隐私的个人需求。

2.4.1 内在需求

寻找遮蔽物是人类的一种本能需求，关于这一点我们已经进行了详细的叙述，它代表了人类的一种一般需求类别。人类主要的生存本能使得人类得以生存、进化和繁衍。安全需求是一种对存在的或感觉到的威胁的内在反应。安全需求是一种动物的本能，也是人类创造遮蔽物的最主要的原因。从设计的观点来看，提供安全感意味着创建一种能够保护人们免受伤害的环境。这种目标是一个具有争议性的主题。格兰特·希尔德布兰德（Grant Hildebrand）在他的著作《建筑愉悦的起源》（*Origins of Architectural Pleasure*）一书中非常严谨地阐述了这一问题。[43] 他提出“生存的美学”扎根于人性之中，是与生俱来的一种心理反应。

希尔德布兰德认为自然选择教会人类判断自然威胁、掌握伤害的诱因等知识，这些知识在选择的环境中显而易见。而在建成环境中所获得的快乐是我们“内在偏爱”遮蔽物和安全感的一种计划外产物。尽管人们寻找遮蔽物是一种刻意的行为，但人们的行为和选择并不总是与生死直接相关。[44] 相反，这些决定产生了可遗传的并可进行编码的假设思维体系，由此人类可以在自然和建成环境中获得安全感。

希尔德布兰德将环境设计中安全感的两种主要元素定义为遮蔽物（refuge）和景观（prospect），“遮蔽物和景观相对立：遮蔽物狭小阴暗，景观则开阔明亮，它们不可能共存于一个空间中，但它们能够而且必须相邻在一起，因为人们离不开任何一方而且需要两者在一起。从遮蔽物的角度看，人们需要观察景观，而从景观的角度看，我们需要躲进遮蔽物”。[45] 简单地说，人们的生存需求在身体和美学两个方面存在对立，但都需要物质环境的支撑。这种环境包括人们可掌控的遮蔽区域，亲密空间，开放的空间，或者是人们弃置的巨大空间。尽管遮蔽物可以提供保护感（尤其是从后面），但是视野开阔减轻了对可能的埋伏的恐惧感，两者都很重要。相关的材料和结构的选择也同等重要。一层轻薄的围护结构（如一顶帐篷）与一座厚重的石头围护结构（如一座建筑物）所提供的安全感存在区别。理解人的基本需求——如围护结构、开敞空间，以及如何定性地回应各种需求，应该成为设计实践必备的基础教育内容。只有自觉地掌握了这些原理，设计师才有能力为人们营建满意的情感空间。

通常，词源学为相关的名词提供了意义和起源的背景知识——例如，安全感（safety）和安宁感（security）。安全感，源自拉丁语 salvus（safe），含义是“保持完整”或“保持整体”，人类需求的层次和三角形。敏锐的设计师应该关注的要素表现为理解人类需求的三个层次，而且必须同时考虑这三个层次的需求，设计才可能成功。

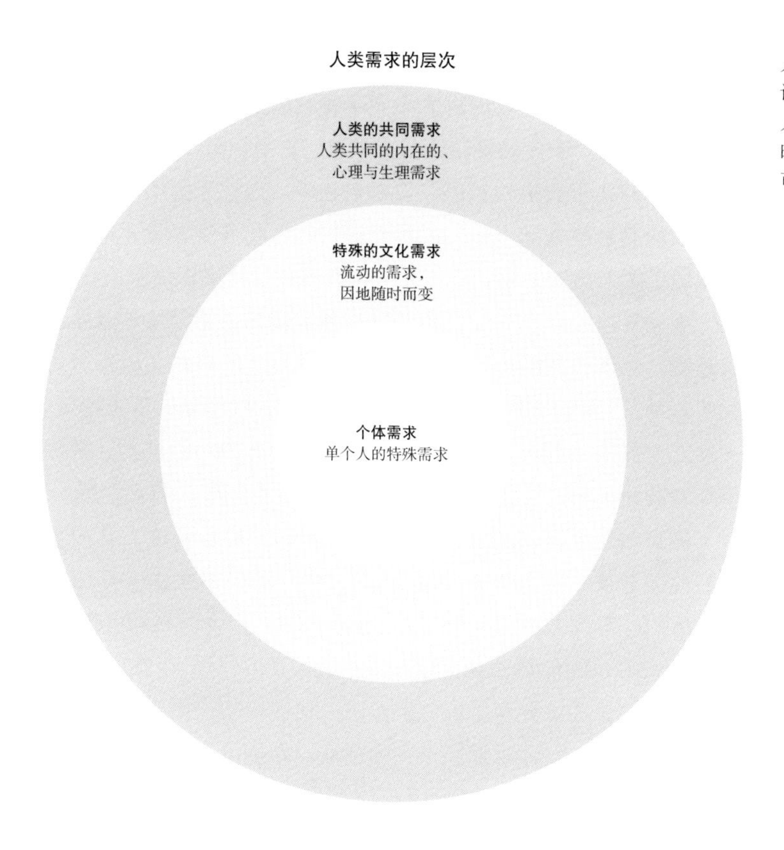

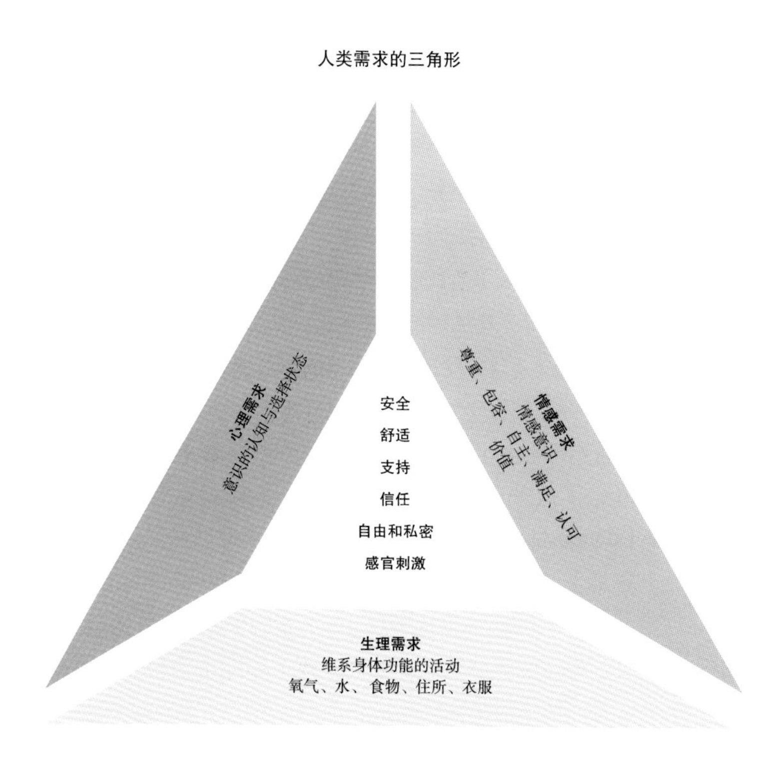

安宁感的基本意思，与安全感相关，并源自拉丁语 securus，是指无忧无虑的。它可以理解为心灵平静或者是自信感——获得自由或摆脱束缚。安宁的环境不只是安全，它不仅指没有任何危险，它还指人们处于放松的状态，自由自在地、无忧无虑地进行各种活动。从满足基本需求进而发展到提供舒适和美学享受，需要更深刻地了解人类的本质，也需要一种合理的设计知识体系。

要使环境设计满足安全感和安宁感的需求，必须协调景观和遮蔽物、光明和黑暗、狭小和宽阔等相互对立的两种组成部分之间的关系。[46] 当然，这种对立关系也是原始洞穴和棚屋的基本特征。一旦安全需求得到辨认并经过分析，它能转化为一种规则，并生成新的设计方法，并在此基础上为人类创造更深层次的安宁感。

城市设计和规划著作中有很多关于安全感的论述，其中最著名的要数简·雅各布斯（Jane Jacobs）的经典之作——1961年出版的《美国大城市的死与生》（*The Death and Life of Great American Cities*）。她点评了城市人行道的重要作用，以她的观点，城市设计的最基本要素是提供安全感，这得归功于街道上无数双眼睛不时地在友好地观察街道上的活动，她指出了安全感的三个必要条件，并认为它们同样适用于外部和室内空间设计。

> 第一，公共空间和私人空间之间必须有明确的界限，公共空间和私人空间不能互相混淆，而在郊区或者设计项目中它们经常混合在一起。
>
> 第二，街道上必须有眼睛盯着，是街道的那些天然所有者在盯着街道。街道上那些供陌生人居住的建筑物必须保证居民和陌生人的安全，这些建筑必须朝向街道，而不能背向街道或侧面临空，即不能在人们的视线盲区内。
>
> 第三，人行道上必须保持一定的人流量，这样既可以增加街道上进行有效观察的眼睛数量，也可以确保街道两边建筑物内的人们能够充分地观察到街道上的情况。[47]

尽管雅各布斯的著作是专门讨论公共空间中的城市问题，但她的观点得到了很多人的认可。另一位当代社会理论家，奥斯卡·纽曼（Oscar Newman），在他的著作《防卫空间：通过城市设计防止犯罪》（*Defensible Space: Crime Prevention through Urban Design*）中勾勒了设计师创造安全公共空间的具体步骤。雅各布斯和纽曼的主要贡献在于他们并不认为安全感是恶劣环境中才会产生的一种负面的情绪反应，而是一种设计观念，它能成

纽约 TWA 航站楼。由埃罗・沙里宁事务所（Eero Saarinen and Associates）设计，建造时间为 1956—1962 年，该图片摄于 1970 年　景观（prospect）和遮蔽物（refuge）这组概念将人类对安全和安宁的需求转化为设计的物质要素。此处，建筑屋顶的倾斜造型为人们创造了一个观景的场所，由此人们可以从一个安全的景点观看到机场跑道上飞机的起降。

功地创造“共同的社区”（collective habitat）。[48] 确实，雅各布斯认识到了人们对安全感的需求，它在最基本的层面上与设计融为一个整体。尽管雅各布斯和纽曼的书分别写于 20 世纪 60 年代和 70 年代。他们所持的设计观念仍然是正确的，他们的思想再次得到了规划设计圈子的关注，因为他们指出了建成环境中安全感和安宁感的重要性。[49]

2.4.2　特殊的文化需求

在人类的各种需求中，舒适（comfort）是介于人类共同的本性与个体的特殊需求之间的一种需求。它不因时间或民族而变化。舒适存在于一个灰色的中间地带，处于某一特定环境中普遍的和个体的体验之间的位置。

如同所有的设计要素一样，舒适既是一种内在的感觉（个体的体验），也是一种外部的、可读的方法。《牛津英语字典》中的定义表明了这一点：它的第一层意思是描述一个人的感觉（“身体和物质的健康状态，没有病痛的困扰，身体状态良好；舒服的感觉”）；第二层意思是描述允许这种状态存在的物质因素（“产生或者提升这种状态的条件，舒适状态的程度”）。[50] 广义地说，舒适的双重意义是它在内部的舒适判断与更直接的、外在的创造舒适感的可测量因素之间建立了一种联系。一个优秀的设计师应该首先理解第一层意义才能创造第二层意义。毫不令人惊讶的是，外在的需求更容易识别。而舒适感存在于最低限度的生存与快乐地生活之间的落差体验之中，因此有必要研究人们内在的舒适判断需求。

雷纳·班纳姆（Reyner Banham）在1969年出版的研究论文集《温和环境中的建筑》（*The Architecture of the Well-Tempered Environment*）中形象地描述了舒适的区域："人类为了繁衍而不是仅仅在生存线上挣扎，需要享受更自在和更轻松的生活方式，而不是赤手空拳、疲于奔命地为生存的底线而奋斗"。[51] 在力所能及的范围内，物质条件的改善——通过控制与舒适体验相关的理想的照明、音响和温度；采用使人兴奋的材料、色彩和质感；以及合适的空间尺度和比例等均能够产生舒适的体验，例如安全的、乐观的、有价值的、重要的感觉，都能激发人们保持最佳的状态。

人们经常列举很多关于舒适的重要因素，但在实践中却很少关注它们。例如，自然光不仅是必需的，而且还是情感的诱因，安静的空间能有效地提醒人们关注自己的行为举止。但是一旦做设计时人们经常忘记这些基本常识。例如，到达纽约约翰·肯尼迪JFK机场的老旧航站楼（大部分即将被拆除），人们可看到低矮的顶棚和狭窄、拥挤、喧嚣的走道。[52] 形成鲜明对比的是，丹佛或北京的机场新航站楼则给人不一样的体验：宽敞、多层的高大空间、视野开阔、良好的照明（不论是白天还是夜晚），而且并不拥挤。在丹佛和北京的机场，人们的举止自然而然地比在老旧的约翰·肯尼迪JFK机场更加从容优雅，更加文明有序。行为举止出现差异的原因应该作为经验记录在案，并融入设计语汇，由此才能提高居住环境的质量。

"Comforter"这个词的众多变化可以代表舒适的一种身体体验，例如，它是19世纪的一个名词，表示加衬芯的毛毯，或者是"舒服的"口语表达。将它与令人不舒适的感觉进行比较，而不是描述那些不可触摸的体验概念，则更容易判断什么是舒适的感觉。爱默生关于温和的定义就体现了这种概念的区别："万物都在正常运作着，人所在的中间地带是气候温和的地区，我们可以登上那块狭小而寒冷的区域，那里只有毫无生命的地理几何特征，或者深陷入另一极端，在这两极中，是生命、思想、精神的平衡地带—— 一个非常狭窄的区域"。[53] 人们由此可以很容易将不舒服的场所界定为：太热、太冷、太亮的地方，等等，但是依然很难确定所谓舒适的狭窄的范围，它因人而异，因时而异。

我们可以通过研究居住性的基本概念来理解舒适的明确定

建筑师密斯·凡·德·罗（Ludwig Mies van der Rohe）在他位于芝加哥的公寓中，该公寓并非他自己设计。照片中的密斯摆出一种非正常的姿势，他必须弓背才能看到固定书架上最高一排所摆放的书的书脊。甚者，房间的照度水平显然不足以看清书脊上的字，因此不得不借助于手电筒才能看清。显然，为舒适性而设计远比为美学而设计要难得多。

义，18 世纪时，洛吉耶提出建成环境的意义在于提供适于居住的空间："建筑是用来居住的，也只有当它们足够的舒适，它们才是可居住的"。[54] 这句话已经将遮蔽物简单的基本需求提高至舒适的标准，在三个世纪前舒适性一词具有比当代更加丰富的内涵。[55]随着历史的变迁，构成居住性的要素自然地发生了巨大变化，因为它与财富和技术的巨大变化息息相关。可居住性和舒适性除了明显的功能需求之外，还取决于无法用清单的方式一一列举的内在品质。它是由各种复杂要素共同作用的产物，但只要其中一种构成要素失去平衡，将会使全部的体验变成不舒适的感受。

谈到舒适性这个话题，最容易评价的是家具和设备的需求，因为它们建立在与人体直接接触的感觉基础上。人体工学的研究近体学的椅子设计。图片来自西格弗里德·吉迪恩的《机械化掌控》(*Mechanization Takes Command*), 1948年。这张美国专利的图片可以追溯到1885年。它是在家具和人体之间建立了实证主义关系的最早实例。近体学研究人与机器合理的相互关系,尤其在可重复使用的装置与环境设计中非常有影响力。然而,近体学受限于纯粹的物理分析,设计中很少体现并验证心理和其他方面的内在需求。

对页图
雅各布·威廉斯·德·沃斯(Jacob Willemsz. de Vos)(1774—1844)绘制的19世纪丹麦水彩,临摹Quiringh Gerritsz.Van Brekelenkam的油画《裁缝铺》(*The Tailor's Workshop*),直到7世纪中期,我们今天所熟知的室内房间舒适特征才在西方成形,当时新兴的中产阶级建立了一种更普遍的室内舒适观念。然而,这种舒适观念仅仅是人们一直具有的感觉的命名和成形阶段。

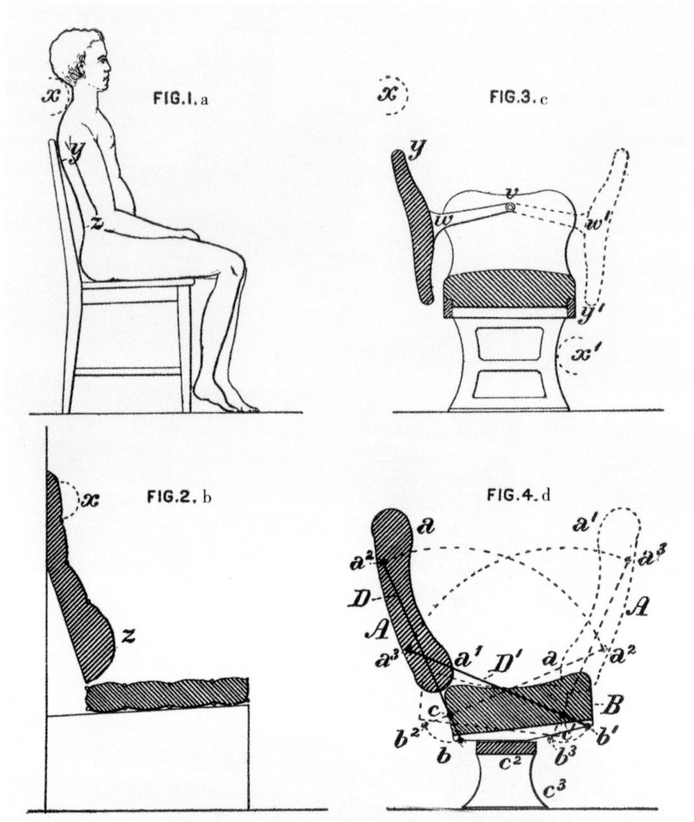

234a, b, c, d. 坐姿的生理特征分析:车座,1885年。在欧洲风格一统天下的时代,美国工程师费尽心思地根据人体要求将座位和椅背调成曲线。发明者首先解释了坐姿和解剖学的关系,并用图展示了支撑点的位置。
a)人体后背的轮廓与普通椅子的相互关系
b)普通的美国车座
c)英国火车座
d)我的发明是为了能够提供舒服的座椅……椅子的上部凸起是作为使用者头部的支撑点,下部凸起是作为使用者腰部后方的支撑点,座椅也能根据使用者的需要调整后仰的角度以满足舒适要求。
(美国专利324,825 25,1885年8月)

是一种系统地评价如何使用家具的学科,它通过具体的变化参数,力图准确地评测感觉不舒适的程度。但是舒适性并不是来源于这些分析数据的总和,相反,它只能是来源于全面的设计体验,这种体验不仅是计算,也是提炼和直觉。室内设计经常被误解:它被视作一种简单化的操作,即根据一般的人体工学原理,将所有的构成元素,如灯光、色彩、家具汇集到一起。

舒适性的标准,有些类似于人类的出现方式,它的出现时间要早于人们能够用文字和语言定义这一概念。舒适性并不是一种创造发明,而是对感受到的特定知觉的命名。维托尔德·雷布琴斯基(Witold Rybczynski)说:"中世纪的人并不缺少舒适性……但是却并不能清楚地表达舒适性的内涵。中世纪的人真正缺少的

是将舒适性视作一种客观的观念（idea）的意识”。[56] 类似地，如果能够列举舒适性的各种构成要素，那么详细阐述哪些设计要素能够创造舒适的感觉就变得更加容易。

舒适性得到确认之后，就能够建立并强化自身，并更好地为人类服务。如建筑历史学家西格弗里德·吉迪恩（Sigfried Giedion）阐述的，“对不同的文化而言，舒适性概念内涵并不相同，人们可以通过各种渠道获得舒适性。它相当于能够使人心理更坚强、身体更健壮的力量”。[57] 一旦获得了舒适性的体验，舒适性几乎是下意识地使人处于一种放松、自然的状态之中。这是设计中必须掌握的一个基本问题，与时期、风格、规模或复杂程度无关。

20 世纪空调在美国的出现清楚地解释了人们对舒适性的需求是如何随着环境而发生巨大的变化。19 世纪 90 年代初期，在空调出现之前，建筑的室内温度远比美国人现在预料的要高出许多，室内的湿度也不是早期的设备所能控制的，它随着天气的变化波动幅度很大。空调的大量使用逐渐改变了人们对舒适的环境温度的预期值，温度数值下降了至少 5~8℃。老建筑的控制温度能维持在一个数值高但稳定的数值上。[58] 但居民对室内环境的个人需求存在很大差异，直到最近的多功能空间设计中，个人偏好的差异才得到满足，或者是成为可能。1929 年第一座带空调的办公大楼出现，关于它的一则商业杂志报导骄傲地宣称：

> 曾经梦想过的无窗的摩天大楼，在空调和人工照明的帮助下成为了可能，也必定会成为现实……让那些呼吁要开窗呼吸室外新鲜空气的人记住，在拥挤的城市中做到这一点已经不太可能……空调能每天都带来舒适的空气感觉，而大自然却只能不定期地带来舒适感。[59]

这种密闭的空间结构强加给所有的使用者一种统一的室内热环境。

如今，舒适的温度概念又逐渐回归到崇尚呼吸新鲜空气和推崇可开启窗户的潮流当中，不再关心能源消耗和人体舒适感觉。人们过去经常关闭窗户是因为要确保能够控制室内温度以及高层建筑中的人身安全问题，而可开启窗户的观念是为了向人们手中返回些许控制权，因为如今人们认识到每个人对温度的舒适性标准并不一样。通过开窗的方式将室内空间重新向室外开放具有心理暗示的作用，似乎它提供了一种自由的感觉，以及与外界联系更广泛的感觉。这反映了当代文化正朝着更大限度地眷顾每一个体的趋势转变，这一点突出地体现在办公场所中。显然，这种对环境温度控制态度的回归趋势证明了舒适性概念具有临时性的、无法解释的并不断演变的特征。

2.4.3 个体的需求

人类最基本的需求是指每一个体的特殊需求。私密性，与舒适性一样，是一个弹性概念，随着时间的变化发生了很大的变化，

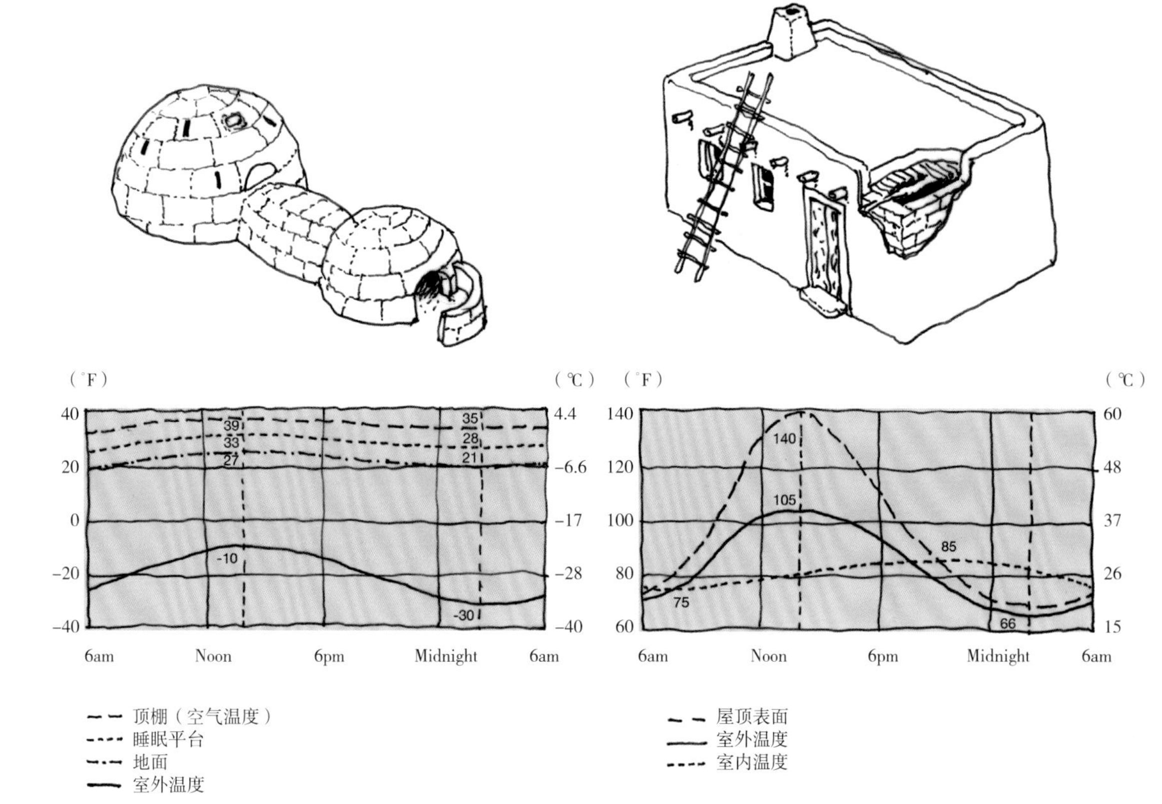

爱斯基摩人的冰屋与黏土砖房室内与室外温度变化图表（以 24 小时为一个周期），来自詹姆斯·马斯顿·菲奇的《美国建筑》（*American Building*）（1948） 尽管舒适感建立在人体的生理反应基础上，舒适的标准随着文化与时间的变化而改变。与声音一样，建筑的室内温度是最具变化性的舒适度测量方法之一：随着空调的出现，人们希望建筑室内温度保持在比过去更低的恒温状态下。这种变化相当有吸引力，因为在空调出现之前，人们已经能够调节建筑室内的温度，即使是在极端的天气条件下。然而，人们如今将过去这种稳定的室内温度排除在我们今天所希望的"舒适的温度范围"之外。

它是一种可检测的个体对建成环境独有的判断反应。许多证据表明它不只是深植于人类需求之中，更是由文化所决定。即使私密性主要是由因时因地而变的文化所建构，它总是存在于个体和小组或群体的关系之中。

私密性的词源表达了两层意思：一种"独处、不受打扰、不受公众关注的状态，是一种选择或权利"，以及"不被干预或不被侵入"。[60] 许多观察家认为，独立卧室的出现是一种标志性举措，产生了西方所重视的私密性，因为卧室空间由此正式成为一种保护人们私密活动的区域，在此之前，它只被看做一种普通的室内空间。[61] 但是，这种观点并不全面，因为私密性不能解读为完全是室内空间的产物。回顾一下人类早期的便携式遮蔽物——介于室内和室外的单一空间形式，明确了人类对遮蔽物和空间场所的需求是因为人类与外界隔离能够更好地保护自身，由此标出室外到室内的界限迈出了第一步。于是，室内设计的私密性成为人在广阔的环境中获得自我认同的一种方式，它既是一种空间方式也是一种体验方法。

瓦尔特·本雅明（Walter Benjamin）一段著名论述暗示了私密性是一种体验，"对独立的个体而言，私密的环境代表了整个世界，在私密的环境中，他可以天马行空、任意遨游"。[62] 私密性的概念不仅代表舒适，它还依赖于室内空间自身的解读。[63]

纽约中央车站（Grand Central Terminal），设计师：雷德与斯特事务所（Reed & Stem）和瓦伦与韦特莫尔事务所（Warren & Wetmore），建造时间：1903—1913年　每天都有成千上万的人群穿过中央大厅，它为人们提供了一个适宜的环境。其室内是一个与人群尺度相匹配的极佳设计案例，它不是为个体的尺度而量身打造。在体量、质感、光线和色彩的变化与协调中，大厅室内创造了一种信任感和视觉愉悦感，人们身处其中，既保持了个性，又能和谐共处。

对页图
丢勒所绘制的《学习中的圣哲罗姆》（*St.Jerome in his Study*）（1514）这张著名的版画完美地概括了这一观念：室内是投射到人体周围空间中的内在自我的本质体现，房间的每一要素都体现了学习的氛围——圣哲罗姆在桌子上看书——作为圣哲罗姆的自我延伸，每一要素在支持他的物质环境中发挥了作用。

本雅明话中隐含的意思同样将人类的需求与遮蔽物和舒适性联系在一起，如托马斯·马尔多纳多（Tomas Maldonado）在他的短文“舒适性的观念”（The idea of Comfort）中所写的，“本雅明所说的室内，不仅指代世界，也指代独立个体的关注对象。居住意味着留下印象，意味着获得内在的感受，即某种感觉的释放”。只有通过私密性的室内空间，人类才能认识到作为个体的自我的完整体验。[64]

从这个角度看，私密性是人类室内的自我与超越灵魂和肉体存在的分界线，个体对他的或她的自我意识，以及私密性的体验，能够产生于任何空间设计中，而不限于家中。应该说本杰明的观点有些保守，因为他认为室内的个体私密性的获得只可能发生在家里：“对独立的个体而言，居住空间第一次成为了与工作场所对立的空间形式”。[65] 但我们也知道个体如果成功获得私密性，则可在任何私密或公共的环境中表现最佳，在这样的环境中他或她能获得更广泛的人类归属感。

对页图
里米尼会议中心（Rimini Convention Center），设计师：GMP事务所，建造地点：里米尼（Rimini），意大利　该建筑可为成百上千人提供展示、住宿和便利服务。这一空旷的空间出入便捷、细节迥异，在体型、形式、材料和体验方面有所变化，圆形建筑顶棚采用了现代木材，细节丰富，站在圆形屋顶的中央下方，光影和回音包裹着躯体，它们呈现为一种明显不同的方式，有别于穿过宽敞的走廊（低矮的天花）或者高耸的大厅的感受，走廊和大厅形成了主要的交通轴线。这种体验的意向性变化对于吸引人们的注意力并满足感官需求非常重要。

进入思维的隐蔽之处意味着获得了私密性，这是一种非语言的回避——或者是专门为安静的内省而设计的一种物质环境，或者是一种庇护所。与安全感与安宁感的定性标准相比，私密性是矛盾均衡的结果：我们只能通过体验私密性形式的缺席从而理解它的存在。

人类的本质一直呈现出一种二元性，即人类的生存处于必要的矛盾状态——例如私密性和公共性之间的矛盾。在稳定的平衡体中，很少出现对比的状态，而对于大多数的艺术和设计基础教育而言，对比也只是视觉平衡中一个经常探讨的话题。

2.5　为幸福而设计

设计的终极目标是提升人类的幸福指数。人们认识到要在设计中创造幸福感，必须周密考虑各类重要的因素——人的内在的、文化的、特殊的需求—— 一旦满足人类的这些需求，就能为个体创造良好的生存环境。

尽管生存的本能迫使人们用各种方式讨生活，寻获幸福的过程提高了社会效率、生产力和满意度。良好的生活条件改变了人们的行为举止方式，并不断督促人们越变越好。当人们体会到了幸福感，他们更有尊严、更有自豪感地共同居住在建成环境中。要实现这一目标，设计必须提升那些不可触摸的要素的地位——如信任和尊重。因此，成功的设计不能仅仅依赖于艺术元素，还要依赖于那些界定人类普遍场所感的要素。

显然，大部分的设计都没有做到这一点，其中一个原因可能是因为设计只关注形式或风格要素，致力于创造美感，而没有考虑环境如何支持使用者。美与人类的幸福感是一个整体，但美并不是创造幸福感的唯一要素。激浪派（Fluxus）艺术家罗伯特•菲利乌（Robert Filiou）曾经晦涩但又正确地陈述了这个问题："让生活变得更加有趣的艺术不只是艺术"。换句话说，艺术是生活的一部分，但它不足以维系人类的生存。快乐和满足是艺术愉悦的基础，只有与同样重要的安全感和舒适感在一起，人们才能获得快乐和满足感。这些都是设计中必须综合考虑的要素。

通过衡量使用者的快乐体验，从中也许可以找到幸福感的另一种整体判断方法，因为快乐也是设计成功的一种衡量标准。人类不能期望获得永无止境的快乐，因为这不可能实现，也因为快乐是与人类的低落情绪相对立的一种体验，建成环境必须模拟人类的对比情境，无论它表现为室内或室外的对比、黑暗与光明的

ZURICH
Spazio

对比、喧嚣与沉默的对比等形式。幸福环境的特征是由提升了人类心理和生理健康状态的要素所构成。在幸福的环境中，我们只能享受短暂的快乐时光。

因此幸福感不仅是一种简单的内在体验，它也在环境中得到了体现。设计必须从两个不同的层次来创造幸福感：第一，通过可感知的要素——如照明、体量、比例、色彩、质感等创造舒适感；第二，将灵感、领悟和激情融入设计中以充实幸福感。设计通过满足或提升人类的生存条件从而唤醒并激励了人们的情感、渴望和志向，同时也满足了人类对幸福的需求。要实现这个目标非常困难，因为即使对同一个人来说，幸福不是一种统一的目标，也不是一种持续的体验。相反，它是一种流动的、在环境中随机变化的体验。设计应该能够主动地将有害于健康的因素排除在外，也能主动地吸纳公认的有利于创造快乐的要素。最后，也是最难的一点——空间设计应该体现所有类型和层次的体验，为个体创造机会，让他们能够以各自的方式获得快乐。幸福感是一种标准，它可以融入到各种必修的专业技能标准系列中，而不是仅限于目前的健康、安全和福利这几个层次指标。[66]

尽管不能以准确的设计术语清晰地阐述幸福感，人们不断尝试理性地分析它的经济价值（虽然，过于客观）——例如，分析某个优秀的办公室设计所创造的净币值（net dollar-value），以及分析教育建筑设计环境中的学习速度和学习质量。最著名的尝试要数在美国实施的盖洛普健康福利调查指数（Gallup-Healthways Well-Being Index），它的目标是囊括所有外部的实证方法，如公众健康，并将它们与更难检测的内部的心理放松状态的征兆结合在一起。盖洛普健康法研究者使用了一种所谓的“可选择的幸福感”的心理定义法，它指“人们在生活中经常使用的各种不同类型的评价，包括肯定的和否定的评价。它也包括经过认真考虑的认知型评价，如生活的满意度和工作的满意度，兴趣和爱好，快乐和悲伤等情感反应”。[67] 幸福指数围绕各种不同标准的生活条件而设定，可以随着时间进行不同的解读。例如，采用“坎特里尔自我定位奋斗量尺”（Cantril self-anchoring striving scale）意味着引导整个人类的判断标准是“艰难”还是“美满”。这些方法表明人类已经找到了一种经验主义的方法，它在某种程度上能够成功地评价幸福的体验，但目前我们在设计中还没有创造体现幸福的类似语汇。

从这些方法中得到的收获是设计必须考虑建筑物给人类带来的短暂而又明显的影响，以及环境在任何时刻施加给人类的影响；还必须考虑即刻获得的认知体验和长期的影响与记忆留存。即使

生活评价趋势

月份统计 2008 年 1 月—2009 年 3 月

来源：Gallup-Healthways

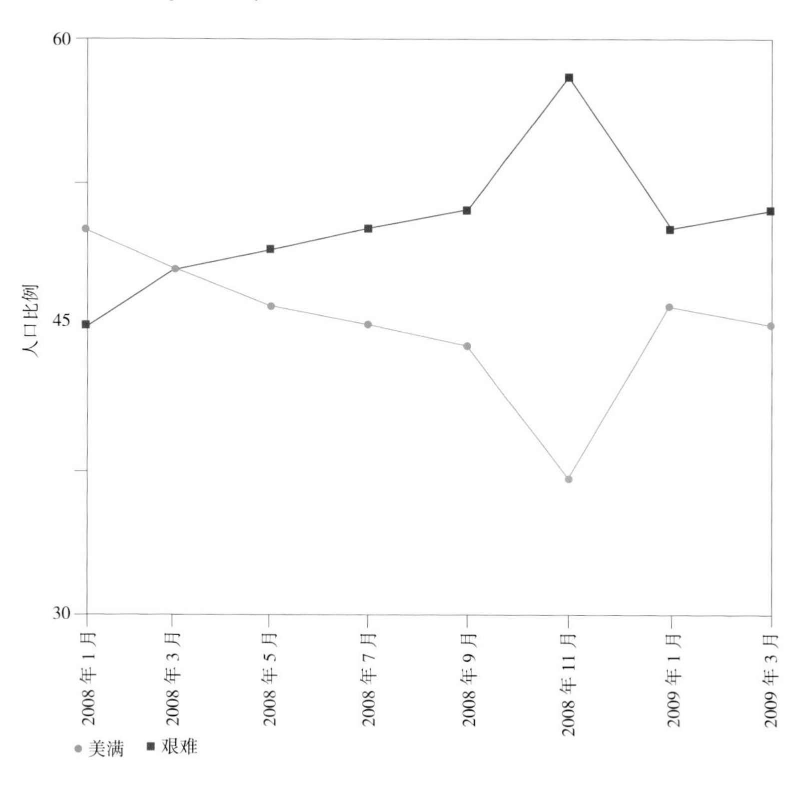

盖洛普健康福利调查指数（Gallup-Healthways Well-Being Index）对一系列的公共健康与心理测试方法进行了加权处理，从而得出了一种综合性的、按时间排序的幸福指数，这张表格是其中的一个指数分析，该指数最近才建立起来用以评价影响决策的非经验主义的因子，无论它是与营销、销售还是与经济政策相关。如图表中所示，2008 年 11 月财政危机高峰期，个体的幸福感急剧下降。我们亟须建立类似的测量尺度用以衡量幸福的影响因子以及评价幸福与设计的关系。

人们不能时时刻刻地感受到幸福（或者是当时或者是回顾往事时），人们也经常因为缺少幸福而感到难过。

在《愉悦的建筑》（*The Architecture of Happiness*）中，阿兰·德·博顿（Alain de Botton）描述了人们对美的判断标准："在最深层次上我们所追求的是物体和场所的内在相似性，而不是身体的占有，物体和场所通过他们的美感动了我们"。[68] 这种自我认同将人们带回到了狄德罗的《百科全书》的室内定义，它暗示设计需要用易懂的心理和身体术语表达和接受自我。设计尝试着在我们是谁和我们希望成为谁的差距之间进行沟通。

至于人们对建成环境的期望值和实际体验感之间的区别，20 世纪 40 年代建筑师和设计师威廉·莱斯卡兹（William Lescaze）作出了这样的论述："建筑能为人们带来快乐吗？如果能，它们是如何做到的？哪些人如同我一样希望从设计作品中得到同样的东西？如果大家想得到同样的东西，那为什么似乎没有任何一座建筑给了我们？"[69] 要理解建筑如何创造幸福感，首先我们必须真正地、隐喻性地审视自我，然后由内而外地进行设计。

第三章

内部

Inside

科学不像雅典娜女神（Minerva）那样从宙斯（Jove）的头脑中全副武装地跳出来，科学随着时间逐渐产生，逐渐成形，起初是习得经验的方法的总结，后来是从总结演变而来的原理的发现。

布里亚－萨瓦林（Brillat-Savarin）
《品味的哲学》（*The Physiology of Taste*）[1]

如果室内是人体的另一层皮肤，或者是人类认同的延伸，那么可以改写狄德罗的定义，即人的内部知识等同于空间的内部知识（the knowledge of the inside of a person is congruous to the knowledge of the inside of a space）。从而，室内设计同时加入并介入了人类的体验当中。

环境设计除了要理解空间的艺术和物质属性，还必须解决人们关注的重要问题，因为人类才是设计的原初所在。遗憾的是，当代的室内设计一直完全采用物质干预方法，而不考虑使用者的经验体会。以提升人类幸福感为目标，满足人类定性的需求是设计、室内或其他实践的一个组成部分，这一点从未得到充分认识。

目前还没有一种可论证的、令人满意的理论能够将室内统一为一个整体，即使“室内设计”是一种相当普遍的实践活动，并被视作一门独立的学科。在实践中，室内设计仍然是由各不相同的部分组成的集合，在室内设计项目的一般理解和专业需求的概念性基础之间存在着一大片空白区域，我们缺少一种“室内的诗学”——这是一种设计的综合知识，它可以使环境与居住者和声“共吟”。

如今设计离人类的本源越来越远，当务之急是建立一种综合的设计知识体系，主要基于以下三个方面：

1. 人应该成为设计的重点。因此，人类的居住设计需要系统地理解身体、思维和精神，这就要求具备一种能力——将关于身体的、功能的和实用的标准的深层知识与关于感觉和心理要素的透彻知识相结合的能力。

2. 由于室内设计学科很大程度上与人类关注的问题息息相关，室内设计必须发挥更全面的作用。室内设计应该解决相互之间有密切联系的各种问题，在其他领域的设计中这些问题只能得到局部解决。因此，这种实践的定义必须具有概括性，并清晰地解释它与建成环境和相关专业的关系。

3. 在所有的设计实践中，室内设计需要理解塑造和塑形虚空（Void）——空气、实体或非实体所包围界定的空间。从这个角度来说，室内设计的艺术取决于设计师激活负空间（建成环境中剩余的空间）的能力，取决于设计师影响或提供意义，整体地表达满意的、实用的、定性的和渴望的标准——使用者/居住者和环境共同需要的标准。

理解这三个方面意味着室内学科朝着建立一种高级的以实验为基础的知识体系的方向迈出了第一步，室内学科是处理人类与建成环境交错复杂的关系的一门学科。

目前这种需求比以往更加迫切。“设计师”是一个随意的命名，并在文化交流中得到了一个显著的位置，有证据表明过去十年间全球范围内流行杂志对室内的兴趣迅速高涨。过去“室内设计”没有得到普遍的关注——此处只考虑相关的生活方式和室内方面的杂志、家庭条件改善的展览和零售业的表现。设计的价值得到越来越多的认可，它促进了专业的发展，但也使专业陷入一种浅尝辄止的境界。有线电视向人们展示、建筑杂志公开宣称：任何人都能做设计，以至于抹杀了对设计师独特的专业技术和能力的认可。结果，设计师角色给人留下的印象普遍成为了平面造型师和形式主义者。人们对少数几个天才的“艺术家”还抱有一种神秘感，认为他们以不同寻常的造型、材料与才华相结合引导了新的潮流。尽管对设计的关注确实起到了提升公众视觉兴趣总体水平的作用，但在最基本的层面上，“设计”还缺少一种有意义的、可以提高人类生活条件的内涵。将室内设计视作“酷的”、“流行的”或时髦的作品忽视了室内设计最重要的作用：提升幸福感。若要室内设计专业进一步向前发展，就必须分析人们产生这种错误的观念的原因，才能改变当前的局面——因此有必要分析近些年出现的一些情况变化。

3.1 盛行的模式化观念的产生

众所周知，室内设计经历了两个漫长的历史阶段。第一阶段是遥远的过去，它始于洞穴中，是人类有目的地改造居住环境的阶段；第二阶段是较近的时期，有较完整的发展记录，室内设计师出现在这一时期并获得了现代的身份，这一过程发生在过去的两个世纪中。[2]

第二个阶段的发展并不是一个孤立的过程，不仅出现了室内设计专业，同时出现的还有其他一些专门的设计学科，包括工业设计和平面设计。这一时期也见证了建筑学专业的形成，建筑学知识几乎完全脱离了建筑工人的实践技能和工程师的技术知识。工业革命的致命一击——尤其是半熟练的工人取代熟练的工匠完成产品的批量生产——迫使新兴的设计学科不得不评价其与继承的工艺之间的关系。

实际上，在机械制造的成品和过去时代的手工艺品之间重建一体化方法的愿望促成了 19 世纪中期工业设计的产生。20 世纪初英国的工艺美术运动，以及几十年之后的德意志制造联盟（the Deutscher Werkbund），都致力于重新建立一种工业产品制造的专门知识和艺术感觉，这类知识和感觉在自动化中已经丧失。更重要的是，新兴专业的目标在于创造新的知识体系，在不牺牲机械化制造的优势的前提下用心打造高质量的产品成为了可能。

尽管从人的最初进化阶段开始就一直存在室内空间及其相关思考，它的出现也早于其他设计门类，但室内设计并没有呈现出一种能够在产品设计中追溯到的清晰的进化历程。正是由于室内设计充当了人类活动背景的独特本质，同时缺少明确的实践理论，使得人们无法说出它的准确起源。但是，通过考察历史上与室内相关的技艺知识，还是有可能获得一些室内设计的相关信息。

室内空间设计曾经是一种直觉性的活动，由各种熟练的手工艺行家拼凑而成——例如家具装饰商、家具制造商、木匠、磨坊工人、抹灰工和油漆匠。其中任何一个行家都可能对室内空间独自发挥作用，但是总的来说，这些行家并没有也不能提供室内设计学科所要求的全部经验。

相反，一门工艺行业——家具装饰业——随着纺织品的应用，产生了室内装饰师（decorator）的职业。纺织品最初用于墙面装饰，后来发展到用于家具，最后发展到整个房间的设计：

> 最初，大家庭中的室内纺织品的配置是由挂毯商和制毛皮者（fourrier，法语——译者注）来操办，他们的工作包括提供罩篷、壁毯、桌布和其他室内软装饰。17 世纪时，这些工作都归入家具装饰商的服务范围之内。当富有的客户开始有意识地要求室内装饰协调统一时，家具装饰商逐渐在家庭装饰供应中发挥核心的作用。这种角色最后演变成为一门室内装饰行业。家具装饰商不仅凭借进入重要家庭和财富的圈子……而且凭借推广新风格和品味的能力，逐渐成为了具有鉴赏力的权威人士。[3]

18 世纪的早期，家具装饰商由家具制造商摇身变成了鉴定室内装饰协调性的选拔人。18 世纪末期，正是大部分家具手工艺生产活动停止的时期，家具装饰商仍然保持了家庭装饰鉴赏权威人士的地位，不过从此开始被称为室内装饰师。

个体的室内装饰师也出现了，他凭借敏锐的鉴赏力帮助上流社会的妇女树立了风格化的品位。我们如今盛行的关于室内设计的错误观点也是源自这一发展时期。它成为了一些错误观念的来源，如室内的历史仅仅是连续的风格化的君主统治时期（有时具体地说是——路易十四，路易十五，路易十六）；如室内的实质是一种过渡的、短暂的时髦形式；如室内设计的处理对象主要是家具、窗帘、帷幕和墙纸的表面；如室内装饰本质上是软装饰（通

Pl. I.
fig. 2.
fig. 1.
fig. 3.
fig. 4.
Charpente.

Pl. I.
fig. 1.
fig. 2.
fig. 3.
fig. 4.
Marbrerie.
Compartimens simples de Carreaux de différentes formes.

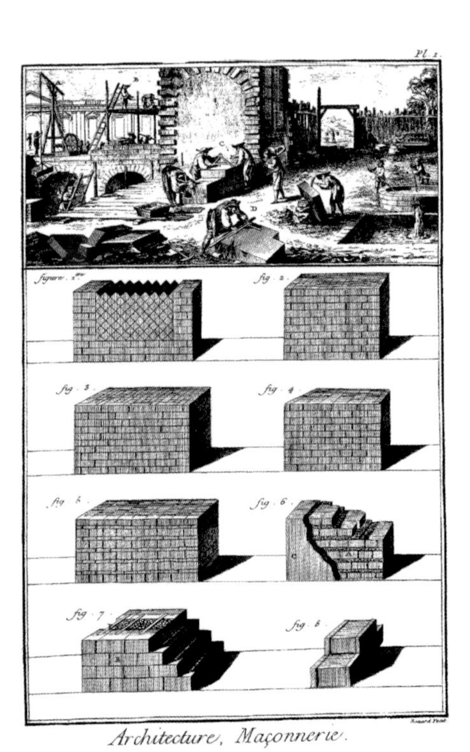
Pl. I.
figure 1.ere
fig. 2.
fig. 3.
fig. 4.
fig. 5.
fig. 6.
fig. 7.
fig. 8.
Architecture, Maçonnerie.

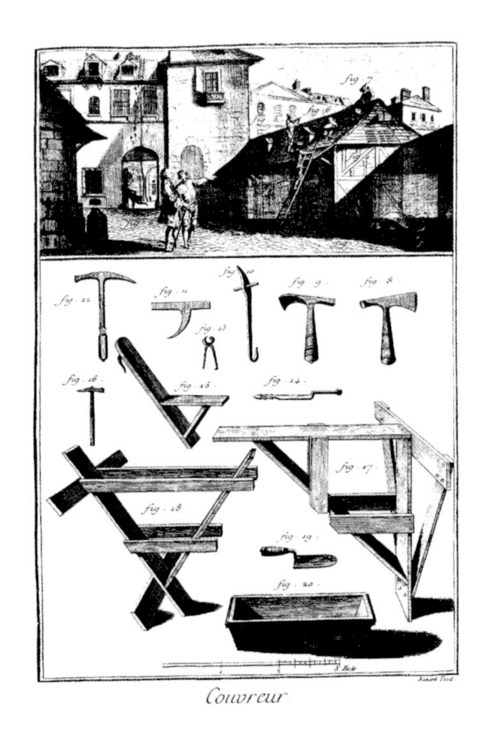
fig. 7.
fig. 22.
fig. 11.
fig. 10.
fig. 9.
fig. 8.
fig. 13.
fig. 16.
fig. 15.
fig. 14.
fig. 17.
fig. 18.
fig. 19.
fig. 20.
Couvreur.

常确切地说，采用长毛绒家具和枕头）；如室内设计实践没有智慧含量。最误人子弟的偏见为室内设计主要与风格和最新流行趋势相关，也没有任何哲学基础。这种错误的假设在于建筑师所具有的英雄般的人格魅力——集中表现在安・兰德（Ayn Rand）的《源泉》（*The Fountainhead*）中虚构的霍华德・罗克（Howard Roark）身上——都没有在更具有直觉力的装饰师身上体现出来。[4] 当然，这种错误的观念扭曲并忽视了装饰师的作用，尽管装饰师的作用限于建造过程中收尾阶段的“最后的”修饰工作。

室内装饰的描述并没有与室内设计的需求相混淆，这一点很重要。如果这两个词混为一谈，缺少严格的区分，简单地否定肤浅的装饰模式化观点并不能给予室内设计应有的分量。相反，在广泛的室内实践系列活动中，必须阐明室内设计的复杂特性，同时承认装饰应用范围虽小但依然发挥重要的作用。

详细地说，20 世纪早期的一篇文章中提供了这一问题的有趣解答：“什么是室内装饰师？”：“用淘汰的方法，之前所有的分类都不符合他的范围，室内装饰师应该是一个组装师”。[5] 装饰并不是设计，至少不是通常意义上的设计，设计被理解为将概念性的知识应用于空间操作的一种实践，是一种提高人类生存条件的手段。

我们还可以经常听到另一种错误的模式化观念，即室内设计是一门特别适合女性的专业，或者是一门似乎能唤醒女性意识的专业。产生这种看法的原因部分在于 20 世纪早期许多著名的装饰师——以埃尔西・德・沃尔夫（Elsie de Wolfe）和多萝西・德雷珀（Dorothy Draper）为突出代表——她们都是女性。[6] 理解这种观点的来源对于推广室内设计的文化理念起到了关键的作用。

19 世纪晚期之前，室内空间设计似乎一直主要由建筑师、建筑工人和工匠来完成。他们将室内空间设计看做他们独特的学科或行业的延伸，因为这项工作并没有委托给别的中间人或别的学科的设计师。直到 19 世纪 80 年代，美国出现了专业的（几乎完全是住宅的）装饰师。[7] 即使在那时，他或者她作为设计师的准确定位也尚不明确，因为他们的专业服务范围并没有得到新的拓展，还是限于鉴定别处生产的家具和装饰用品的组装品味（尽管他们有时也接受订制）。威廉・西尔（William Seale）描述了这一演变过程：“即使在最高层面上，挑选的理念取代了其他时代的创造性理念，它不仅应用于昂贵的新家具中，具有讽刺意味的是，也应用于古董中”。西尔观察到：“一般来说，它主要的影响在于这个人不再是房屋的建造者，也不再是房屋的装饰者。在 19 世纪 70 年代之前，家装艺术（Household art）掌握在妇女手中；妇女成

对页图
狄德罗的《百科全书》图示了大量的手工艺行业进入房屋建造领域：木工行业、砖石砌筑行业、玻璃制造行业、家具制造行业、冶金行业。所有的手工业都投入到建成环境的室内和室外建设当中。然而，室内设计的实践并非由其中的任何一种手工艺直接演变而来，因为室内设计的主要目标是通过设计的介入解决人们关注的问题，手工艺虽然是一体化的技术，但它只是一种工具而不是目标。

插图来自埃尔西·德·沃尔夫1913年出版的《品位高雅的住宅》(*The House in Good Taste*)，这本书堪称精美的室内装修方法的典范。根据德·沃尔夫介绍，要实现理想的住宅空间形式效果，要遵循既严格又复杂的操作指南。然而，室内的装修主要还是取决于装饰师的品位，其原则可概括为“简单、合适、比例”——装饰师版本的三项原则模仿了人们所熟悉的维特鲁威的“实用、坚固、美观”三项原则。

为了建筑师的客户，也成为了精明的家具店老板的客户——以及拍卖人的客户——他们充分把握了这一契机。对美国的家庭来说，妇女引入了一种适用于个人服装搭配的理念，并将它们用于装饰房间”。[8] 19世纪80年代初期，装饰师负责收集并分享妇女的兴趣爱好，她们是他的（她的）主要客户。但这不是妇女参与室内设计的唯一渠道，实际也存在一段真实的、由妇女领导的实用设计的历史时期，她们的工作并不是装饰师。19世纪在不断高涨的家庭装饰兴趣之外，建筑的合理功能与使用效率也逐渐成为大家感兴趣的话题。早在19世纪40年代，美国出版了一批主题为家政经济学（domestic economics）和家政学（domestic sccience）的著作。它们的兴趣并不限于家务开支，也涉及诸如厨房空间的布局等问题，乃至橱柜和设备的准确安置（见第88页和89页图解）。这类规划和设计如今是室内设计专业采用流程的一个重要部分。女性室内设计师——即使她们没有获得这样的称谓——仍然可以宣称开创了建筑规划的详细设计类型。[9]

同理，家政效率（domestic-efficiency）规划（最初完全是女性参与的实践，它建立在女性对室内重复活动的研究基础上）

引领了极度有影响力的、以实现工业效率为目标的 20 世纪初期规划，最好的例子要数弗雷德里克·温斯洛·泰勒（Frederick Winslow Taylor）的作品。家政工程专业（domestic engineering profession）并没有被视作一种肤浅的女性实践而被抛弃，反而被工业所采纳，但工业并没有承认它的女性实践起源；这实际上是个极大的讽刺。妇女降低到边缘化位置的部分原因在于她们被其他设计领域所排斥，如罗伯特·古特曼（Robert Gutman）在《建筑实践，一种批判的观点》（*Architectural Practice，A Critical View*）中写道：

> 从 19 世纪末期的某时起，特别是妇女，受到阻拦无法成为建筑师，她们也被建筑院校拒之门外。她们只能设计室内家务空间，以及家具。一个世纪以来，男权政治一直占据了专业的主导地位，妇女在室内领域的专注不可避免地降低了室内设计师的地位。20 世纪 20 年代，随着工业设计作为一个获得认同的专业的兴起，这种状况才逐渐改变。室内设计师的家装空间设计和工业设计师的工作空间设计之间的界限也逐渐模糊起来。[10]

问题在于何处标志着室内设计成为一门现代专业学科的开端，尽管在 19 世纪末已经开始使用室内设计和室内设计师这些专业术语，真正命名为一种专业实践的室内设计可能还是出现在 20 世纪 20 年代和 30 年代战争期间的某个时候，几乎在同一时期，工业设计被采纳为提供给公司客户的一种服务。

判断室内设计何时成为一门学科是个复杂的问题，原因在于室内装饰和室内设计这两组比较概念过去以及现在经常相互混用，即使是从专业的角度。于是，他们进一步混淆了室内装饰师、室内设计师和建筑师的区别。理顺这些概念也许会给这场争论带来一些启示。在英语中，室内装饰的出现似乎要早于室内设计；但是，看上去后来他们就肩并肩地出现在一起，意思上稍微有些差别。

室内装饰常用于指代建筑的最后阶段，由抹灰工、家具装饰商和其他装饰师——有时在建筑师的带领下——完成的室内工作。在 19 世纪晚期的某时，装饰迅速成为专业人士的领域，他既不是建筑师、设计师，也不是工匠，而是更像本章前面提到的家具装饰商，具有鉴赏力的权威人士，他通常没有受过任何正规教育。这种术语的转变与建筑学的教育和专业机构建立几乎是同住宅的平面图，来自凯瑟琳·沃德·比彻（Catherine Ward Beecher）和哈丽雅特·比彻·斯托（Harriet Beecher Stowe）1869年出版的《美国妇女的家，还是家政学的原理》（*American Woman's Home, or Principles of Domestic Science*）。

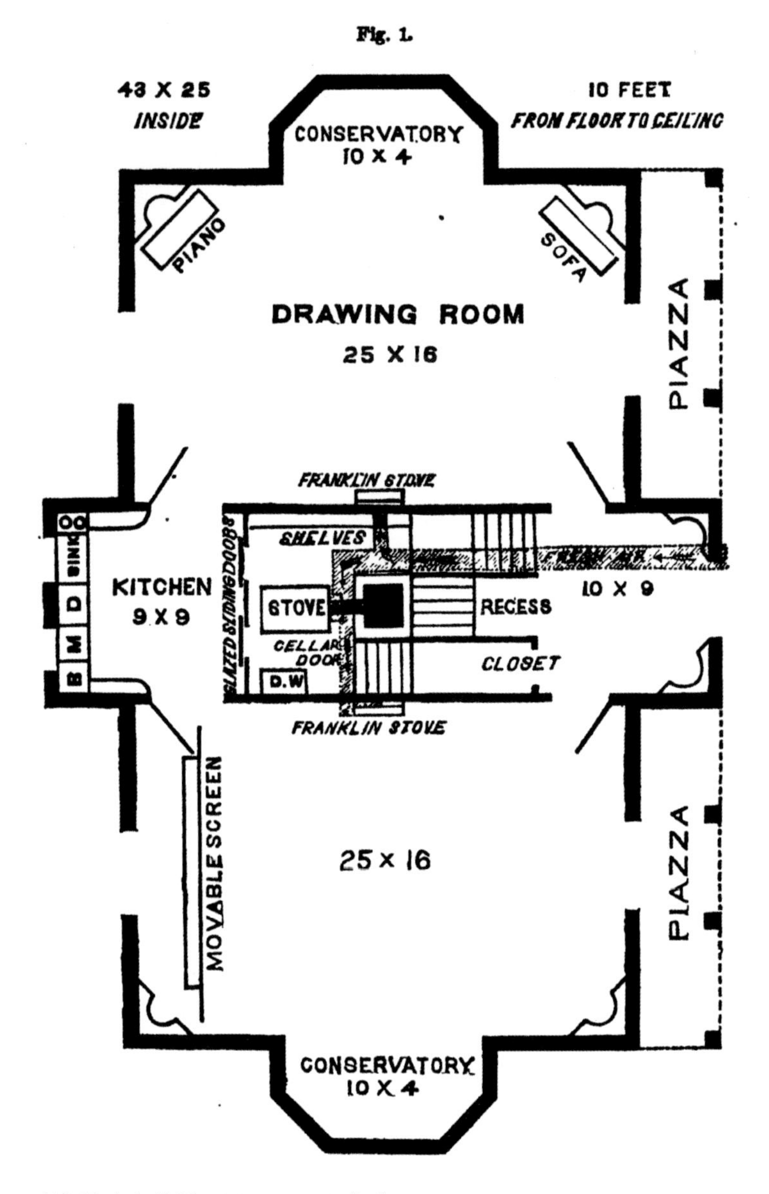

时出现（大约是1880—1930年）。

在同一时期，室内设计一词开始出现，并且在20世纪30年代频繁使用。这一术语得到流行是因为需要从“纯粹的”装饰中区分复杂的室内工作。[11] 即使在19世纪，室内设计经常出现在报纸上和杂志上。高频率的出现代表两个词之间的结合，而没有表明室内设计是一门与建筑学有区别的专业。[12] 更复杂的是，19世纪使用这些术语来指代建筑物内部的建筑工作，从而与室外的工作区分开来。这一点也表明室内设计被视作一种与装饰分离的建筑要素。

值得强调的是，装饰师的产生——至少如水平极高的建筑师暨

厨房的透视图，来自《美国妇女的家》，贝谢尔姐妹的书非常有影响力（借助哈丽雅特《汤姆叔叔的小屋》的名气），书中阐明应该根据使用者的实际需求来设计室内空间的功能，即后来的家政工程。这些功能体系和方法论后来被其他学科所采纳，直到今天，它们仍然是设计的核心所在。

装饰家奥格登·科德曼（Ogden Codman）——尝试着在外部的建筑学和内部的建筑物之间建立一种美学统一体，防止“不和谐效果的叠加”。如科德曼在《住宅的装饰》（*The Decoration of Houses*）中写道，19 世纪家具装饰商对家庭装饰的决定作用归结为“缺乏”（deficiency）。他认为，建筑学教育的缺失会导致对一般设计原理和形式的误解，结果是“各种各样的装饰物的堆积”。[13] 在这段话中，装饰师被看做取代半吊子水平的家具装饰商的人选——尽管对半吊子水平的家具装饰商的指控现在转向了对半吊子水平的装饰师的指控。当然划分家具装饰商和装饰师之间的设计知识和水平层次的差异，反映了当代区分室内设计和室内装饰的尝试。

事实上，究竟什么是建筑物内部的设计工作，有实例表明这种语义学上的混乱：关于 18 世纪法国室内规划角色的激烈辩论。也许令人惊讶的是——似乎当代也少有关于室内空间的理论著作——实际上室内一直是各个时代建筑理论的重要主题。当然，研究一下热尔曼·鲍夫朗（Germain Boffrand），罗贝尔·德·科泰（Robert de Cotte）和让·弗朗索瓦·布隆代尔（Jean-François Blondel）三位同时期的著名法国建筑师的论文和著作，毫无疑问，关于室内空间的论述不仅比原先预料的要多，而且要早于高度发

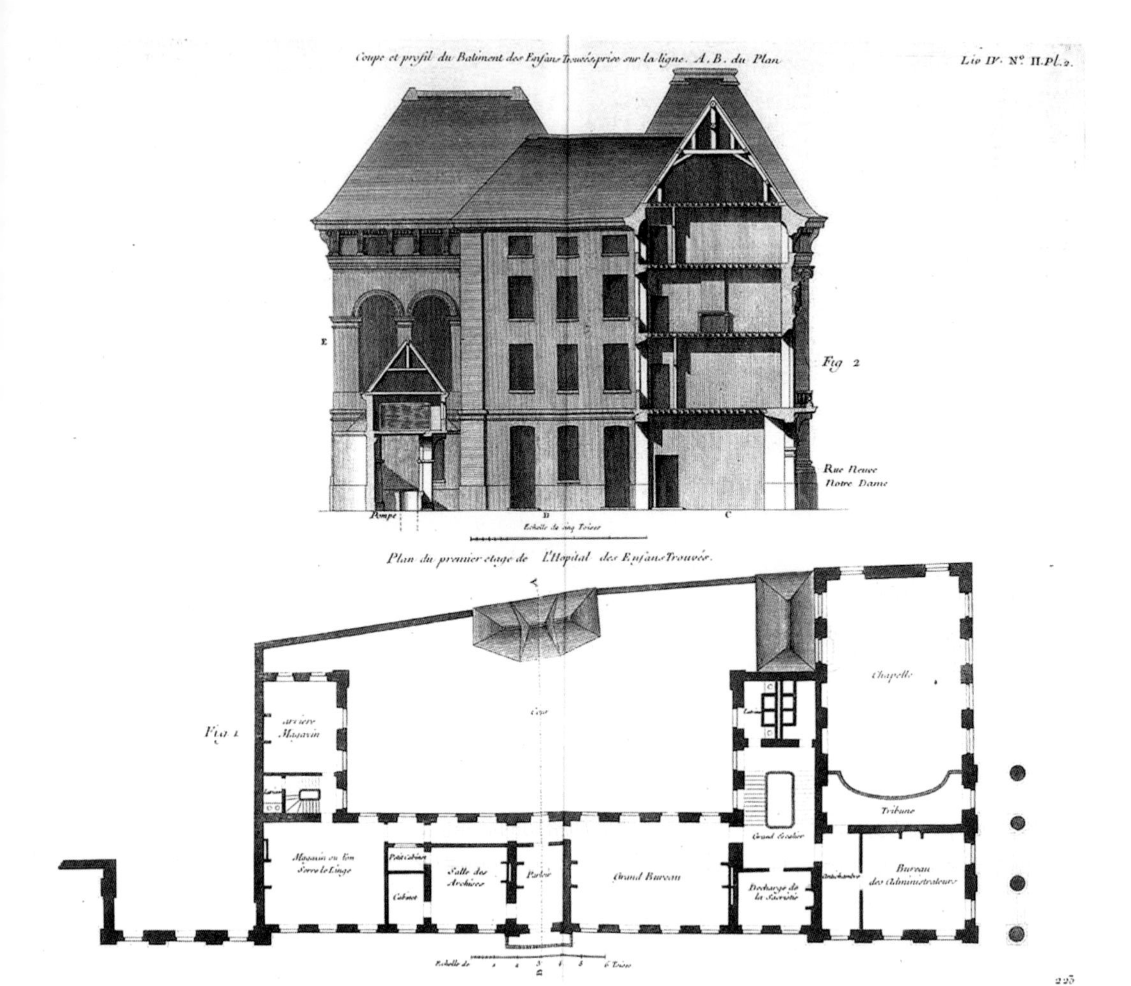

儿童医院（Hôpital des Enfants-Trouvés）的剖面和三层平面，1727年建成，建筑师：鲍夫朗。室内，既是装饰的对象也是室内空间规划的目标，受到18世纪法国建筑师的高度重视。鲍夫朗，洛可可（Rococo）室内风格的著名设计师之一，在此处展示了一张严谨的未经装饰的平面图和剖面图。相反，设计的重点在于室内规划（特别是关于房间的分布和舒适），后来称之为设施（convenience），它后来成为正式命名的美国室内专业的先驱。

展的20世纪建筑空间的概念。[14]简单地说，室内装饰被看做建筑完成的最后阶段，而且应该相应地反映它的外部装饰。室内可能与外部不同，因为它必须反映分区（distribution）（大概是空间规划）和便捷（convenance）（可以大致翻译为“convenience”——尽管它可能更准确的含义是一种对舒适的特殊判断）的问题。[15]室内著述的大量存在，与18世纪法国许多精英的委托任务的性质直接相关，这些任务包括重新设计、重新装饰现有空间（尤其是在皇家或贵族的住宅中），而不是建造新建筑。[16]

即使室内被看做法国18世纪建筑思想的主要焦点，但这些思想的重要性还不足以宣称这是室内设计的诞生时期。我们可以将学科的起源归结为这一结论：建筑物的室内空间具有跟室外不一样的功能和装饰要求。回顾历史，这个结论似乎是显而易见的，但在19世纪末之前，这种区别并没有完全体现出来，20世纪战争期间，它对于将室内设计定义为独立实践的尝试起到了关键的作用，室内设计从此独立于建筑学和建筑装饰。

关于室外和室内的区分问题一直持续到现在，设计领域已经划分为一边是建筑师的领域，另一边则是装饰师和室内设计师的地盘。关于这种分歧的早期调查，其中一个较好的例子是 1914 年来自《好家具》(*Good Furniture*) 的一篇文章，标题是“建筑师与装饰师”(Architect and Decorator)，文章指出了建筑师和装饰师之间内在的相互怀疑，文章说，尽管有敌意，两个专业并非一定要分开，因为建筑学愿意将许多实践性的工作交给其他专家去做：

> 也许会如期望的那样，两个专业彼此相向发展，建筑师，感觉到室内装饰的介入，已经在后期将他的专攻方向转向室内装饰，从事供热、照明的细节工作，并有可能成为这些行业的专家。而装饰师，与建筑学的接触越来越多，建立了大型高效的机构来解决复杂的问题，甚至直接成为了建筑师。[17]

尽管这种学科界线的消融并没有产生一种独立的实践形式。自从第二次世界大战以来，为了让自己远离装饰的缺少证明性(substantiality)感觉，室内设计与建筑学保持更加密切的联系。最著名的例子是弗洛伦斯•科尔(Florence Knoll)和她的科尔规划单元(Knoll Planning Unit)。如最近一个关于她的设计实践的故事讲述的，“科尔的实践是广泛的美国运动的一个部分，它将室内设计专业从室内装饰

公共事业振兴署(WPA)20 世纪 30 年代的海报　这些海报是为政府设计师的作品展览而制作的，说明了室内设计与室内装饰的显著区别绝不是发生在普遍的层面上，这个结论一直延续到室内设计作为一门专业学科从建筑学和室内装饰中分离出来，它的分离始于 20 世纪 30 年代的美国。

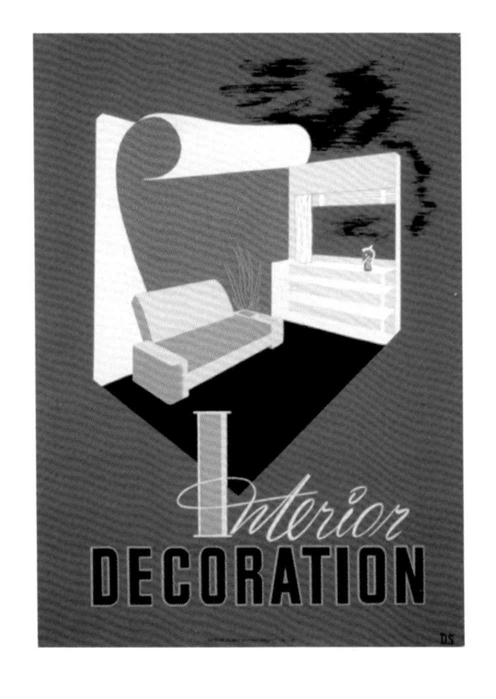

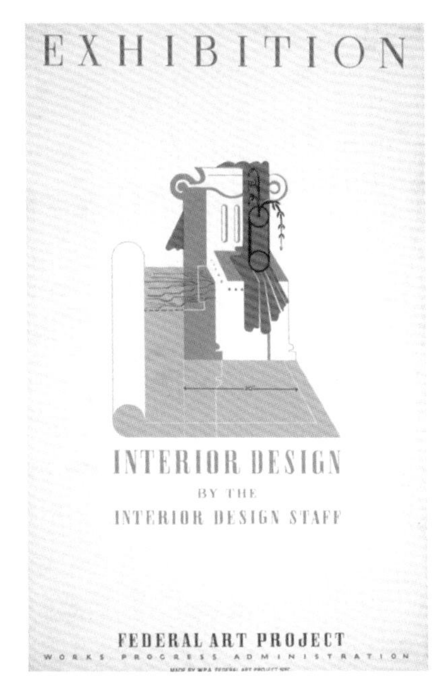

对页上图
室内。康涅狄格州普通保险公司总部（Connecticut General Insurance Company Headquarters），位于哈特福德外，康涅狄格州，SOM事务所，主管合伙人：戈登·邦沙夫特（Gordon Bunshaft），室内设计咨询师：弗洛伦斯·科尔事务所（1957）康涅狄格州总部为一座早期的国际主义风格建筑，标准工作间的基本模数首次采用了全尺寸的实体模型。作为当时典型的具有代表性的建筑物，这张图片表明了建筑室外和室内的关系，室内作为一个独立的单元在建筑上得到了清晰的表达——尽管室内和室外共同发挥着作用。

对页下图
室内，ECA进化住宅（Evolution House），ECA，莎茜·卡安设计团队（2007） 尽管在风格上等同于"现代主义者"，ECA的室内尽可能地使用材料作为隐喻的象征手法和功能的利用。此处，系主任的房间从非正式的会议间/休息空间中分离出来，而远处的委员会房间采用透明的玻璃，象征了可通达性以及学校21世纪文化透明的理念。

的实践中分开，室内装饰一直与家庭环境和业余的艺术爱好联系在一起"。[18] 科尔拒绝装饰性的精细加工工作，她将室内设计与现代建筑的功能和理性方法结合在一起："装饰意味着一种个体特有的方法，与设计相反，设计意味着一种系统的、有效的过程"。[19] 1957年美国室内设计师学会（National Society of Interior Designers）从美国装饰师协会（American Institute of Decorators）脱离不仅反映了两种学科的独立，并进一步加强了他们之间的区别。[20]

但是这一步——以及不再采用"室内建筑"替代"室内设计"的做法——威胁到剥夺室内设计的独特个性，威胁到将它与它的史前起源、它与可感知的行为和社会科学之间的内在联系分离开。当代的室内设计师需要成为一名综合的专家，他能为人类的居住创造友好的环境。这样的设计师必须掌握超越建筑师和装饰师一般技能的专业知识。

要理解室内设计师在广阔的建成环境背景中的专业角色，这需要回到第二章中已经讨论过的幸福的概念。工业时代和相关建筑业的繁荣提高了人们对物质环境变化的内在危险的关注程度，它促进了有关健康、安全和福利方面的规定出台。光线、空气、水和卫生条件，包括可持续的实践，都成为了共同的关注点——在某些情况下，成为专门领域的关注点——成为与建成环境相关的专业的关注点。显然，建筑师和工程师的工作是设计合理的结构形式，他们共同在建构安全健康的空间中发挥关键的作用。然而，在这些空间中为人类的智力和情感健康提供服务是室内实践独特的工作内容。这些工作要求通过专门训练和重点强调的设计知识进行实证性的调查。室内设计作为一种截然不同的、必不可少的专业，这类研究所产生的知识和技能体系对室内设计的认知起到了关键的作用。

3.2 与心理学的类比

作为一种合法的科学，心理学的产生与生理学、生物学和医学不同，心理学为室内提供了一个先例，室内是一种特殊的设计学科，它建立在独特的知识体系基础上。换句话说，室内相对于建成环境的关系，如同心理学相对于科学的关系，这种类比表现为三个层面：

1. 作为一种学科

如同心理学，室内设计补充了一种确定的学术研究领域（例如，研究建成环境的不同科学与学科），但它包含一种独立的实践领域。心理学研究人类精神和行为健康问题，尤其是对身体影响方面的研究范围要超出生物学和人体医学的研究范围。室内设

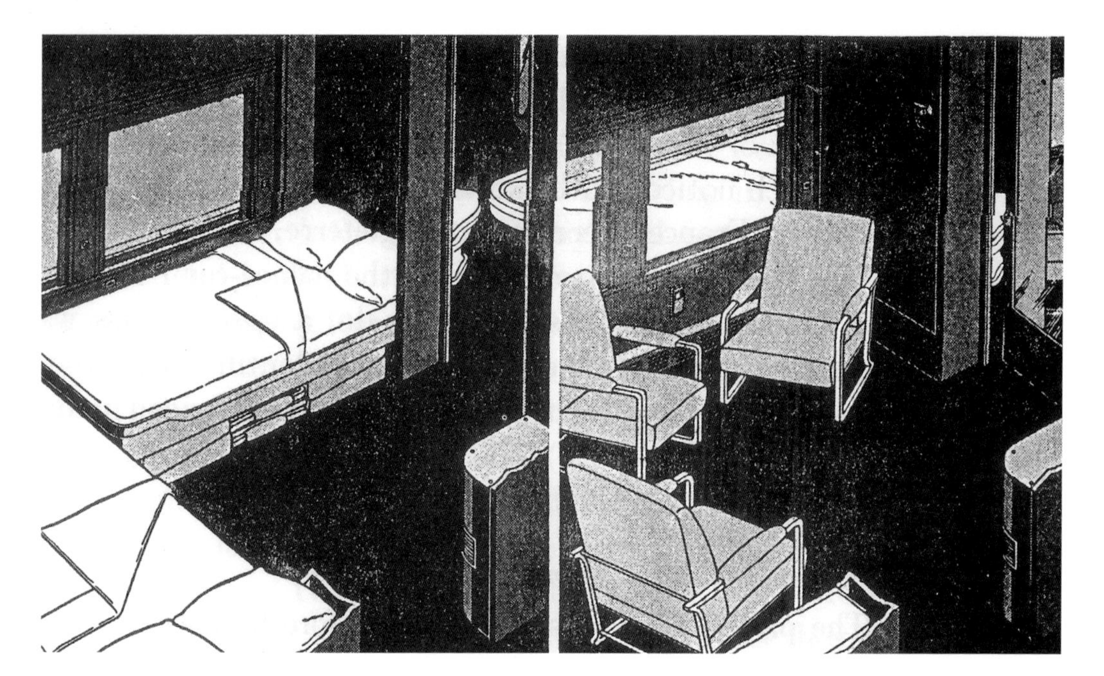

“室内”和“室外”的概念并不局限于通常意义上的房间。中庭（atria），城镇广场、中心广场都是大型的公共空间，同样需要精心布置的“室内”与设计考虑，如同本页插图所显示。

上图
普尔曼（Pullman）火车车厢内的主要房间（1939）

右图
波音 377 飞机的室内。沃尔特·多温·蒂格（Walter Dorwin Teague）（1949）。许多室内，包括火车车厢或飞机，都要考虑到为人的使用而设计空间，而它的外部形式受到了限制，不能通过室内设计得以改变。尽管是工业设计师的作品，这两张图片还是展示了熟悉的室内居住建筑的特征，它们（也许并不合适地）配置在高速的交通运输体系中。

计评价建成环境中人类体验（安全感、舒适感和幸福感）的特征，其他设计学科无法做到这一点。[21]

2. 作为一种学科

心理学提供一种严格的、以实验为基础的方法论以解释认知的神秘性，对设计师而言，建立一种类似的、相等的以实验为基础的室内方法。心理学创建了一种思维的科学，室内设计必须创立一种建成环境中人类体验的科学。在这两种情况中，科学方法论都考虑了思维过程的理解方式，在此之前，这是不可能实现的。

3. 作为理解人类的方法

最后，心理学和室内设计突破了建成学科的范围界限，创造了一种理解人类的方法。正如心理学告知了人类行为的感觉。作为一种科学，室内空间将影响建成环境中人类的互动的方式。

尽管心理学研究的对象是思维（英语中它的原初意思为“心灵的知识”[22]），它的现代含义包括了思维和身体之间的关系，《牛津英语字典》是这样定义的：

> 关于人类思维本质、功能与发展的科学研究，包括推理、情绪、知觉、交流等机能；是科学的一个分支，研究对象是（人或动物）思维的整体性和思维与身体、环境、社会背景的关系，研究方法是观察特殊（普通或实验性控制的）环境中个体或个体组成的群体的行为方式。[23]

左上图
福特基金会大楼（Ford Foundation Building），地点：纽约，建筑师：凯文·罗奇（Kevin Roche），约翰·丁克路（John Dinkeloo），室内设计师：瓦伦·普拉特纳（Warren Platner），景观建筑师：丹·基利（Dan Kiley），建造时间：1967 年　该建筑是合作的经典之作，精华之处在于高大中庭的景观处理，中庭占据了大楼一半的空间体量，这个“巨大的房间”阳光灿烂，景观平台、树木、枝叶将中庭巨大的体量分隔成人体尺度大小的小房间和空间，这些小“房间”提供了私密的区域。

右上图
里米尼会议中心（Rimini Convention Center），设计师：GMP 事务所（2001），建造地点：意大利里米尼　通过质感（包括水在内的材料）和运动（反射水池中水的波纹），室内的庭院提供了一种舒适的变化体验。此处，存在着多处对比的体验，人行台阶一半在水中，一半在陆地上，庭院被墙所封闭，同时又向天空开敞，对比呈现了空间的变化。这些设计元素提升了意向性的变化体验。

佩利公园（Paley Park），纽约，设计师：罗伯特·蔡恩（Robert Zion），景观建筑师：蔡恩和布林（Breen），与阿尔伯特·普雷斯顿·莫勒（Albert Preston Moore）（1996）没有屋顶的城市“起居室”，佩利公园借助于水流形成的瀑布提供了一种意向性的声音刺激，挡住了邻近街道的噪声，也提供了一种视觉的刺激，枝叶茂密的树木将这一空间从紧邻的粗糙的城市肌理与曼哈顿市中心喧闹繁忙中隔离出来。

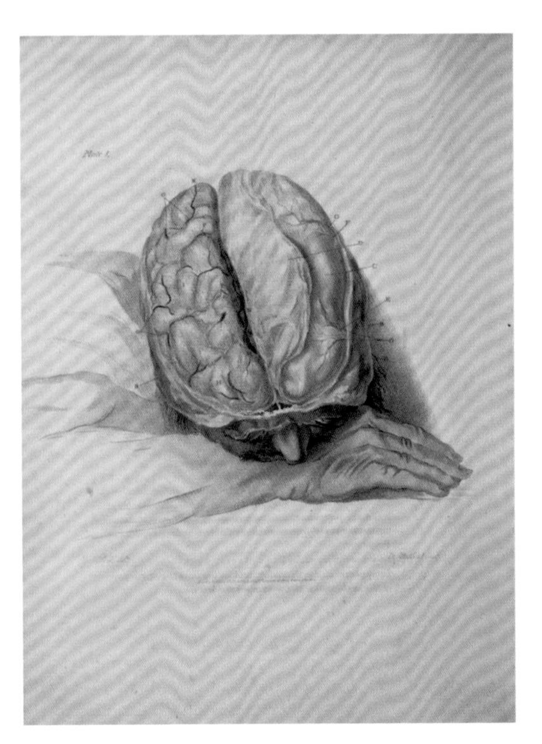

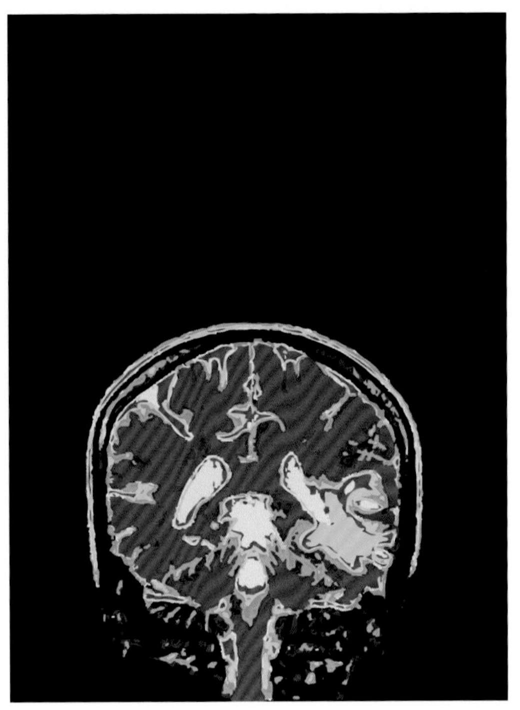

心理学基础性的突破在于它树立了这样的观念：思维的内在运行方式可以通过生理学已经创建的同等深度和严谨的方式研究纯物理性身体反应过程。多个世纪以来，思维一直只能用哲学的术语进行解释，现在它转变为一种严谨研究的有效基础，并遵循自身可认知的规则。[24] 这一假设和之后的发现都是革命性的，如今要评价 19 世纪中期背景下这种心理学突破的重要性并不是件容易的事情。从 19 世纪之初开始，生理学和生物学发展为互相独立的学科，共同为动物和人类的生命过程提供合理的解释，而心理学的发展却至少落后了半个世纪。

1879 年，托马斯·赫胥黎（Thomas Huxley）关于心理学的描述表明这一概念还是如此陌生以至于还要向持怀疑态度的人们解释，并以合法的身份捍卫它的存在：

> 心理学是生命科学或生物学的一个组成部分，它不同于那类科学的其他分支，心理学目前只关注生命现象的心理过程而不是物理过程。
>
> 如同人体的解剖学一样，思维也有解剖学；心理学家将精神现象解剖为意识的基本状态，如同解剖学家将肢体分解为组织，再将组织分解为细胞。一方面，可以将复杂的器官还原成简单的基本构成部分，另一

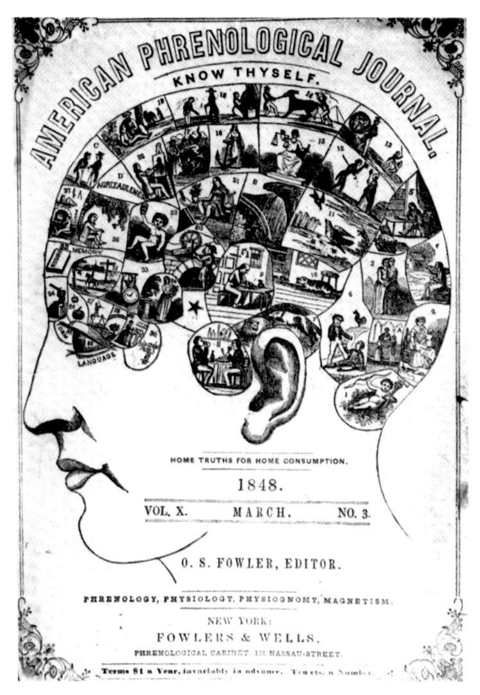

三张图片反映了人类思维的不同理解阶段。最左边的这张图来自1848年的一本医学杂志，图示了大脑的解剖图，中间的这张图是大脑断面的现代扫描图，右边的这张图是颅相学的图表，来自《美国颅相学期刊》(*American Phrenological Journal*)，通过认知学科的研究，我们能够更加综合地理解人类思维的本质，以及大脑的生理结构与它作为感官处理器如何发挥作用之间的关系。这次革命——驱除千年的迷信和伪科学，鼓舞并驱使室内设计突破它的知识局限性，以一种综合的方式去评价人类如何与室内设计环境相互作用，以及如何通过理性的、以实验为基础的方式研究这种相互作用。

> 方面可以从简单的思维构成引导出复杂的概念。如同生理学家研究身体“功能”的运行方式，心理学家也研究思维的“机能”。[25]

赫胥黎的解释建立在与室内密切相关的次级学科——实验心理学的基础上：19世纪晚期美国的威廉·詹姆斯（William James）(1832—1920）和德国的冯特（Wilhelm Wundt）(1832—1920）同时创建了实验心理学。实验心理学认为存在着一种直接的、外部的方法，可以用来测试和量化内在的精神过程。这个假设瓦解了两千年来关于人类感知世界的教条式观点，过去人们只能用哲学的或身体的术语感知世界（如体液理论，根据该理论，体内的液体影响人的性格）。[26]

实验心理学揭示了存在于人体内部的思维方式，但是没有人能够一探究竟。同理，室内设计学科必须采取措施以更好地理解室内空间不可触摸的特征和建成环境对人造成的影响。但只要设计师认为他们没有掌握——也不能创建——衡量人类体验的方法，也就不可能做到这一点。

长期以来，用二分法评价外部形式和室内空间的做法对设计产生了重要的影响，但是这种评价方法通常采用更概念化和主观性的术语而不是理性的语言。加斯东·巴舍拉尔在他1948年出版的法

CAROLI LINNÆI REGNUM ANIMALE.

I. QUADRUPEDIA. II. AVES. III. AMPHIBIA. IV. PISCES. V. INSECTA. VI. VERMES.

PARADOXA

IV. PISCES.

Corpus apodum, pinnis veris instructum, nudum, vel squamosum.

PLAGIURI. *Cauda* horizontalis.	Thrichechus.	*Dentes* in utraque maxilla. *Dorsum* impenne.	Manatus s. *Vacca mar.*
	Catodon.	*Dentes* in inferiore maxilla. *Dorsum* impenne.	Cot. Fistula in rostro *Art.* Cete *Clus.*
	Monodon.	*Dens* in superiore max. 1. *Dorsum* impenne.	Monoceros. *Unicornu.*
	Balæna.	*Dentes* in sup. max. cornei. *Dorsum* sæpius impenne.	B. Groenland. B. Finfisch. B. Maxill. inf. latiore. *Art.*
	Delphinus.	*Dentes* in utraque maxilla. *Dorsum* pinnatum.	Orcha. Delphinus. Phocæna.
CHONDROPTERYGII. *Pinnæ* cartilagineæ.	Raja.	*Foramina* branch. utrinq. 5. *Corpus* depressum.	Raja clav. asp. læv. &c. Squatino-Raja. Altavela. Pastinaca mar. Aquila. Torpedo. Bos *Vet.*
	Squalus.	*Foram.* branch. utrinq. 5. *Corpus* oblongum.	Lamia. Galeus. Catulus. Vulpes mar. Zygæna. Squatina. Centrine. Pristis.
	Acipenser.	*Foram.* branch. utrinq. 1. *Os* edentul. tubulatum.	Sturio. Huso. *Ichthyocolla.*
	Petromyzon.	*Foram.* branch. utrinq. 7. *Corpus* bipenne.	Enneophthalmus. Lampetra. Mustela.
BRANCHIOSTEGI. *Pinnæ* offic. carnees. *Branch* off. & membrn.	Lophius.	*Caput* magnitudine corporis. *Appendices* horizontaliter latera piscis ambiunt.	Rana piscatrix. Guacucuja.
	Cyclopterus.	*Pinnæ* ventrales in unicam circularem concretæ.	Lumpus. *Lepus mar.*
	Ostracion.	*Pinnæ* ventrales nullæ. *Cutis* dura, sæpe aculeata.	Orbis div. sp. Pisc. triangul. Atinga. Hystrix. Ostracion. Lagocephalus.
	Balistes.	*Dentes* contigui maximi. *Aculei* aliquot robusti in dorso.	Guaperua. Histrix. Capriscus. *Caper.*

V. INSECTA.

Corpus crusta ossea cutis loco tectum. *Caput* antennis instructum.

COLEOPTERA. *Alæ* elytris duobus tectæ.		§. Facie externa facile disting.	
	Blatta.	*Elytra* concreta. *Alæ* nullæ. *Antennæ* truncatæ.	Scarab. tardipes. Blatta fœtida.
	Dytiscus.	*Pedes* postici remorum forma & usu. *Ant.* setaceæ. *Sterni* apex bifurcus.	Hydrocantharus. Scarab. aquaticus.
	Meloë.	*Elytra* mollia, flexilia, corpore breviora. *Ant* moniliformes. *Ex* articulis oleum fundens.	Scarab. majalis. Scarab. unctuosus.
	Forficula.	*Elytra* brevissima, rigida. *Cauda* bifurca.	Staphylinus. Auricularia.
	Notopeda.	Positum in dorso *exsilit. Ant.* capillaceæ.	Scarab. elasticus.
	Mordella.	*Cauda* aculeo rigido simplici armata. *Ant.* setaceæ, breves.	Negatur ab *Aristotele.*
	Curculio.	*Rostrum* productum, teres, simplex. *Ant.* clavatæ in medio Rostri positæ.	Curculio.
	Buceros.	*Cornu* 1. simplex, rigidum, fixum. *Ant.* capitatæ, foliaceæ.	Rhinoceros. Scarab. monoceros.
	Lucanus.	*Cornua* 2. ramosa, rigida, mobilia. *Ant.* capitatæ, foliaceæ.	Cervus volans.
		§ Antennæ truncatæ.	
	Scarabæus.	*Ant.* clavatæ foliaceæ. *Cornua* nulla.	Scarab. pilularis. Melolontha. Dermestes.
	Dermestes.	*Ant.* clavatæ horizontaliter perfoliatæ. *Clypeus* planiusculus, emarginatus.	Cantharus fasciatus.
	Cassida.	*Ant.* clavato-subulatæ. *Clypeus* planus, antice rotundatus.	Scarab. clypeatus.
	Chrysomela.	*Ant.* simplices, clypeo longiores. *Corpus* subrotundum.	Canthareilus.
	Coccionella.	*Ant.* simplices, brevissimæ. *Corpus* hemisphæricum.	Cochinella vulg.
	Gyrinus.	*Ant.* simplices. *Corpus* breve. *Pedibus* posticis saliens.	Pulex aquaticus. Pulex plantarum.

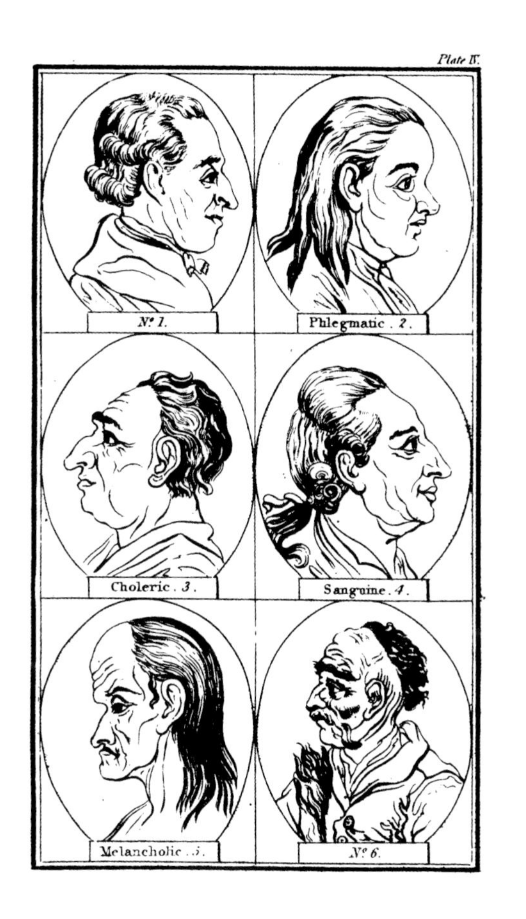

J·C·拉瓦特尔(J.C.Lavater),《面容诊断》《*Von der Physiognomik*》(1772)插图为四种体液的颅相学特征。通常用哲学、或者体液学说解释人类思维的本质，体液学说将人的性格分为四种：冷静的性格、易怒的性格、乐观的性格、忧郁的性格。甚至认为体液分布的不均衡影响了人体相貌特征，如这张版画中所展示的。直到19世纪中后期，随着心理学的发展，才出现理性的、以实验为基础的理论解释人类的行为。

对页图
整张表格的全景（上图）和细部（下图），来自卡罗勒斯·林尼厄斯（Carolus Linnaeus),《自然系统》(*Systema Naturae*)(1735) 林尼厄斯的世界分类说明分类计划的开始，它将世界的重要知识体系分解成可以理解的除尽(divisible)部分。尽管对许多自然科学而言，这种科学的理解方式始于几个世纪前，但设计科学，包括室内设计，才刚刚开始阐述这种理性地理解设计对人类行为和感觉影响的方法。

文书《论大地与静思》(*La Terre et les rêveries du repos*)中暗示了这种概念化的倾向，他在书中描述了室内和室外空间的心理学差异，如“本质上说，内向和外向的生命都是灵魂必不可缺的部分，但作为抽象的概念而言却并非如此，在某一背景或某一装饰风格中，他们有必要成为一种心理现实”。[27] 到了19世纪晚期，赫胥黎呼吁在体验的感觉和创造感觉的物质环境之间建立某种联系：

> 心理学和生理学之间不是一种平行的关系，而是紧密相连的关系。没有人怀疑，不管怎样，某些精神状态的存在要依赖于特殊身体器官的功能活动，没有眼睛就不能看，没有耳朵就不能听。如果思维内容的起源真的是一种哲学问题，而哲学家想解决这个问题，他并不熟悉感官的生理特征，也并没有比生理学家掌握更多深奥的专业知识。哲学家认为他能讨论力学，但不需要了解力学原理，或者能探讨呼吸问题，但不需要知道化学酊剂。[28]

上图

“德肯图案地毯装置”(Durkan Patterned Carpet Installation)(2004)世博会酒店设计(Hospitality Design Expo 2004),拉斯韦加斯,莎茜·卡安设计团队　在制作印花地毯中采用了复制技术,这种概念性的三维转译包含了将单独的图案图层印制到空白织物上,这些独立的色彩和图形图案可以通过体量的变化顺序得到体现,使得它们可以互相重叠和空间性地分散,但始终保持在动态的、可测的(volumetrically)体验和研究之中。尽管二维的地毯有些抽象,公众和专家共同分享了发现的刺激感。

下图

装置“杜邦可丽耐表面装置”(DuPont Corian Surfaces installation),新保守主义(NEOCON)2002年,莎茜·卡安设计团队　这个设计任务要求重新诠释这个瓶子,并用可塑的材料创造新的形式和功能。通过感觉和现象错觉,这张图片第一眼看上去像一个花瓶在镜子中的反射影像,走近仔细观察能发现是两个相同的花瓶经过了精心的位置摆放和拍摄角度(颜色变化)的选择。为了让大家了解这一点,要求参观者走近这个装置进行仔细观察。这个装置为一个系列的空间和物体操作而设计,其视觉效果是为了观察相邻空间和物体,使它们看起来像是漂浮在底座上。

对页图

琥珀堡(Amber Fort)和宫殿(Palace),印度斋浦尔(16—18世纪期间)　这一著名的实例展示了敏锐的设计师的高超智慧和渊博学识。这个夹层(interstitial)大厅,一面向内庭花园开敞,厅内有一道水渠。一股细细的水流从水渠底汩汩流出,用以灌溉花园中的玫瑰花,厅的两端有窗可以通风,水中浸润着玫瑰的香气,每当微风吹过,香气四溢,给人多重的愉悦体验。

类似地,室内设计师的作用是探寻精确的方式,借此空间设计能够影响人类行为和情感的机能。记住这一目标,也许可以重新改写赫胥黎关于心理学与生理学独特关系的定义以表达室内在建成环境中的地位:

> 室内设计是建成环境科学的一个组成部分,它不同于那类科学的其他分支,室内设计目前只关注定性的,以及身体的空间转变方式,其目标在于提升人类的体验感觉。

在理想状态下,室内设计师能够创造满意的认知反应,犹如工程师在有形的外壳内(physical shell)解决结构和机械问题,

建筑师用砖石逐块搭建起了有形的建筑物，而室内设计师寻求将体验、感情、知觉与材料的形式相结合。既然建筑师和工程师探索出建造建筑物的方法，那么，室内设计师也要开发出相应的策略，从而创建适宜人类生存繁荣的、愉悦的空间环境。

3.3 以实验为依据的知识

> 我希望，将心理学当做一门自然科学，将有助于它真正成为一门自然科学。威廉·詹姆斯，“恳求将心理学当做一门‘自然科学’（Natural Science）”。[29]

实验的心理学假定情感和美学都是同一种感觉器官的组成部分，从而美观和其他艺术感觉的体验就可以通过心理学得到量化。1890 年威廉·詹姆斯在他的论文集《心理学原理》（*Principles of Psychology*）中写道：

> 我们必须坚持美学是一种纯粹而简单的情感，是线条和体量，以及色彩与声音的组合带给我们的一种愉悦的感受，它也是一种视觉或听觉，听觉或视觉是一种主要的感觉，并不会因为别处产生的其他感觉的持续影响而产生衰退。这种简单而又主要的、即刻的愉悦存在于某种特定的纯粹感觉中，存在于和谐统一的感觉之中，可能，事实也是如此，在它之上会附加上一种次要的愉悦感；在人类集体创作的艺术作品的实际快乐中，这种次要的愉悦感发挥了很重要的作用。然而，一个人的品味越经典，感觉到次要的愉悦所处的地位相对越不重要，形成对比的是，对于那种主要的愉悦感来说，情况正好相反。古典主义和浪漫主义在这点上进行了交锋。复杂的暗示，唤醒的记忆和联想的情景、神秘与黑暗的画面惊醒了身体，它们赋予艺术作品浪漫的气息。而古典的品位将这些作品丑化为粗俗的和花里胡哨的效果，它们更倾向于纯粹的视觉和听觉的美感，不需要昂贵的饰品和绿叶加以修饰。相反，浪漫主义的思维中，古典主义推崇的即刻的美感显得枯燥乏味、单薄无力。当然，我并不是在此探讨哪种观点正确与否，只是为了展示这两种感觉之间的区别，其中，美观的主要感觉，具有纯粹的、即刻

产生的感觉特征，次要的感觉于是成为了移植过来的、人为刻意制造出来的感觉特征。[30]

詹姆斯的论证观点在当代大量的研究中独树一帜，目前正在进行的研究有关于感知和艺术之间的相互作用的研究，以及流行的神经系统科学研究，神经系统科学可作为一种笼统描述人类行为的工具。但是在很大程度上，这些研究将科学发现的过程从艺术创造的过程中分离出来。[31] 我们如何体验世界的分析应该出现在我们进行设计之前，并且我们应该按照人们想要体验世界的方式进行设计。

设计既是一种创造性的活动，同时也是一门科学，但首先我们要弄清楚室内设计应该属于哪一种科学。对主题的通俗理解——如同学校将它传授为一种所谓的科学方法——是 19 世纪逻辑性的实证主义的产物，实证主义是一种哲学，它主张“真正的科学理论，如牛顿天文学，是假定—演绎（hypothetico-deductive）的理论，它的理论实体涵盖了最初的假设和自然的法则直到最后的推论和定理”。[32] 这种科学研究的目标是证明或者否定最初假设的所有内容。如果得到足够的重复验证，这一假设能够上升为一种关于自然现象的可辩解的理论，理想的话，尽管不是全部地，它将产生一个简单的数学公式。

然而，许多“硬”科学（如生物学）并非在这种僵硬的框架内运行。它们的目标并非试图建立一种重要的、以永恒法则为基础的科学理论，而是通过实验性观察的积累，得出一种有细微差别的观点。这种研究框架直接影响了如何形成理论结构。许多理论，如达尔文的进化论，尽管它们在本质上有差异，不能简化为数学或统计学模型，但都依赖于大多数实验证据的解释。

这是心理学作为一门科学的运行原理，正是这种研究模式能给室内设计带来启示，目前室内设计在很大程度上依赖于直觉，即使在法定的专业指导手册中。对建成环境中人类行为的理性研究应该创造一种可与个体设计师共享的知识体系，建筑师从而可以作出更缜密的决定。[33]

将室内设计与心理学进行类比是有意义的，就室内设计而言，它要求设计师关注的焦点转向室内不可触摸的（以实验为基础的）要素。但这并不意味着心理学为室内设计勾画了一副蓝图。那是不可能的，两者之间甚至没有什么联系。类比的目的只是为室内设计提供一个参考的先例，并建立一种科学的方法和知识体系，从而可以理解人类对幸福的需求。

对室内设计而言，要采纳这种以实验为依据的、严格的研究方法并最终成为有生命力的科学，必须制定具有可操作性的研究方法论。尽管某些内在的因素影响了人类的室内空间体验，个体的体验不仅非常主观而且因时因地发生变化。将研究目标设定为发现绝对的设计法则会产生问题（回忆一下将普遍的人作为衡量人体的标准的不足之处，如第二章讲述的内容）。相反，研究目标应该是建立全面的参数，在这些参数内，熟练的设计师能够基于理论事实，对可能生成的产品做到心中有数，相应地在设计中加入需要的元素。这一过程并不需要重要的理论，设计的主要原理来自实践领域中无数小型的实验和测试所获得的数据。

许多研究者反映了这样的观点：一种新的室内知识大部分来自其他领域进行的大量认知研究，但这类知识只能限定在建成环境设计的小范围内使用，或者根本不适用于建成环境的设计。相反，“现场实验室”（live labs）是一种基本的室内设计知识,通过“现场实验室”，专业人士能够从整体上观察并理解建成环境背景中的行为方式。而这类研究的缺失成为了室内设计专业全面发展的基本障碍之一。

既然几乎没有收集到这类必要的室内设计实验数据，也没有相关的陈述资料，在这种特殊的背景下，如何开始新的研究模式成为了一个难题。它取决于人们期望室内设计成为何种科学。科学的基本定义也许能给我们提供些参考。科学是：

> ……关于物质世界、物质现象、公正观察、系统实验的任何知识体系。总之，它是一门科学，追求知识的普遍真理或者运行的基本规律。[34]

科学的定义表明科学知识建立在“公正的”和“系统的”观察基础之上。而室内设计领域几乎根本不存在任何系统性的实验，这一点绝非言过其实。尽管有设计师认为他或她的作品是实验性的，这类作品并非在必要的、系统性的、公正的实验方案框架下完成的，也不以创造基于实验的理解为目标。“物质世界”的定义很容易被理解为居住环境，“物质现象”也许指代了人们感知空间的方式，于是人们得出的结论是，只要室内设计通过“公正的观察和系统的”实验寻求发现“普遍真理”，它就能归类为一门科学，甚至同时还保持了艺术的特征。换句话说，熟练的室内设计师能够以新颖和创造性的方式运用那些被证明能够提高人们生活水平的信息。当然，如果所有的设计都必须遵循可量化的、可重复使用的规则，那么就没有艺术的存在，也没有创造性的存在，设计的过程降级为“按数字顺序着色”。为学科奠定以实验为基础的尝试并没有改变这一事实：室内设计最终是一种需要个体参与的创造性活动。因此，应该由设计师负责诠释学科的实验数据。

在过去的50年中，尽管专业性团体和教育家一直尝试着界定室内设计知识的核心内容，这些尝试的结果却完全是综合性的专题研究、与人类行为相关的研究，这类研究能够指导普遍的实践行为。[35] 为了将这一领域视作一种智力追求，该领域仍然需要一门有针对性的研究方法论的设计科学。通常认为的室内设计的“真理”（如高大的顶棚给居住者高耸的感觉，或者是阳光灿烂、明黄色的环境给人更加愉悦的感受）必须得到证实之后才能有理由成为设计学科的准则之一。只有找到系统性的方法从而研究空间的感情、知觉、感官和现象学的特性以及它们所诱发的行为，才能增强设计师对人类需求反应的敏感度，并自觉地运用概念性和创造性的方法以推动社会和文化的进步。

同其他学科一样，人们一直在进行立法性的尝试从而树立室内专业的合法地位，但这些尝试关注于室内限定范围内的、实用的观点，而不是关注于室内设计领域所需要的定性知识。此外，这些立法性尝试的其中一个缺点在于它们试图从建筑学的角度厘清室内设计的角色——以健康、安全和幸福的术语——从而继续将室内描述成建筑实践的延伸，而不是明确它的独立起源和存在的核心意义。要认识到室内的出现远远早于建筑学，将室内定义限制在相对狭小的专业领域内的做法否定了它满足人类所有层次需求的能力。

这些年来，许多设计师寻求将设计当做一种建设性的实践。20世纪50年代，建筑师理查德·J·诺伊特拉（Richard J.Neutra）在他的著作《依靠设计生存》（*Survival Through Design*）将设计师定位为“值得同情的艺术家”（artist of empathy）。[36] 他说，设计是生存的必要条件，因为技术进步压倒性地超过了人类通过生物进化适应环境的能力。尽管技术迅猛发展，人类的生存环境却没有得到根本性的改变，因此设计师的任务是创造利于人类生理和心理活动的健康环境：“我们必须依靠设计而不是依靠自然选择生存，因为技术的飞速进步没有给人类留出适应环境的时间”。[37] 诺伊特拉认为，有洞察力的设计师的角色是在不利于人类居住的人工环境中提供一种改良的居住区域。如诺伊特拉在《依靠设计生存》中描述的：

> 在设计物质环境时，形势迫切需要我们以各种感觉形式有意识地提出生存的基本问题。如果任何设计

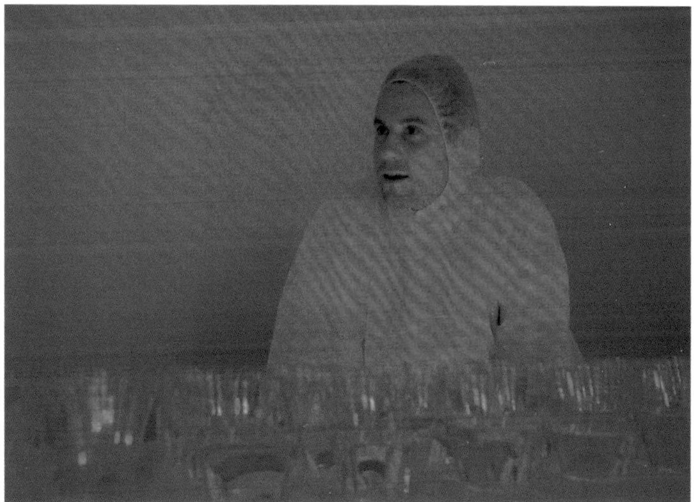

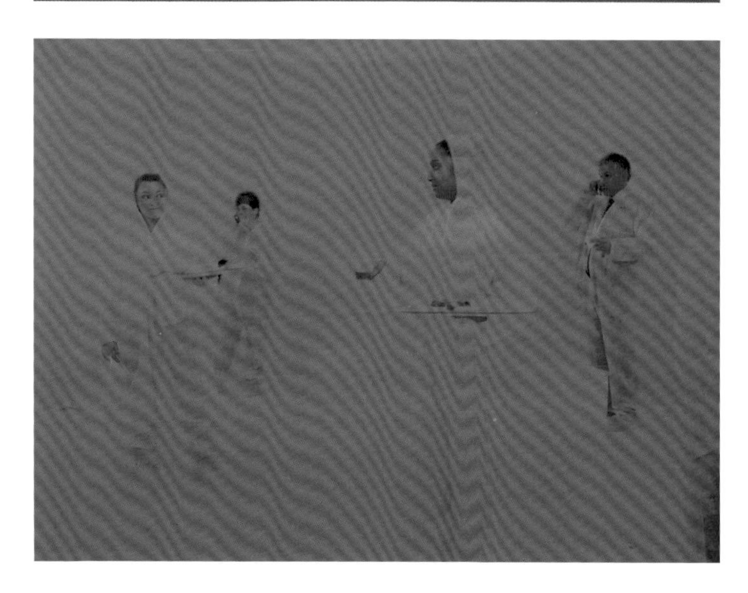

"空间色彩"，集体合作实验，由莎茜·卡安及其设计团队构思、策划。该实验目的是在真实的生活环境中检验关于红色、蓝色、黄色的流行观念。例如，红色激发人们的食欲，蓝色代表宁静，黄色引发快乐……或攻击性，等等。三个大小一样的房间，均设置了一个吧台、12 张凳子，并在底座上安装了 4 台电脑。每个房间在实际操作中分别打上红色、黄色、蓝色的灯光。调查和现场观察的结果非常有趣。大部分参与者反映（reported）在红色的房间里感到饥渴（符合流行观念），而在黄色的房间内却没有这类感觉。然而，食物和饮料的消费统计数据分析表明，人们在黄色房间内的消费量却是红色房间内的两倍。情感研究小组（Emotional Association Survey）似乎证实了最初的假设：蓝色代表平静，容易消磨时间。蓝色的房间最安静，人们的肢体动作很少，而且人们逗留的时间比在另外两个房间要长。蓝色的环境被视作能够促进社会行为而不是让人安静。

对页图

诺基亚旗舰店（Nokia Flagship Store），第 57 大道（57th Street），纽约，八公司（Eight Inc.）随着灯光技术的发展使得建筑大规模的色彩与技术性系列的运动和变化成为了可能。这座三层高的空间整体采用了拟真（immersive）的色彩变化，创造了不同寻常的、崭新的零售体验，平板显示器提供了建议性的营销信息。在顶层，设计师模仿了热带雨林的声音和湿度，提供了一种完整的转变体验。

> 损害或施加过多的压力于自然的人类感官，必须消除这样的做法，或者依据神经系统的需要，并且逐步地根据全部生理机能运行的需要纠正这样的做法。[38]

目标是设计不能用身体术语进行猜测，也不能与居住者相分离，而是要与他的或她的成功紧密地结合在一起。

诺伊特拉创造了词语“生物学的现实主义”，用它说明技术进步不能抹杀人类进化的事实。“在所有人造技术进步的外表面下，绝不能忽视自然界最细微的变化和基本需求。毕竟，亿万年来，它对人类的存在负责，成为人类重要的生存背景，也一直塑造了人类”。[39]

诺伊特拉的生物学的现实主义的重要性表现为它认识到了人类需求在设计过程中的核心地位。尽管他的关注点大部分在于临床的心理学的设计应用，他的方法预言了 20 世纪 60 年代首先在设计领域流行的生态学的发展成就，在最近的两个环境实践中——永续生活设计（permaculture）和仿生学（biomimicry）——设计师寻求向自然学习，目的是为了找到利于人和环境可持续发展的解决方法。[40]

3.4 设计宜居的空间

我们已经得出了这样的结论，即室内设计的作用不只是提供健康、安全和幸福——事实上，室内设计并不仅限于室内空间。室内的定义应该延伸为包括任何满足人类需要并提升人类幸福感的完全封闭的或部分围合的空间。只有当设计师以居住体验的方式开始构想空间时，真正的为人类居住的设计才会出现。我们对室内设计的理解，需要包括任何三维的围合，不管它是一种临时的空间装置，“带状的外壳”（a band shell），一间以天空为顶棚的“城市房间”，如在纽约曼哈顿市中心区的佩利公园（Paley Park）（见第 96 页），或者是一种更传统的项目，如机场、医院或多层办公建筑。

设计师必须具备构思、组织、计划和创造能力，根据不同的规模进行设计，以满足未来居住者的需要和期望，从而为人类居住设计空间。所有空间必须关注的唯一常数是根据人的需求调节空间要素所产生的功能舒适感。例如，在人的胳膊感到最舒适的距离和高度的位置安装一张咖啡桌，同样也可以让人毫不费劲地将眼镜放在桌子上。一些基本的细节，如空气质量、光照水平、热量的与音响的特性和最佳秩序与功能的直觉组织，都需要类似程度的周密考虑。[41] 在这些功能性需求之外，还存在一些符合心理需求的要素，如刺激人的思维和感觉、鼓舞人的精神士气。如果一个空间没有满足这两个层面中任何一个层面的需求，那么它不能称为一件设计作品。

成功的居住空间的设计师一般有明确的目标——为提高人类的生存条件而设计——绝不会受到自我形象或风格驱使。他或她的设计经过缜密的思考和敏感的回应，并尽可能以最少的外界干预的方式让人们能够凭直觉理解空间。例如，设计师希望那些为简单导航而设的找路指示标志成为空间中多余的物品。

遗憾的是，室内设计学科缺失的不仅是设计知识，代表设计的工具也禁锢于熟悉的建筑语言中——两个世纪前发明的——工具也必须进化。对成熟的室内设计而言，所用的视觉展示的工具如透视法的绘画（室内的粉刷画），小尺寸模型（微缩的三维实体模型），有时甚至是原尺寸的模型，这些工具不足以满足完整地展现室内体验的要求。因此要求一种更恰当的表达方式。幸运的是，随着当代技术的快速发展，拟真模型，能全尺度地模仿建成环境。设计师在决策过程中，这种模仿可以告知设计师相关的信息，居住者也能提前知道完全建好之后的环境的状况。[42]

设计过程需要灵活的、创造性的思维的通力合作。从最初的一个构想，到客观的解决方法，需要经历以下 9 个不同的阶段：

1. 解决具体问题的研究阶段

利用全球的或当地的资源，收集手边相关的具体计划和概念性挑战的信息。

2. 需求的分析和演绎阶段

根据方案的需求进行研究，目的是建立普遍原则以创造良好的环境。

3. 定量和定性计划的专题方案的制订阶段

通过研究和客户 / 使用者的期望值分析，系统安排方案的各项要求。

4. 概念化和规划阶段

按照制订的计划（不是客户 / 最终使用方或设计消费者提供的任务书）开始形成一个创造性的 / 功能性的整体设计方案。这也包括了场地 / 背景分析与合理的布局与规划。

5. 深化设计阶段

从实际可行性的角度不断深化和推进方案，包括建立各种要素，如体系，照明、材料、氛围、细部、家具和附属物。

6. 建造文件阶段

将设计转化为承包商、工匠和行业的语言，从而产品最后能够得以完成。注意：工程和建筑绘图的行业传统知识在本阶段是必不可少的。

7. 建造观察阶段

确保承包商和工匠按照规划的方案建造。

8. 入住

人们入住设计建造完成的空间中，空间开始发挥功用。

9. 入住之后的观察和研究

调查和记录是否，以及如何成功满足人们的需求。

这一过程和完成项目所需的设计理解已经移出并远离了狭隘的装饰艺术。装配的技能只是室内设计师百般技艺中的一部分，设计师凭借才华将虚无的空间转化成人类居住的适宜环境。

包含人口膨胀和长寿两个方面的全球人口发展趋势表明人类正处于危机之中，迫使人们构想未来的居住环境将会呈现新的形式并提出新的要求。城市巨型结构，被描述成一种理想的或反乌托邦的环境，它代表了一种新的城市，可能也是存在于一个独立的、延伸的体量内的乡村生活观念。这并不是天方夜谭，这一概念已经非常接近于实现的可能。它要求居住环境的设计师承担涉及的大量任务，他或她需要众多的创造性天赋、学科知识和设计技能。他们必须涉猎跨越技术、文化和环境领域的大量知识，并对个体的需求保持高度的敏感，犹如要求一个单身母亲承担哺育孩子的任务。设计师通过诠释空间讲述故事，当空间每一构成要素的逻辑清晰，而这些要素的总和产生了某种更巨大的东西时，或有时具备完形的特征时，空间有了生命力。当设计的最终成果提高了不止一个人的生活水平，而使诸多人受益时，即使不是所有人受益，设计也是最成功的。我们拥有所有——即使这种可能性很小——与人类精神密切联系、具有生命力的体验的空间设计，通常可以用类似的词语（例如“平静的”或“吸引人的”）对其进行描述。

最后，在所有的设计领域和学科中，建立如上所述的知识体系不仅是有利的，也是非常关键的，再次重申和承认这点具有重要性。如果室内不仅包括户内空间，也包括设计的人们交流发生的场所，那么，建立科学的基础以完善室内设计的创造性追求将会提高人们相遇的几率。如果居住环境的设计师具备了人类生存条件的实验知识和清晰的目标（区别于建筑师、工匠、装饰师的目标），他已经充分地准备好为人类的幸福作出巨大的贡献。

动画制作的定格画面，来自学生作品“地下通道零售店”（Subterranean Retail），帕森斯新设计学院，纽约（2005） 这个拟真的（immersive）室内装置展示了经过变化的、更恰当的室内表现的一种方法。这一装置使用了技术性的背景从而展示经过精心研究和设计的建筑体验，以及学生对室内设计方案的综合理解力。展示方法的变化也是最终的设计成果，它汇集了设计任务的开端、确定、发展的整个变化过程，以及每个方案的概念化和发展变化过程。设计任务要求学生制订一项商业计划，决定最佳的位置和场所（在给定的背景中），研究、设计并深化方案。最后的展示成果包含两分钟的方案全过程的动画制作，每个方案展示所解决的体量、照明、材料/色彩、建造方法以及细部的状态。学生们采用了声音作为方案发展的整体控制要素，表现方法的变化产生了方案的探询特征与研究过程的变化。最后的成果展示更具创造力，也展示了学生们对居住环境塑造及其影响的综合特征的深刻理解。

莫霍克陈列室（Mohawk Showroom），纽约，设计师：莎茜·卡安设计团队（2006） 圆柱形的接待室采用了隐喻的手法，从入口到建筑最内部铺上了一卷编织地毯，地毯也是该环境中展示的产品之一。建筑形式和材料的使用创造了心理的舒适体验，它类似于子宫环境或内部的庇护所，并与产品所奠定的建筑材料色彩环境相协调。展示间的第一印象为建筑其余部分的发现和体验之旅奠定了情感基调。

对页图
公共区域的场景以及莫霍克陈列室的平面图，该展示间是为铺地材料展览而设计，多功能的展示间可以分隔成专为具体品牌服务的独立小间，也可以作为开放式的聚会和活动空间。空间的开放和设计的个性提升了空间使用方式的灵活性，促进了员工的友情，这些员工通常是竞争性品牌的代表。用地毯背衬材料做成的半透明的帘子有隐喻和实际的功能，因为帘子有助于遮挡南部窗内进来的阳光对地板的照射，而窗子有意地没有设置窗帘，这是从环境效率的角度考虑尽可能让房间获得良好的日照和热量。这个平面解释了隐喻的地毯的“未卷”状态，它有助于在空间中将所有的品牌联系起来，并将空间划分为特定的公共和私密区域。简洁的规划设计目标是提升活动、功能、行为的清晰度。

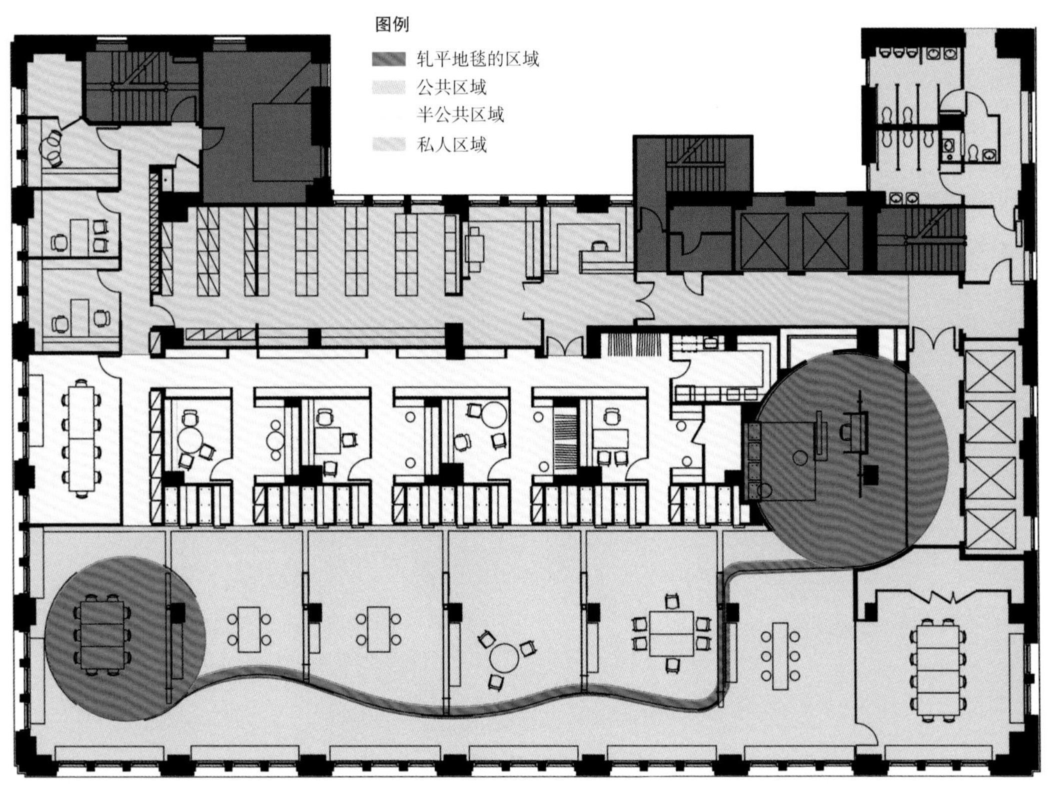
图例
轧平地毯的区域
公共区域
半公共区域
私人区域

第四章

设计

Design

不是经验的产物，而是经验本身——就是目的。我们获得的无数激动仅仅属于一种内容繁杂的、戏剧性的生活。我们如何才能运用最好的感官，一览其中所有可览之物呢？我们要如何才能最迅速地从一种感官转换到另一种，如何才能总是关注到重点，这个重点就是聚集在最纯粹的精神里的大量的生命力？总是燃烧着这般艰苦、宝石般的火焰，保持这份狂喜，才是成功的生活。

沃尔特·佩特（Walter Pater）
《文艺复兴》（*The Renaissance*）[1]

切割工具的演变过程	历史时期	人类切割 / 手工改造物体能力的拓展
意识到人类徒手局限性的阶段		 石头
制造工具的发明		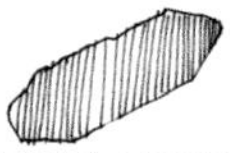 原始的金属工具
工具制造的发展与改造阶段		 进化的金属工具
		 类似于当代手持锤子的工具
		 杵锤（或轮锤）
技术和材料发展带来工具改进的阶段		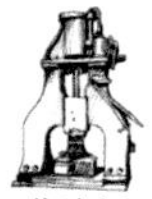 蒸汽锤
		 电压机
		 激光技术

工具——锤子所反映的设计演变过程，锤子是为满足人类最基本的需求而设计——例如庇护所（包括服饰也可以看做第二层皮肤）或者是为了拓展人类的能力，如同椅子可以是支撑坐姿的中介物——工具，在本质上直观地表达了人类的智慧和创造力。某些现代的工具，如锤子与它的最初形态非常相似，直接表达了它的原始目的与功能。有趣的是，多年以来虽然它们可能经过改良，但是它们满足人类最基本需求的设计功能却一直没有大的变化。

设计无处不在，无所不包，它是一种通用的语言。基于人类对生存的追求，设计是人类与环境相互作用的产物，它起初只是满足人类的基本需求，之后再扩展为满足更高层次的需求。在人类认识到设计行为并进行命名之前，它已经存在了许久。设计总是因为某种目的而存在，它是一种刻意的行为，或者是对现有环境的干预，而其唯一的目的是改善人类生活条件。它是生命的组成部分，因此，对每个人而言，设计都是生活过程中一种基本意识的体现。

因此，设计囊括了人类从维持生存进而到美学需求的方方面面。这一综合性的观点与目前流行的观念相悖，流行观念认为设计主要与风格有关，为特定的问题与目标寻求美观的解决方案。然而，美观固然重要，但如果没有物质和意义的支撑，更高层次的美学意识仍然是不完整的。

设计的当代内涵已经变得更加宽泛。设计，无论具体是哪一专业，都共享一个核心的知识体系，这一体系奠定了使用设计术语的所有领域的基础。无论设计应用于建筑、产品领域，还是应用于通信领域，设计都是一个创意过程，它综合了艺术、科学和逻辑的知识从而解决问题并创造出独一无二的解决方案。

除了那些来自于生物起源的部分，我们今天遇到的所有物体、环境和进程，都由人类所创造。然而，不断扩展的设计类型并不能与知识体系的扩展相匹配，这一知识体系为各专业立足于学科的实用性奠定了基础。然而，我们对设计角色的普遍理解还局限在一种相当狭隘的描述当中，认为设计仅仅是创造有利的环境和影响人们之间的相互关系。因此，尽管建成环境仍然至关重要，却缺少了设计的最佳贡献。而具体地谈到室内，一旦我们在最宽泛的意义上认识了室内空间——包括心理的和社会的以及我们周围的物理区域——我们必须建立一套综合的知识体系，它涵盖室内设计的各个方面，例如，所需的专业知识包含从设计一把滚塑而成并且符合人体工学的椅子到创造令人振奋、奋发向上的、利于健康的环境。

至少在西方社会，20 世纪室内设计的创建基础影响了设计的所有领域。它的专业身份，来自 19 世纪中期装饰和建筑艺术的危机。人们意识到大批量生产极大地改变了个体制作工艺品的创造性，从而引发了一场关于设计师角色的巨大争论；生产和建造过程中的理性化和产业化以各种方式直接影响了设计效率。尽可能简化——忽略大量历史——争论的一方以英国的设计师约翰·拉斯金（John Ruskin）、威廉·莫里斯（William Morris）和工艺美术运动（Arts and Crafts）为代表，他们认为手工艺是设计的判断标准。虽然这个观点至今还获得一定的认可，而另外一种观点却最终占据了上风。如埃德加·考夫曼（Edgar Kauffman）所说，历史会记住“改革，雄辩的手工艺人”，而那些最终更有影响力的是“工业设计的先驱者，他们欢迎机器，相信中世纪的方法既不能满足需求也不能反映文明的特征”。[2] 无论是工业设计师、平面设计师、室内设计师，还是其他任何学科的设计师，当他只构想形式而并不深究它的物理创造原则时，设计师的观念已经成为公认的理念并为当代设计师确立了专业角色。

两次世界大战期间，“设计师”作为专业人士的认可在很大程度上定位于设计最广泛使用的物品，从家庭用具一直到重型机械，即我们今天所说的工业设计师。[3] 在那一时期，许多设计师和相关组织的成员提升了设计和创造的地位，将其作为文化和物质进步的标志，例如，汽车提高了群众的生活水平，设计被视为民主化的工具。

同时，“造型”的发明成为推动学科繁荣的动力，尤其是在工业设计领域，而功能仍然是工程师关注的领域。风格的繁荣开始遮蔽了物体的制作方式，使之藏于物体表面之下。例如，福特 T 型车没有被视为设计师的作品，反而之后流线型的通用汽车被视为设计的产物。[4] 福特的生产过程建立在生产大批量的相同汽车的能力基础之上，这些汽车每年的变化很小。这样的生产效率降低了汽车成本，使得大多数工薪家庭可以购买汽车。1908—1927 年间，福特 T 型车无论是技术和外观，基本没有发生变化。如同亨利 · 福特（Henry Ford）的名言：“任何消费者都可以拥有一辆汽车，并且可以将它喷涂上任何他想要的颜色，只要汽车是黑色的”。与此相反，在 20 世纪 20 年代和 30 年代，通用汽车主席艾尔弗雷德•P•斯隆（Alfred P.Sloan）和造型设计师哈利•厄尔（Harley Earl）意识到每年提供新的车型会提升消费者的消费热情、提高汽车销量，并加大消费者对公司车辆的认知度。但在功能层面上，通用汽车仍然发展缓慢。随着 20 世纪 30 年代美学和功能分离的普及，风格被单独视为设计的主要元素。

这种在所有设计类型中出现的肤浅的形式主义逐渐扩展为表达设计的方法。例如，在一篇建筑批评的文章中，詹姆斯 · 马斯顿 · 菲奇抨击了摄影的作用，他认为摄影已经主导了建筑思维，在他看来，目前的建筑批评是来自于照片图像而不是实际的经验。他认为，这种批评导致了“双重隔离”或者“是滤镜，只有直观的数据可以通过它进行传输，从而将视觉偏差引入到所有美学判断中”。类似的批评可以轻易地适用于所有的设计学科中，因为这些学科主要传达的是适用于书籍和杂志页面的表面效果，而不是创造适合使用与居住的物体与场所。[5]

重要的是要纠正这一观念：在本质上，任何设计可以降低为一种造型，与这种观念恰恰相反的是，我们需要培养一种普遍意识，即人类的需求驱动了设计。美观，尽管非常重要，但较之那种超越表面外观而需用内心体会的效果，还是位列其次。设计师的角色是解决社会问题，创造空间、感官和视觉方案，这些设计方案虽然也要考虑美观的要素，但它们本质上尽可能关注广泛提高人类的生活水平。因此，除了表达设计的形式语言，解决方案必须体现我们内在的需求。这种实践方式要求设计师立足于深刻理解复杂的人类需求的背景，全面掌握他或她的具体领域的专业知识。

4.1 走向新设计

将设计的起源归结为洞穴的发现和使用，从而能证明人类正朝着建立一种更加综合与广泛的、截然不同的学科方向而努力。正如大家所认识到的那样，无论图形、物体，还是建筑，设计过程始终具有共同的属性，并一直延续到当代。随着技术的进步和设计相关服务领域的扩大，学科之间的传统界线被迫消除，领域之间的界限也随之模糊。然而，设计一个物品仍然需要技能和知识——不论物品的规模和功能——这与设计虚空截然不同。

最近,对设计过程的普遍接受表明了一种"设计思维"的现象。在过去的30年中，它已经从一个相对深奥的信息处理次级学科发展成为由顾问向高端客户提供的一种管理服务。作为一种设计方法以及一种综合服务，需要更加深入地探讨这种现象的流行。

设计思维意味着培养了整合严谨的分析与创造性思维的能力，正如它被引入商学院中一样。对客户、市场和行为的仔细观察被用于结果预测，而仅靠分析思维不能完成这一点。[6] 这一扩大的应用领域使得一般的设计流程可以用于解决问题（尤其在战略层面）。设计思维已经与其他组织理论模型和分析系统并驾齐驱。在这里，设计师的作用更接近于管理咨询工作而非传统的设计制作。事实上，任何设计体力工作主要留给专家完成，而设计思维则是由接受非传统培训的设计师所提供。这种进步不足为奇，因为"设计"的标签相当畅销，日益受到欢迎，需求量也不断增加。

除了设计思维之外，设计内涵扩展的另一个原因来自于具体的专业学科自身，它们正试图突破设计实践的学科界限。这种趋势最初在第二次世界大战期间由工业设计师发起，当时他们提供给长期合作的企业客户的服务范围从产品风格转向包装和营销材料（品牌），最终还包括了商业室内设计。举一个典型的例子，在20世纪50年代初，在与利华兄弟公司（Lever Brothers）合作多年之后，雷蒙德·洛伊（Raymond Loewy）承接了处于公园大道（Park Avenue）的公司新办公大楼的室内设计任务，该办公大楼由 SOM 建筑师事务所设计。近来，平面设计师已经扩大了其影响范围，将自身命名为交流设计师。当代所有的设计学科都要求设计师具备设计任何产品的技能，如从标志设计到制服设计再到建筑设计的技能。这一要求在理论上可行，但在实践中，设计师不具备如此全面的专业知识能力。虽然我们能将这样的发展趋势理解为设计无处不在的有力佐证，但它并没有明确说明设计是什么，设计师又该如何做。如果它说明了这些内容，设计思维的流行应该使得设计不容易为一般公众所接受。[7]

一些著名的美国商学院纷纷推出将设计思维融入企业经营的课程。2003 年丹麦设计中心（the Danish Design Center）制定了一套复杂的设计文件作为管理策略，它采用了阶梯和层级的形式，让人想起心理学家亚伯拉罕•H•马斯洛（Abraham H.Maslow）于 1943 年提出的人类需求金字塔模型。[8] 丹麦设计中心与一个研究机构和一所大学共同开展了一项商业活动调查，这个阶梯模型建立在该项调查基础之上，阶梯从下往上依次为：

> 步骤 1：例如，在由非专业设计师团队主导的产品开发中，设计是一个不起眼的部分。设计方案建立在参与开发的人员的功能和美学感知基础之上。终端用户的观点很少影响或者并不影响设计。
>
> 步骤 2：作为造型的设计：设计被认为是美学的最终产品。在某些情况下，专业的设计师可以完成这项任务，但也能涉及其他一些专业。
>
> 步骤 3：设计过程：设计不是进程中的一个局部，而是产品开发早期采取的一种工作方法。设计方案应与任务相适应，重点关注终端用户的需求，并需要一种多学科的方法，例如涉及工艺技术人员、材料工艺师、营销和组织人员。
>
> 步骤 4：设计创新：设计师与业主 / 管理者合作，采取创新的方法并将其应用于全部或重要部分的商业创建。设计过程以及价值链上的公司远景和未来角色都是重要的因素。[9]

以设计思维方法为核心，公司可以组织自身的建设，但迄今为止，公众对设计相关性的理解并不会超过第二个层级的阶梯：造型。因此更加确认了深入了解设计的必要性。

正如公司看到了设计思维方式所产生的效益[10]，世界各地的政府机构正将设计定位为经济发展的载体，它可以带来创新和绿色产业：许多城市建立了设计中心，目的是推销各类产品：从建筑物到家具到消费品。尽管丹麦设计中心（DDC）阶梯模型体现了设计在经济上的重要性，但它没有反映定性的问题与形式——这一步骤应该添加在阶梯模型当中。

设计思维的重点将注意力放在重要的设计技能方面，这种能力是指在实物成形之前对最终结果的想象和猜测能力。用鲁道夫·阿恩海姆（Rudolf Arnheim）的话说："创造性设计永远是解决问题，完成任务，因此，脑海中所展现的形象始终指向目标的形象。最终的目标显示了自身在某种程度上的抽象性。"[11] 传统的设计过程只涉及设计师实际所认识到的有形产物的二维或三维展示（图形的抽象性）过程。而运用设计思维方法时，这一过程在艺术性方面涉及许多调查研究性的草图，该过程可应用于产生替代方案，这些纯粹探索性的方案可以预期不同的最终结果。于是，这些"草图"可以充当下一步行动的基础。虽然概念方面的设计主要与过程相关，但是设计概念会令一个物质形态拥有不同的含义，物质形态主要关注于表现总体（预期的叙述、经验性的观点、整体结合的形式）。在这种框架中，设计师必须认识到他或她的工作将如何影响使用者的健康，如何才能提高他们的能力和潜能。由于现有的设计知识体系大部分未能将人类经验与创造过程结合为一体，设计的主要目标是视觉效果，因此，设计师接受的是艺术形式技巧的训练。这可能是由于设计教育的特性所造成的影响，这种教育方式还停留于18世纪和19世纪的巴黎美院和20世纪早期包豪斯的起源阶段。在这两种情况下，设计教育注重抽象的艺术和概念，而真实世界关注功能，往往摒弃这些抽象的艺术和概念。

设计教育不仅要强化美术和构图技巧的训练，而且还必须扩大研究范围，囊括各种影响认知和提高人类福利的要素。这种思考方式将引导人们重新认识学科及学科对人类进化的重要性。共有四条原则构成了这一扩大的知识体系：

1. 认识设计的复杂性

设计是一个复杂的学科，其目标包含艺术性和功能性两个方面，尽管前文没有详细地论述这一点，如果设计师想成为一名认真负责的创意者，他必须掌握社会、技术和科学进步的最新情况。如前文所述，设计与专门的学科（如室内，工业和通信设计）有内在的共性，表现为它们共享一种核心进程和基本技能需求，不需要高深的专业知识，从而可以使从业者在彼此的领域中进行专业设计。

对页图
纽约公共图书馆的主阅览室，由卡雷雷和黑斯廷斯建筑师事务所（Carrere & Hastings Architects，c.）设计（1905）。这一系列的照片显示了纽约最著名的室内空间的建造过程。虽然照片的目的是记录施工进度，即使在今天这种做法也非常典型，它可以展示思考的过程，展示设计师如何想象空间的完成：从一个空壳到最后成形的过程，其间没有必需品和人的参与。当然，这也不需要一个实际体量的存在，优秀的设计师不需要给定任何片断，也不用关注原初形式与最终形态的巨大差异，他可以在头脑中将设计的整体形象勾画出来。训练有素的设计师必须能够从设计的最初展望最后完成的完形状态。

2. 实验知识的发展

实验知识的素质培养必须加入到视觉知识的素质培养过程中，而传统的设计教育和实践的重点内容只是视觉知识。

3. 为现象学调查建立一项实验计划

科学严谨的研究方法需要融入设计师更加直观的探索，从而生成一个形式结构，反映行为与现象的文件记载以及比较分析。

4. 设计因素的定性鉴别

最后一个原则在很多方面体现了前三者的成果。一旦建立了研究人类对设计与建成环境的行为和反应的方法，定性因素可以得到量化并成为所有设计的基础。[12]

4.2 承认设计的复杂性

设计充满了内在的矛盾。它包含了艺术的元素，然而它最终的目标是非艺术的元素。它经常被描述为一门应用艺术，它试图创建实用的、服务于人类需求的物品和环境。设计师必须掌握类似于艺术家的形式技巧，但他或她的敏感性主要不是针对个人的评论。相反，设计师应该将他们敏锐的艺术敏感性应用于设计功能性的产品。

在乡土建筑中，设计（在称为设计之前）不被看做一种艺术表达方式。最早的工具与原始庇护所的形式取决于它们建造使用的效率。它们诞生于需求之中——功能性是最重要的因素，而对物体的外观和感觉的认识也许只是一种潜意识。改造物体以达到特定功能是人类天生的一种能力，这种能力可以帮助人类生存并促进人类的发展。

英语中的设计（design）一词可以追溯到两个世纪以前。这并不意味着当这个术语创造时设计也突然出现了，而是指这个词应用于已经创造出来的某物当中。自从第一次使用设计这个术语以来，设计的含义发生了变化：在过去的一个半世纪中，它已经发生了根本性的变化，它从描述创造性规划的具体行为演变成一种内涵更加丰富的概念。正如我们看到的那样，在此期间，设计发展成为了一门学科，它有别于美术和早期的工艺传统。然而，这一术语原有的含义并没有完全消失。“图画或其他艺术作品的最初草图，建筑平面图或其中的任何部分”仍然可以称为设计，并且这个词也用于指代“实施的艺术观念”，即最终的产品。[13]

在 19 世纪中叶，设计开始应用于大批量生产，其关键语义发生了变化，[14] 这一点很重要，因为它解释了设计这个词如何逐渐用于描述技术性和功能性的过程，这一过程缺少甚至没有任何艺术含义。这种变化与其他的合理化改革密切相关，合理化改革影响了 20 世纪初期的设计概念，这种变化也与一些著名的效率研究和观念相关，如弗雷德里克·温斯洛·泰勒的科学管理理论（泰勒主义），和亨利·福特的福特主义，以及与家政工程（domestic engineering）相关。[15]

如今设计也可用来指代某个领域或者实践，其意义尚不明确。字典里也没有关于这个词的综合定义。最基本也是最实用的定义是长达 60 年之久的两种分类，由埃德加·考夫曼在《什么是现代设计》（*What is Modern Design?*）中所提出。他将设计定义为“对日常生活中的物品进行构思和塑形”，用他的话说，“现代设计是指规划和制作物体，使它们符合我们的生活方式、体现我们的才智，实现我们的理想”。[16]

尽管考夫曼专门提到了物品，如果指向风格，似乎他的两种定义所代表的含义仅有细微的差别，如果指向设计实践，则涉及制造客观物体，使其适用于塑造生活。虽然这两种定义显得含混不清，但是它表明 21 世纪设计的概念能够指代所有领域的实践。同时，设计师和理论家进一步争论什么是实践，并为其寻找一个恰当的定义。

虽然设计的定义和学科范围得到了扩展，制造和功能的方法与理论对它产生了重大的影响，视觉质量和视觉素质培养的教学方法仍然是主要关注的问题。例如，罗伊娜·雷德·科斯特罗（Rowena Reed Kostellow），普拉特学院（Pratt Institute）工业设计系的创始人之一，创建了一种重要的课程，[17] 她不仅注重对象的功能，还在她的视觉素质培养教学中融入了高度的严谨性。精心设计的形式练习和造型练习有助于培养这种素质，因此她的教学方法与所有设计学科密切相关，并成为所有设计学科基础知识的一个组成部分。科斯特罗的定义在某种程度上与考夫曼的设计定义相似，为美学与更广泛的设计领域的结合提供了指导：

> 为我们生活环境提供视觉设计是设计师的首要责任，而设计师并没有投入足够的时间和精力。当然，对于任何人而言，产品毫无用处除非它功能合理。产品应该非常直接地表达它的用处，而设计也可以表达它的用处，同时也表达它自身美的属性。[18]

虽然科斯特罗谈到了设计师的责任——并没有区分学科的差别——在指定的工业设计教学中，她没有直接评价功能对形式的

第 128–129 页图
罗伊娜·雷德·科斯特罗的学生所做的关于体量的研究。设计知识体系的第一阶段是视觉素质技能的培养。雷德的教学方法是最令人信服的模型之一，她在纽约普拉特学院用该方法执教了几十年。雷德让学生制作可重复的三维练习，通过形式的反复练习，学生得以具备三维的思维想象能力。与其他的后天习得的艺术相比，练习（本案例指的是观看、审察、评判）可以培养良好的内在修养和知识体系。视觉比较和对比的能力是视觉素质培养的重要组成部分。

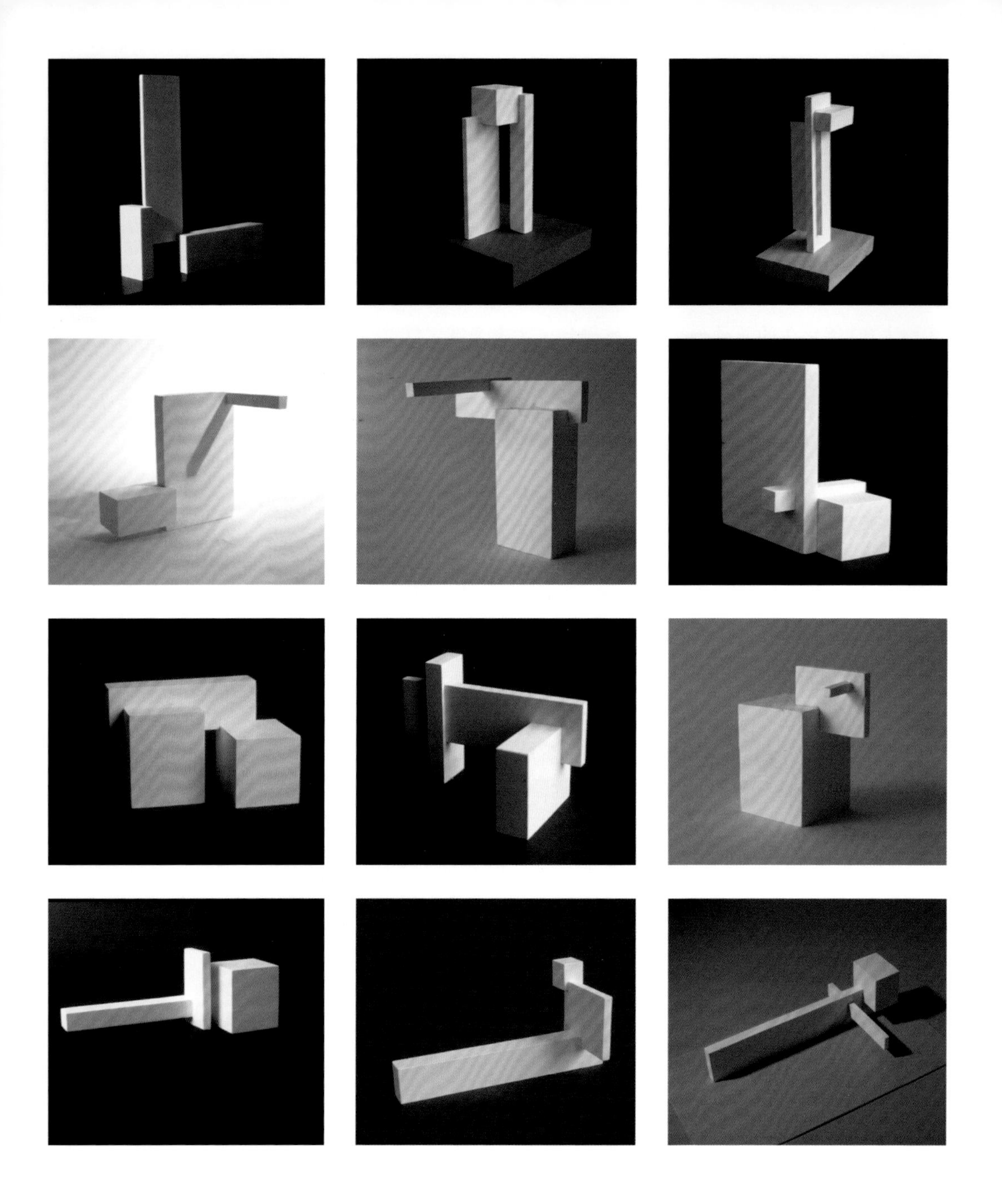

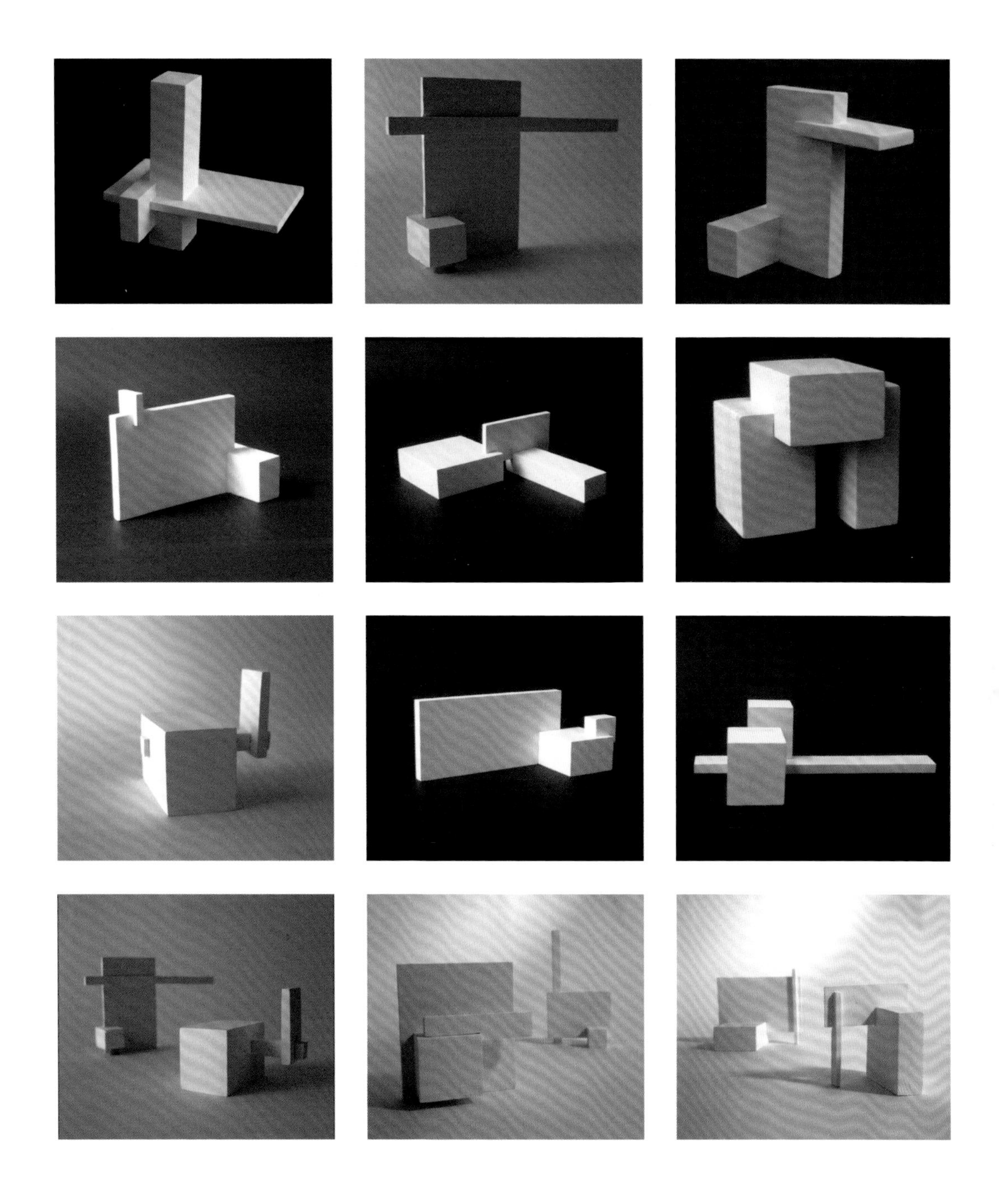

导向作用，而是注重“视觉设计”。然而，她确实教授学生绘制物体和空间，为设计师提供了必备技能的训练，从而能够创造构成、雕塑和空间艺术。[19] 尽管对三维空间设计而言，这些视觉概念化实践能力至关重要，如科斯特罗的练习中所证明的那样，但这种单一的技能还不足以创造意义丰富的物体和空间。然而，这种技能可以培养设计师的视觉素养，尽管视觉素养相对难以鉴定和量化，但它可应用于功能的和定性的设计要素中，最终使得设计可行。

1992 年，约翰·克里斯·琼斯（John Chris Jones）在一本基础教材《设计方法》（*Design Methods*）中谈到了设计的复杂性：

> 设计不应该与艺术、科学与数学相混淆。它是一种综合的行为，它的成功实施取决于三者完美的统一，如果它完全等同于其中任何一方，则最不可能成功。三者主要的区别在于时间的选择。艺术家和科学家思考的对象是物质世界（真实的或象征性的世界），而数学家研究的对象是独立于历史时间的抽象关系。设计师却永远注定要面对只存在于想象的未来中的真实世界，而且还必须说明如何将预见的世界变成现实的方法。[20]

这是问题的症结所在：设计的任务并不限于创造一些偶发或独立的物体。它是一种综合性的方法，可以塑造未来整个建成环境和从中产生的每个人与环境的互动效果。

设计的本性与人类的进步关系密切，因此它必须与塑造世界的科学与技术进步保持一致。当代的科学技术使得人类克隆自身已经成为可能，设计师应负责帮助人们理解这些克隆技术以及其他进步产生的影响，并寻找恰当的、创新的方法从而帮助个体和整个社会。

詹姆斯·马斯顿·菲奇是一名杰出的教育家和记者，出版过建筑和设计方面的著述。1967 年，他谈到建成环境的设计师更倾向于“艺术家而非科学家”，因为设计师像艺术家一样“渴望创造形式的秩序”。[21] 对菲奇而言，建筑或者设计空间的创造是一项严谨细致和精心组织的工作，需要寻求“解决内容与形式之间的矛盾，从中提取出审美价值”。[22] 在这种理论模型中，建筑必须以艺术目标为起点，但只有在完全解决了功能的前提下，才能视作完全成功。菲奇详细地解释了这一点：虽然建成环境的设计必须“允许纯粹的形式操作，但（设计师的）工作内容则完全不同：社会进步和生活中的人，每一项内容都不可避免具有非美学方面的要求”。[23]

功能与美学之间的张力体现在设计研究新兴领域最近的辩论当中，这些领域尝试着对设计历史进行综合性研究，认为设计历史也应该如同建筑和艺术历史长期以来得到的待遇一样。在 1995 年出版的《发现设计》（*Discovering Design*）一书中，哲学家艾伯特・博格曼（Albert Borgmann）抱怨了设计的艺术性和实用性目标之间的分离："美学设计必然是限于技术装备的接缝平滑处理和表面风格化塑造"。[24] 或者如同设计学者理查德・布坎南（Richard Buchanan）在同一本书中所写的："制造技术中的深谋远虑演变成为了之后的设计，虽然远古世界并没有诞生设计这一门独特的学科，也许是因为深谋远虑与制造技术往往集中于同一个人身上，这个人通常是建筑工头或者工匠"。[25] 这两种观点普遍存在于持续的设计辩论中。然而事实是，设计既是一般性的实践活动同时也是高度专业性的活动。它既实用又高深莫测。我们必须接受目前流行的设计思维方式，扩大我们对设计实用性和抽象性的理解，既注重学科专业知识的培养但不放弃一般技能的学习，同时也注重一般技能知识的培养但不放弃学科专业知识的学习。

在 20 世纪 40 年代，建筑师兼设计师威廉・莱斯卡兹评论建筑与室内装饰的关系时，表达了他对于时尚风潮决定设计原则的反对意见：

> 建筑不应包装为'风格'……建筑不是时尚。发型可以时长时短，腰线可以时高时低。对去年的款式嗤之以鼻，而对当下的款式却大肆吹捧。公正地说，室内装饰也并不是时尚的物件，尽管它不幸地成为了时尚。由于最近那些不拘一格的建筑并没有表现出任何特别的理念，只是从一种'风格'跳到另外一种'风格'，导致人们逐渐将室外从室内中完全分离出来。以至于他们形成了这样的意识：室外属于建筑部分，室内属于室内装饰部分。[26]

虽然莱斯卡兹公开谴责分裂建筑和室内装饰整体关系的做法，他提出需要在设计的总体框架下建立各个学科的综合知识和专业知识。这并不是指设计应分解为次级学科，而是指设计作为一种灵活的艺术，应该包含科学和经验的过程，其应用范围可从宏观到微观。这一论点是本书所阐述的原理的重要组成部分。

莱斯卡兹是从专业的角度而不是从教育或知识的角度来探讨这个问题，他承认学科之间有基本共性的地方也会有分歧。他在

机场大厅（从上至下）
芝加哥奥黑尔（O’Hare）机场，北京国际机场，伦敦希思罗机场第五航站楼（London Heathrow Terminal 5）。恰如其分地塑造人们的行为方式需要设计师敏锐的观察力和分析能力。一个人的行为和反应可以显示甚至通常可以代表普遍的行为。与引发极端行为的因素进行对比具有启示作用，并可以提供重要的知识以及理解方式。

这三幅图片描述了人们行为的内在差异。芝加哥奥黑尔机场大厅狭窄的走道、低矮的顶棚（世界各地许多机场的典型特征）促使乘客心情沮丧，脾气暴躁、举止粗俗。使用硬质装修材料的小空间容易迅速产生尖锐刺耳的噪声。昏暗的灯光带来混乱的感觉和方向感的迷失。北京新航站楼则提供了完全相反的体验。此处到港的乘客可以在宽敞、高大、明亮（由自然光所提升）的通道里活动，还能看见路过的大量人群赶往各自的目的地。人们平静、从容、愉快地进行通关和安检。伦敦希思罗机场第五航站楼是一个混合型的航站楼，提供零售服务和开敞景观的同时圆满地保障了人群的活动和通行，创造了最佳的体验方式。

20 世纪中叶提出的论点强调需要认识人类主要的设计需求，并将这些需求融入到现有的知识和技能设置体系当中。

只有当设计师采取从无到有（处理美学要素）以及从内而外（解决个体的功能与体验需求）的思维方式，才能实现整体设计。如同菲奇所说，空间的居住者必定是设计的核心："无论建筑作品与其他艺术门类共享何种形式特征，其间仍然存在着根本区别：建筑没有观众，只有参与者"。[27] 任何形式的设计都有用途；因此当设计触及灵魂、唤醒意识，它的力量将呈指数型增长，这是一项远比外观好看更重要的任务。菲奇的言论揭示了另外一个重要的观点：创造者和观众之间的界限可以融合为一种共同的体验。成功的整体设计既体现了使用者的独特需求，同样也反映了设计师对人们普遍需求的驾驭能力。

4.3 发展经验知识

因此，当设计从实践发展成为可以创造内在幸福的一门设计学科，我们可以从设计中获得什么？在我们的居住环境方面，例如，在我们可以创建完全平衡的空间之前，我们知道我们需要更好地理解那些可以左右人类行为的要素，以及室内影响人类的结果。透彻地理解建成环境对人类的身体、情感和心理影响已经成为每个设计师的基本要求。在设计教育已经提供的纯粹造型技能的基础上，室内专家还必须有能力掌握体验和分析理解世界的能力，以及用建造形式来表达观察的能力。将设计导向一种艺术与科学方法的平衡型实践取决于更深刻理解社会和认知科学。

设计教育长期培养手－眼，思维－眼睛的协调性，如同罗伊娜·雷德·科斯特罗的教学方法和教育理念所体现的那样。与过去和当代的很多人一样，她强调严谨的重复的分析性的草图的重要性。她说：

> 我们向学生介绍一个有序的、纯粹视觉体验的序列，一个艺术家从而可以在任何设计条件下拓展他对抽象元素的理解与认知。我们的目标是训练设计师熟悉抽象性的原理，从而他能自觉地根据组织关系来思考视觉问题，然后不受约束地研究问题的其他方面，或者与相关领域的专家协商。他是一个可以跨越视觉边界的设计师，也可以用新材料和新技术创造新形式。[28]

科斯特罗方法，是为特定的学科——工业设计而开发，它类似于艺术教育。工业设计师 J·戈登·利平科特（J.Gordon Lippincott）设计了许多作品，其中最重要的设计是坎贝尔浓汤罐头（Campbell's soup can），1945 年他在书中写道，工业设计教育必须结合艺术、工程、经济和人文科学。通常人们会认为工业和商业产品设计师需要一种不同的综合知识体系，但是艺术技巧仍然是最基本的需求，教育方法也几乎完全集中于艺术技巧方面。例如，利平科特认为：

> 对于艺术。必须了解并懂得欣赏视觉设计的基本要素：色彩，比例，整体的变化等；必须有艺术历史学习的背景，懂得欣赏艺术史；必须有创意的想法；必须能够在纸上或者用黏土绘制或表达创意的想法。工业设计师必须具备艺术的所有基本素质，否则，他不是一个设计师。[29]

利平科特的论述反映了第二次世界大战之后工业设计教育的呼声，20 世纪 30 年代仅有美国的工业设计教育初步成型。尽管重视艺术，但是艺术作为设计教育的组成部分，它并没有被看做可以与美术教育完全互换。与美术不同，设计不是一种开放式目标的艺术追求——为了艺术而艺术——这也是早期的设计院校使用“应用艺术”一词指代工业设计的原因之一。如果我们要更新利平科特的论点，我们必须补充一点，今天的设计师需要研究能力，需要强烈的社会和文化的全球意识，以及需要最新技术、材料与科学进步的普遍知识。

要了解艺术和功能之间的张力，重要的是要清楚艺术与设计教育的发展历程。从历史上看，设计教育的两种主要教学方法的趋势是艺术课程和影响稍小的建筑课程，该建筑课程来自巴黎美院（主要阶段为 18 世纪晚期至 1968 年的巴黎）以及德国包豪斯（1919—1933 年）。这两所学校几乎代表了某种艺术和建筑风格的时代——更重要的影响在于它们的教育方式——其影响时间之长远远超出了它们所代表的特定风格的时期。

与大多数设计院校一样，巴黎美院和包豪斯的教学方法显示了强烈的视觉偏好，并通过二维和三维的练习探索形式和细部。[30] 两种教学方法都普遍采取使用不同的绘图工具绘制建筑和物体的二维正交图的方案。其核心的训练内容是通过绘制石膏模型或者实体模型的三维表现图训练手－眼协调能力和观察力。以包豪斯教学方法为例，它与工业联系密切，更注重三维开发和材料研究。虽然这种训练模式更接近于应用艺术而非美术，但是它建立在相似的前提基础上。

除了它的现代诠释，巴黎美院在本质上并没有推动建筑设计演变为一种特定风格，但是——如同任何艺术学校——它致力于采用传统的、具有代表性的方法和工具影响学生与视觉环境的互动。而美术的方法，如素描和水彩渲染用于表现方案效果图（平面，剖面，立面），作为一种分析工具，按理这种训练效果应该丝毫不逊色于之后的现代教学方法。毕竟，将三维物体转换成的二维图纸（以及随后从二维的表现图中构思三维物体）需要一种视觉能力的素养，它不同于包豪斯所采用的更加抽象的方法，包豪斯方法注重代表现代主义艺术的效果特殊性和视觉抽象性，而不注重之前大家已经习惯的形象表现（见插图第 138 页和 139 页）。

1908 年著名的美国教育家 A·D·F·哈姆林（A.D.F.Hamlin）在文章"巴黎美院对建筑学教育的影响"（The Influence of the Ecole des Beaux-Arts on our Architectural Education）中详细总结了这种方法：

> 这是"平面型"和"展示型"的功能，产生了众多熟悉的问题。始终强调平面的重要性，构图高于细节，表达方式或者"渲染"方式则遵照发展成熟的原理和传统。学生们要从各个方面研究、再研究他们的设计、绘图、重绘，不断地修改设计的平面、剖面和立面，这个过程或多或少地一直贯穿于整个设计修改中。[31]

巴黎美院的练习可以分为两类：实体模型或石膏模型的三维物体的绘图，以及建筑绘图。[32] 最常见的研究对象是古典建筑元素的石膏模型或者雕塑。[33] 第二类是重复的建筑制图（通常采用非常漂亮的水彩渲染来表现三维细节），习惯采用平面、剖面和立面图来强调精确的表现能力（见插图第 136 页）。

巴黎美院的基础课程强调美术，包豪斯则与之不同，包豪斯的基础课程代表了学校的宗旨，力求提供"全面的工艺、技术和形式培训，培训对象为具有艺术天分的人，培训目标为建造过程中的合作能力"。[34] 瓦尔特·格罗皮乌斯（Walter Gropius）为包豪斯的创始人，他所处的时代正值德意志制造联盟（Werkbund）的理念盛行，德意志制造联盟是一个制造商和设计师的联盟组织，它致力于将美学融入工业设计当中。[35] 从 1925 年的课程可以看出，

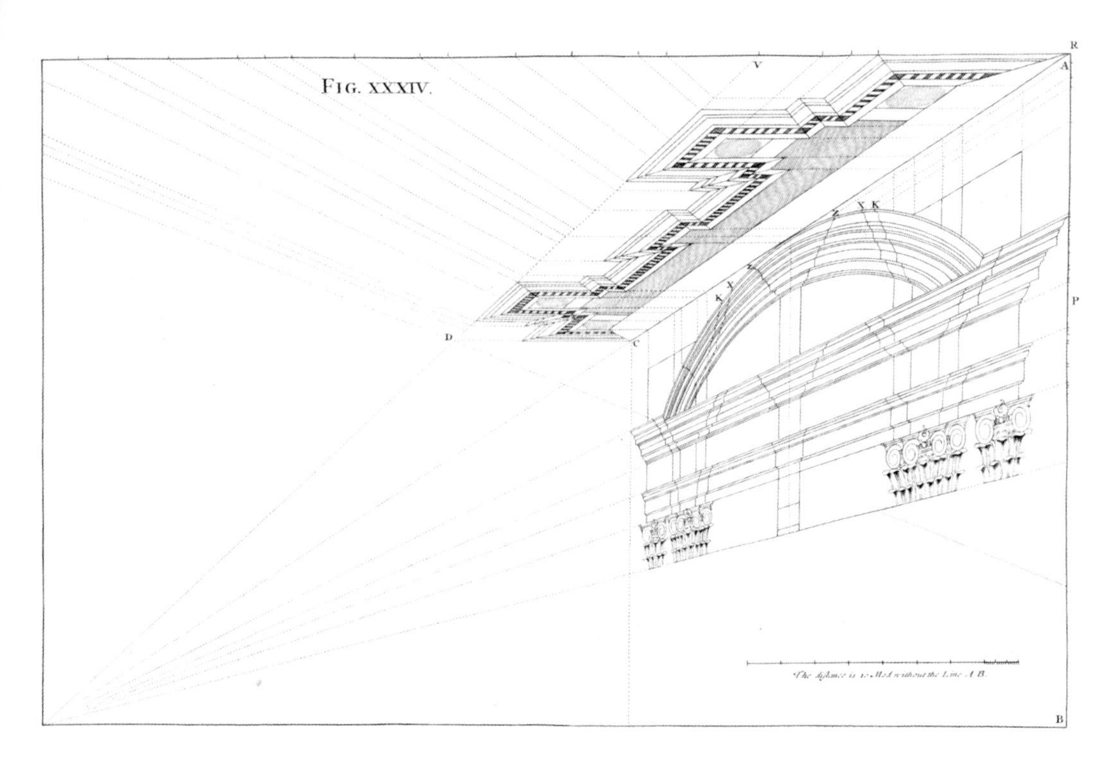
FIG. XXXIV.
The distance is 10 Mod. without the Line A B.

FIG. XXXV.

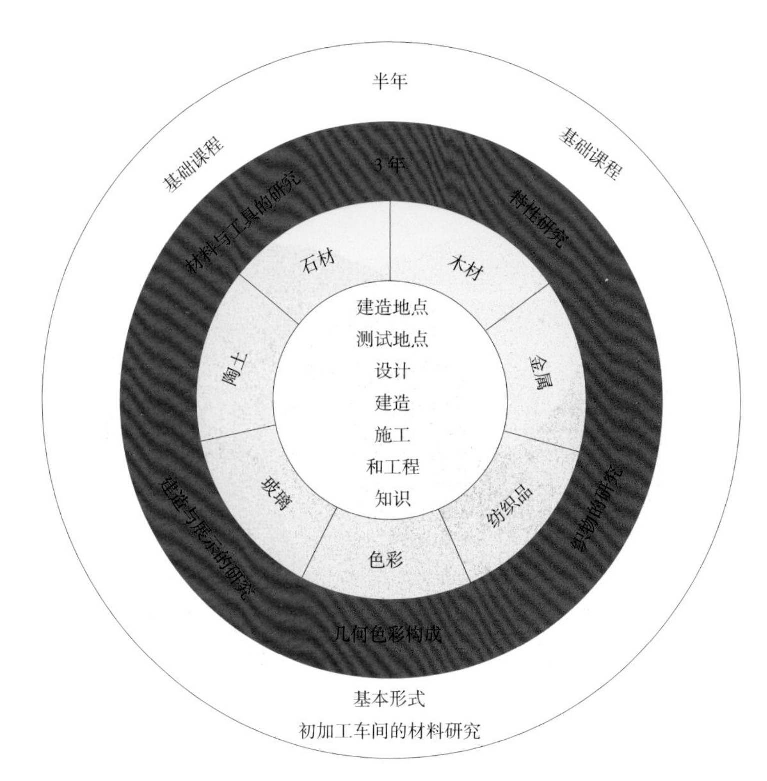

图表显示了包豪斯的课程结构，1928年由汉内斯·迈耶（Hannes Meyer）担任学校的主管时制定。创建设计课程的出发点是建立一种基本的艺术基础知识，包括约瑟夫·阿伯斯的材料练习，瓦西里·康定斯基（Wassily Kandinsky）的抽象形式和色彩课程，保罗·克莱（Paul Klee）的一般平面设计的设计课程。在其各种化身背后，包豪斯的教学方法致力于传授材料的物理操作知识的和构思处理材料的抽象思维能力。

对页图

安德烈亚·波佐（Andrea Pozzo）的透视练习。来自《画家和建筑师的透视原则与实例及其他》(*Rules and Examples Perspective Proper for Painters and Architects，etc*)，伦敦，1707年。这些插图，依照巴洛克画家和建筑师安德烈亚·波佐早期意大利版本的透视手稿重新绘制而成，表明设计师和绘图员如何创建"完全摆脱了混乱的神秘线条"的透视图。设计总是涉及展望最终的设计物质表现能力，然而这些练习表明，思维想象能力的完善对培养设计才能而言至关重要，这种才能在物质世界中能够转化为现实。

包豪斯教学分为材料的"实践教学"（木材，金属，色彩，织物，印花）和"形式教学"两个部分，共划分为三个领域：表现领域，即观点的图解，使用绘图或者雕塑的方法将个人的理解进行可视化表达；知觉领域，包括"材料科学"，"特性研究"；设计领域，包含的主题有"空间研究"和"色彩研究"。[36] 所教授的课程注重工艺与抽象形式的知识，这与巴黎美院更加注重理论导向的研究课程形成对比。

值得一提的是，约瑟夫·阿伯斯（Josef Albers）和约翰内斯·伊滕（Johannes Itten）等艺术家所教授的色彩知识是"设计"的整体组成部分，用以创造独特的视觉效果（见第138页和139页插图），如"同步对比"是其中一个例子，它是通过提升色彩的明度以传达一种无法用文字表达的"光线"感觉体验（一种视觉体验，通过色环上对比原色的并置，如红色和绿色，产生同等的视觉冲击效果；见插图第146和第147页）。即使包豪斯的"实践教学"重点强调材料及其特性的研究，然而其目的并不是教会学生一门手艺，而是传授一种普遍的知识，它是任何设计学科技能知识中不可或缺的组成部分。

学校的目标是将工艺与设计教学重新结合为一体。在格罗皮乌斯看来，建筑行业的传统工艺代表了与设计的最后联系，这种设计已经流失于具体实践和机械化制造领域之中。德文中的建筑约瑟夫·阿伯斯开发的色彩研究。色彩的现象学研究测试人们如何体验色彩。最早由约翰·沃尔夫冈·冯·歌德（Johann Wolfgang von Goethe）于1810年出版的著作《色彩理论》（*Theory of Colors*）中提出，20世纪约瑟夫·阿伯斯和约翰内斯·伊滕将其发展为一套系统的理论。对视觉语言来说，色彩的现象学研究具有启示性和重要意义，阿尔伯斯和伊滕揭示了视觉的相似性，强调了深度、重量、体积和表面外观等特征差异——如下图所示。蓝色的正方形和长方形看上去似乎有区别，而事实上，它们的大小和颜色都相同。从20世纪到21世纪。为了深入研究这类现象——尤其是从二维到三维——需要概念性的飞跃。

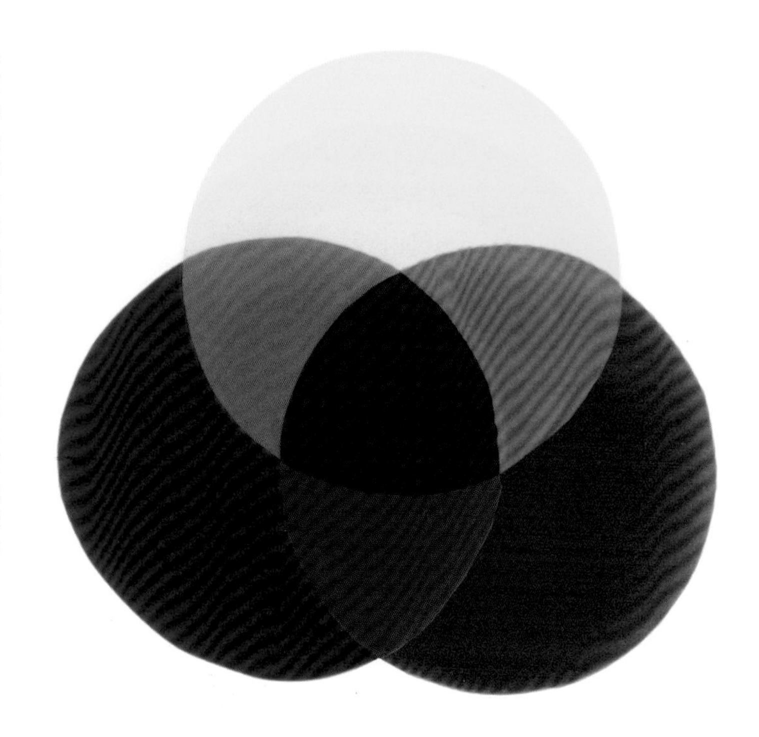

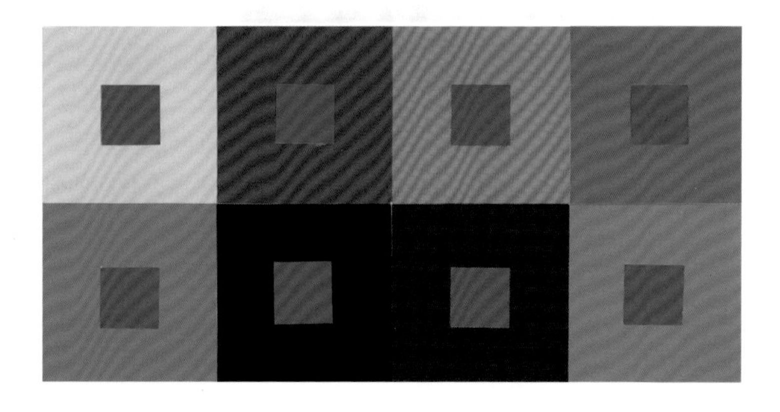

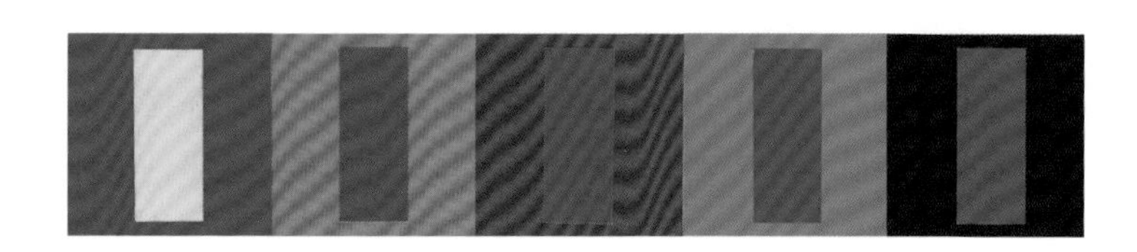

第二和第三维度的透明现象研究。20多年来，莎茜·卡安和学生们一直致力于这方面的研究。在这些构成练习中，不透明的颜色用于创建半透明的效果，之后将其置入第三维度的文字的和现象学的层面与试验当中。要熟练掌握建成环境中色彩的艺术性以及它对人类的影响，则需进一步的试验和研究。

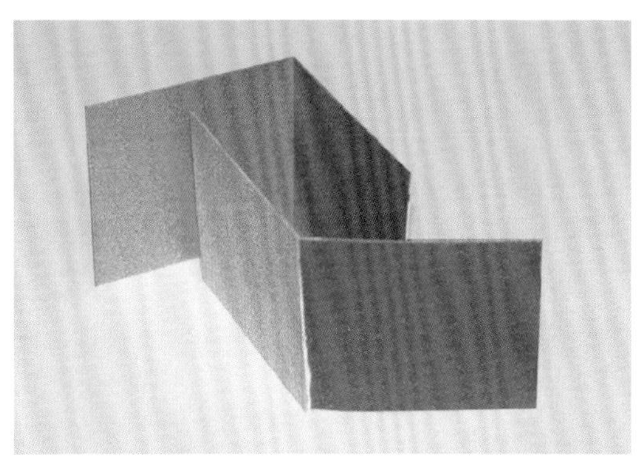

《献给方形：黄色的氛围》（*Homage to the Square*：*Yellow Climate*）。约瑟夫·阿伯斯创作（1962） 布伦特·哈里斯（Brent R.Harris）先生所提供的的私人收藏。这是阿伯斯从耶鲁大学艺术学院退休后创作的艺术作品，创作时间要早于1963年《色彩的相互作用》（*Interaction of Color*）的出版时间。阿伯斯在艺术学院教授色彩课程，将其作为设计的一个组成部分。

（Baukunst）一词是指建筑（Bau）和艺术（Kunst）的结合，而包豪斯摒弃采用 Baukunst 的称呼，其名字（建造房子）表明它试图赋予设计实践更为广泛的认同性。包豪斯认为建造不仅创造物体本身的美学属性，而且也将各种不同的工艺重组为一个新的行业。1919 年格罗皮乌斯的包豪斯宣言（Bauhaus manifesto）谈到了重塑遗失的整体建造艺术的必要性："一栋完整的建筑是视觉艺术的最终目标。而视觉艺术最强大的功能曾经是建筑的装饰"。[37]

作为一名建筑师的格罗皮乌斯声称设计师可以成功地掌控任何尺度及任何主题的设计作品，因为他们的技巧在任何层次上都可以互换。1947 年他在短文《设计科学存在吗？》（*Is there a Science of Design?*）中写道："设计一栋大厦和设计一把简单的椅子的过程只是在程度上有区别，而原理一样"。[38] 虽然这一论点似乎在理论上可行，但在 21 世纪的实践中却站不住脚。包豪斯的教学将理论和抽象的观点结合为一个整体，还强调了表现这些观点的材料和方法。近一百年之后，我们却不再采纳这样的设计方法，设计思考和手工制作之间的矛盾比以往更加突出。而设计师的表现工具的变化加剧了这一矛盾。如今设计师的表现工具主要强调技术性（计算机辅助），降低了对传统的手－眼技巧的重视度。尽管当代的设计师仍然掌控各种规模、题材、功能以及相关材料的作品，但他们与工具的互动方式，实际建造和建筑的可行性已经完全改变。通过将建造重新引入到教学中，并采用先进的切割工具，这一现状将逐步得到改进。这是否恢复了材料和三维感觉的知识体系，或者是否会产生更加抽象的结果，仍然有待观察。

换个角度看待这个问题，包豪斯的教育提供了核心设计知识的良好开端，堪比语言的基础——字母、词汇和语法——它允许我们进行沟通，从而表达思想和观点。但是，掌握这些基础知识并不意味着我们一定能够成为诗人或小说家，设计师必须具备基本的技能，同时还要掌握更高层次的专业知识、创造力以及规范才能设计任何作品。换句话说，每一名专家都是一名医生，但不是每一名医生都是医疗专家。

需要重点考虑的因素是，虽然大部分设计专业的任务在于塑造客观对象，然而塑造实体与塑造虚空或激活空间截然不同。在任何情况下，必要的能力和天分的建立需要培养不同程度的敏感性，这并非平常人所拥有的能力。无论设计实体还是设计虚空都需要同样的设计基础和专业知识，需要通过严格的训练才能获得，个人的天赋与激情决定最终结果的质量。这如同烹饪技术：我们知道国内的厨师并不总是一名优秀的主厨，一名优秀的主厨也很少是一名优秀的面包师。

格罗皮乌斯的设计理念倡导的是一种普遍适用于各个学科的核心知识体系。它的作用是为专业化奠基的建筑模块。对任何设计的具体专业而言，不能简单地用同样的原理解决不同尺度的问题：一把椅子和一座建筑需要不同的专业知识和敏感性，仅一种方法不符合要求。专业知识的必要性使得设计过程需要更密切的合作。共享语言和视觉素质是设计的基础，专业设计师相互之间必须共同工作，还要与更广泛领域的专家同心协力一起合作。

芝加哥新包豪斯（the new Bauhaus）的教育计划成立于 1937 年，它试图建立一个美国版本的德国包豪斯，并对如何教授设计基础和视觉素质的培养问题提出了非常独到的见解。拉斯洛・莫霍伊・纳吉（Laszlo Moholy-Nagy）是学校的主管，他说

教育的“基本理念”是“每个人都有天赋—— 一旦基础课程激发了个人所有的能量并将其投入到行动中，每名学生都可以从事创造性的工作”。[39] 他描述了该计划的目标：

> 包豪斯教育提供了设计的基础知识，这是与设计师未来工作相关的所有领域的综合性知识。具有创新思想的独立劳动者只能成长于知识与艺术的自由氛围中。[40]

莫霍伊·纳吉的观点强化了包豪斯的教学理念，也说明设计教育只是发掘内在的技能，技能一经发掘，将有益于社会大众：

> 作为人类社会的成员，设计师必须先学习从材料、工具和功能的角度进行思考。他们必须学会将自己看做设计师和工艺师，并通过为社会提供有用的创新观点得以谋生。

他补充道：

> 接受过包豪斯训练的建筑师知道，只有在各个方面最亲密的合作才能保证产生一个完整的建筑，它涉及统筹家用电器、家具、色彩方案与设计。也只有建成的作品才能保证人们获得幸福与满足。[41]

巴黎美院与包豪斯的教学方法虽然有很大的差异，但是他们的目标相同：建立视觉研究和调查的流程。然而，这两所学校几乎将全部注意力集中在视觉素质的培养和艺术能力的发掘方面。虽然他们的方法对教学设计而言仍然至关重要，他们并没有灌输任何关于人类体验物体或空间的直接方法。

虽然在一些设计学校可以找到形式设计教学与实践经验原则部分结合的项目实例，最引人注目的模型还是体现在一个完全不同的领域，即雷焦·埃米莉亚（Reggio Emilia）幼儿园。雷焦·埃米莉亚方法是在第二次世界大战之后饱受创伤的意大利发展起来的，目的是鼓励孩子们通过发现和感官体验掌握学习的方法。该方法依赖于具有广泛代表性的工具——包括，但也不局限于会话、运动、绘图、绘画、建筑、雕塑、影画、拼贴画、戏剧表演和音乐——用以开发孩子的思维过程以及通过他或她的多种“自然”语言呈现给他们的视觉。

雷焦·埃米莉亚幼儿园所使用的教室不仅是一种作为发现的背景，而且也作为学习不可或缺的一个空间。该项目的网站宣称：“想象并居住于一种作为教育对话 [给予] 结构空间的环境当中，它促成了游戏、发现和研究”。[42] 教室调整为工作室的形式（分隔为更小的工作室），注重创造学习经验，经验的保持期要长于一天。

老师并不在全班孩子面前发表长篇阔论，而是引导孩子提出问题和回答问题。他们巧妙地引导学生通过自己的经验独立地找到答案，而不是简单地提供给他们答案。在这个过程中，孩子们在物质保障和智力支持的环境中可以探索许多方面的问题。这里没有错误的答案或者选项，因为它们只是发现过程的组成部分。

对页图

图页来自于尼克尔森父子（Peter and Michael Angelo Nicholson）的《心灵手巧的橱柜制造商，家具装饰商和完美的室内装饰师》（*The Practical Cabinet-maker, Upholsterer, and Complete Decorator*），伦敦（1826）建筑师和数学家彼得·尼克尔森和他的大儿子完成了这本手册，其中包括了大量透视练习。设计的三维视觉素质培养的教学有着悠久的历史。复杂的练习在这张版画中表现得尤为突出，使设计人员能够想象一个三维的布置了家具的房间。

雷焦·埃米莉亚的幼儿园教学理念宽泛地表现在这些图片中。图片显示孩子们通过游戏意识到日常生活和世界的相互作用。孩子们意识到阴影和光线、时间的流逝、地球的转动及其物质性。普通的设施用作背景来提高孩子们对交互作用的认识深度，这些作用发生于看上去普通实则内含神秘的偶发事件与物质世界及体验的魔力之间。

经验必然复杂，并且涉及儿童的个体与世界的联系。当然，这包括人们精心策划和刻意的经历，也包括生活和自然界提供的随机和意外的相互影响。通过游戏而学习，孩子们通过体验获得、信息，而不是照搬书本信息。因此，他们不仅能更深刻地理解交流、自然科学、数学、艺术等主题，而且他们还能建立一种强烈的能力意识，通过调查和探索解决复杂的问题。更重要的是，个人的探索与合作似乎可以激发孩子们的内在的创造潜能。[43]

雷焦·埃米莉亚渐进式的教学方法启示人们如何通过自然的合作过程教授设计包括经验知识——这是本世纪最关键的工作方法。不同于巴黎美院或包豪斯精心设计并建立的教学方法，雷焦·埃米莉亚方法更加关注人与物之间的相互作用，包括教师与儿童，以及学生之间的合作，这一方法通过经验不断完善——看似结构松散但实际目标明确以达到最终的成效。

如果不引用已经发表的相关评论，雷焦·埃米莉亚的体验过程可以完美地形容为在一个允许外部观察者参与的车间进行参观。允许孩子们发现和学习光线特性的方法是很好的一个教学案例。[44] 与传统的科学教学方法不同的是，雷焦·埃米莉亚练习的第一步设计为让孩子直接置身于光的现象当中，而在传统的科学教学方法中，光线课程的教学安排在孩子们教育的后期阶段，课程中还要同时展示图表和数字。

通过耐心地指导学生，与他们一起合作，可以逐步揭示光谱的特征，尤其是肉眼无法看见的光线两极：紫外线和红外线。孩子们观察到并掌握了光源的颜色、温度和阴影，同时研究了反射、折射镜像、密度和速度。实验利用了水盆、金属、塑料、木材，感光涂料，以及孩子们可以在里面行走、爬行的有形容器。对于6岁以下的学生，所获得的理解非常有创造力和启示性。在课程结束后，所有5岁的孩子们都获得了直接的知识，这些知识为他们在后期教育阶段了解光的科学抽象性作了铺垫。

雷焦·埃米莉亚的方法中有两点值得强调。首先，幼儿园掌握了经验学习的方法，这种方法对于认识世界是至关重要的。[45] 其次，这些练习专为18个月到5岁年龄阶段的儿童而设置，幼儿园所传授的经验知识与设计专业一年级学生所获得的知识层次一样高级。雷焦·埃米莉亚的方法假设这样的基础知识适合于所有将来的学习当中，不管它是否为体验性的知识。

体验式学习适合于课堂教学方式，但这种课堂教学方式有别于继承了巴黎高等美术学院教育传统的设计工作室[46]——这可能不适合21世纪的设计教育。更加合适的模式应该包括研究实验室，实验室内有正式和非正式的互动学习区域，在实验室可以比在通常的工作室教学中工作更长时间，许多名义上的设计学校已经接受这样的教育模式。[47] 现象学研究需要各种互动的和灵活的设置从而进行小组的接触、细致的观察和监测。例如在雷焦·埃米莉亚的例子中，比如，若没有同步学习材料、体积、空间、比例、质感、色彩等知识，几乎不可能完成探索光线的过程。通过体会大自然的复杂性，而不是死记硬背的学习和牢记将来某天能汇集到一起的精选的信息，孩子们能够更加深入地掌握物质世界。对建成环境中的设计师而言，这是非常宝贵的例子。例如设计师重新设计医院时，不依赖于专业机构的统计数据来了解病人在医院的经历——对大多数人来说是一种可怕的体验。相反，如同一个典型病人所经历的那样，设计师入住医院并亲

上图和对页图
图片展示了自然环境中同时存在的对比体验。如同互补色彩，红色和绿色在自然中为了吸引同等关注度而“博弈”，从而提高了每一种色彩的饱和度感觉。照片中红树的红色变得更加鲜艳夺目，而绿色也反衬出同样强烈的色彩。这与营销专家所采用的包装原理相同。

身体验整个过程。之后他们所发现的独特之处以一种有意义的方式塑造和影响设计。[48]

4.4 建立现象学调查的计划

体验式学习不能理解为单个人或者任何一位设计师的个人知识追求：个人的体验不能成为普遍的体验。相反，体验式学习要求汇总集体的数据，从而才能将它用于为所有人设计物体和空间，同时仍然保持足够的灵活度从而为每个人量身定制。迄今为止，只有迥然不同的视觉现象研究得到了艺术家和设计师的关注。建立必要深度的理解需要更严格的感知调查。

通过“在合适的有利条件下，凭借物体的内容或意义（代表对象）直接指向物体”的体验方式，现象学是一种“从第一人称的角度所体验到的意识结构的学习”。[49] 两个世纪以来对于颜色的形式效果研究提供了深入设计所需的现象学研究的一个案例。从约翰·沃尔夫冈·冯·歌德到约翰内斯·伊滕到约瑟夫·阿伯斯再到现在，色彩一直是严谨的、系统的研究主题。1772 年歌德撰写了一篇关于色彩效果的文章《作为客体与主体之中介

的实验》(*The Experiment as Mediator between Subject and Object*)，承认由于实验条件的波动，观察者与对象之间的关系也必然存在波动。[50] 在 1810 年出版的著作《色彩理论》中，歌德进一步描述了色彩的体验："色彩是自然界中一种适应视觉的基本现象，这种现象如同其他现象一样，通过分离和对比、混合和合并、扩大与中和、相融和消散展示自身：在这些普遍的术语中，色彩的特性得以最好的诠释"。[51] 因此，在他的研究中，歌德试图得出关于色彩感知变化的一种普遍诠释，而不是一种单一的重要解释。

物理学家尼尔·里布 (Neil Ribe) 和弗里德里希·施泰伦 (Friedrich Steinle) 如此解释他的实验："歌德系统性地改变了实验条件——形状，大小，颜色和观察形象的方向，棱镜的折射角度，人物与棱镜的距离——从而判断这些因素如何影响他的观感"。[52] 当代并不推崇这种科学调查的研究方法，尤其与牛顿开创的物理研究方法相比，牛顿的物理研究已经建立了一种光线的物理学理解基础，由此我们可以将光线看做一种有别于人类感觉的现象。然而，歌德的方法的有效程度并不亚于科学调查的方法。里布和施泰伦探讨了它的相关性和可行性：

对页图
参观者穿过位于纽约现代艺术博物馆的理查德·塞拉的雕塑作品《联合和交错Ⅱ》(*Band and Intersection Ⅱ*)，2007年5月举办的展览“理查德·塞拉的雕塑：四十年”。塞拉使用造型和经验来塑造感知，从而激发人们的极端反应。在这个案例中，受到约束的环状造型由变形的钢材制成，在一定程度上，唤起人们产生类似进入洞穴的第一感觉。

> 相对而言，历史学家和人文科学的哲学家都忽视了探索性的实验。它的界定特征是系统地、广泛地改变实验条件从而发现何种条件对所研究的对象产生影响或者是它的必要条件……探索性的实验通常在所研究的现象的概念框架尚未形成的情况下发挥着重要作用；相反，如果实验和概念共同发展，则会在合作中加强或者削弱对方。[53]

虽然歌德对于色彩物理性质的解释在今天看来并非完全无懈可击，但是它仍然有效，可以作为一种现象学分析的方法，借助这种方法人们可以体验色彩。知觉现象的科学探索并不需要解释潜在的运行机制，如光子和波组成光线或大脑的神经元。这种潜在的科学原理与设计的关系不甚密切。换句话说，对设计而言，探索经验本身是一种有效的科学加强手段，它的有效性如同物理学研究。

在接下来的两个世纪中，歌德的作品激发了一种全面的、崭新的色彩调查系统，例如，它的范围涵盖了叔本华（Schopenhauer）的《视觉和色彩》(*Vision and Color*)，这本书出现于1816年，稍晚于歌德的《色彩理论》，或者色彩相互影响的知觉问题，如20世纪约瑟夫·阿伯斯和他的一些学生的作品。[54]

最近，众多的艺术家们以不同的方式创造了探索人类感知的三维装置。观众不再是被动的艺术作品的旁观者，而是作为积极的参与者进入其中。艺术家如詹姆斯·特里尔（James Turrell），奥拉维尔·埃利亚松（Olafur Eliasson）和理查德·塞拉（Richard Serra）因采用参与式装置来验证感知的界限而闻名，更甚于设计师的是，他们能够调查具体的现象。他们用奇特、准确、严谨的方法探索知觉的经验，这种方法不可能适用于实用性环境中，但是却非常有用，可以指出类似的探索如何帮助设计师与设计专业的学生，以及他们的工作。

他们的工作不仅与颜色相关，也与围合的感觉和空间的体验有关。例如，塞拉经常用粗糙的、变形的钢材制作造型，产生一种发自内心的、也许是本能性的反应，可能是原始的反作用力。塞拉最著名的作品是1981年设计的“倾斜的弧形”（Tilted Arc）雕塑，它位于下曼哈顿纽约联邦广场（见第150页和151页）。这座3.65米高，3厘米厚的生锈钢板墙将公共空间一分为二，迫使行人考虑这道墙出现之后如何才能通往广场，从某些角度看，这堵墙几乎随时要倒塌。根据塞拉自己的描述，这种雕塑方法旨在迫使那些遇到它的人们逐步产生感知物质环境的意识：

26

理查德·塞拉的雕塑“倾斜的弧形”，位于纽约联邦广场，1981年建造，1989年拆除。塞拉的雕塑令许多观看它的人感到不安，因为它的设计有意呈现出随时倒塌的危险。由于公众的普遍不适和随后而来的强烈抗议（导致长期的诉讼），雕塑被拆除，但它仍然作为实例有效地证明了设计如何能够强烈地影响人类的感知。

对页图
实验装置展示了在建成环境中所体验的残影现象。前景的房间涂上了明亮的黄色。后景的房间实际上是白色，但由于视觉上黄色的饱和度作用，可以体验到如同现实存在的黄色的补色——紫色的残影（大脑产生的平衡反应）。

> 观众穿过广场时意识到自身和他的移动。当他移动时，雕塑不断变化。雕塑的缩小与放大均来自于观众的移动，逐步地，对雕塑的感知，以及对整个环境的感知都发生了变化。[55]

具有讽刺意味的是，建成随即遭到争议的“倾斜的弧形”雕塑，又遭遇多年诉讼之后被拆除，这反映了塞拉的成功，因为他准确无误地完成了他希望雕塑所发挥的作用，让人们意识到他们的运动是这样的方式：当这堵墙在场时，他们通常不会意识到痛苦。[56] 塞拉的雕塑在物质环境中添加了一道墙，将人们对空间的感知强化为一种不舒服的感觉，突出了设计决定的影响力，也突出了通过正确的现象学调查从而完全理解它们的重要性。

特里尔的工作主要集中在自然与建成环境中光线与色彩的体验。他经常通过掌控光线的要素，或者通过整体的围护结构，结构内的房间顶部有圆形或方形开口，房间内他只提供人工照明或者“天空”，来探讨内部空间。这两种环境都是较好的范例，可以说明如何在三维空间中创造一种集中的体验。[57] 例如，他的趋势（蓝）*Tending*（*Blue*）装置位于达拉斯的纳什雕塑中心（Nasher Sculpture Center），它是一个对天空开放的有效空间：空间中的墙体与围合的区域表达了观众对天空的感知，让他们体验到不断变化的光线和色彩是一个动态的画面。用特里尔自己的话来说：“我们教授色环，但是我们真正应该讨论每只眼睛的感光频率，以及光线到达眼睛时的视野，因为那才是我们如何获得感知的方式”。[58] 除去屋顶，仅通过一个单独的开口限定我们的视野，从根本上改变了我们与最熟悉的遮蔽物要素的联系。天空的功能成为建筑屋顶和开向天堂的窗户,唤起了几个世纪前天空中静态的天花油画（减去小天使）。

埃利亚松的方法也许比塞拉或者特里尔更加系统化，在某种程度上类似于歌德设计的测试方法。例如,他的“一种颜色的房间”（Room for one colour）是一间除了强烈的黄色则空无一物的房间。在房间的尽端，有一个入口可以通往一间充满自然光的小房间（沿外墙一侧开窗，但是从黄色房间中看不到这些窗子），小房间代表了一种正常的环境。当黄色的光充满了视觉后，为了寻求平衡，思维上会产生黄色的补色——紫色——在小房间中清晰可见。黄色是真实存在的色彩,而紫色仅仅是现象学中的色彩——它的残影。但是人们可以同时清晰地体验到两种色调。在最近的埃利亚松艺术作品回顾展中的目录说明提供了一段简短的关于观察者反应的描述：

金融客户服务公司办公大楼的两个大堂前部（左）和后部（右）照片对比，莎茜·卡安（1995）。现象学的体验调查可以应用于设计术语中。虽然设计基本没有改变两个大堂前、后状态的实际环境，但体验的结果却有很大的差异。顶部的两张照片表明改变了同一个大厅的色调（相同的色相）和风格（通过引进大理石边界）之后，大厅的空间和品位的感知上产生了戏剧性的变化。底部的两张照片设计变动甚至更小，只有灯泡从冷色变为了暖色，但是结果显示两个大堂展现出了不同的空间比例和不同的体验品质。

> 同时，我们体验了黄色，我们的神经系统弥补了这个房间中缺少的其他颜色。结果，当我们浏览的空间转向下一个房间的时候，似乎视觉中出现了深紫色。（黄色的对比色和残影）——而实际上墙是白色。[59]

这个过程所依据的方法类似于歌德的方法："埃利亚松使得观察者的视觉过程成为美学平衡的组成部分。根据人类视觉的普遍工作原理组织其作品的空间开放形式，并依次将身体与房间、'外部'事件与'内部'感觉交织在一起"。[60] 该项目提供了一种色彩理论课堂通常所研究的残影效果的本能和三维体验，大部分是二维应用。正如艺术产生可见的感知，设计应追求现象学的探索方向，从而能够掌控内部和外部的感觉，它们组成了人类的体验。

该装置由约瑟夫·希尔顿·麦康尼科（Joseph Hilton McConnico）设计，位于首尔的爱马仕博物馆（Hermes Museum），韩国（2006） 这个智慧的概念性空间唤醒了神秘氛围、激发了探索欲望，并取得了两者的完美平衡。这实际是一个狭小的空间，但因为采用了镜面墙和背光的顶棚而使房间显得更高更宽。这次展览的陈列物品是要唤起人们对曾经无限生长的树干的回忆。所展示的树干从一个角度看是实心的，而从相反的角度看树干上镶嵌了小的陈列橱窗。参观者受邀靠近观看封闭的陈列橱窗中展示的珍品。

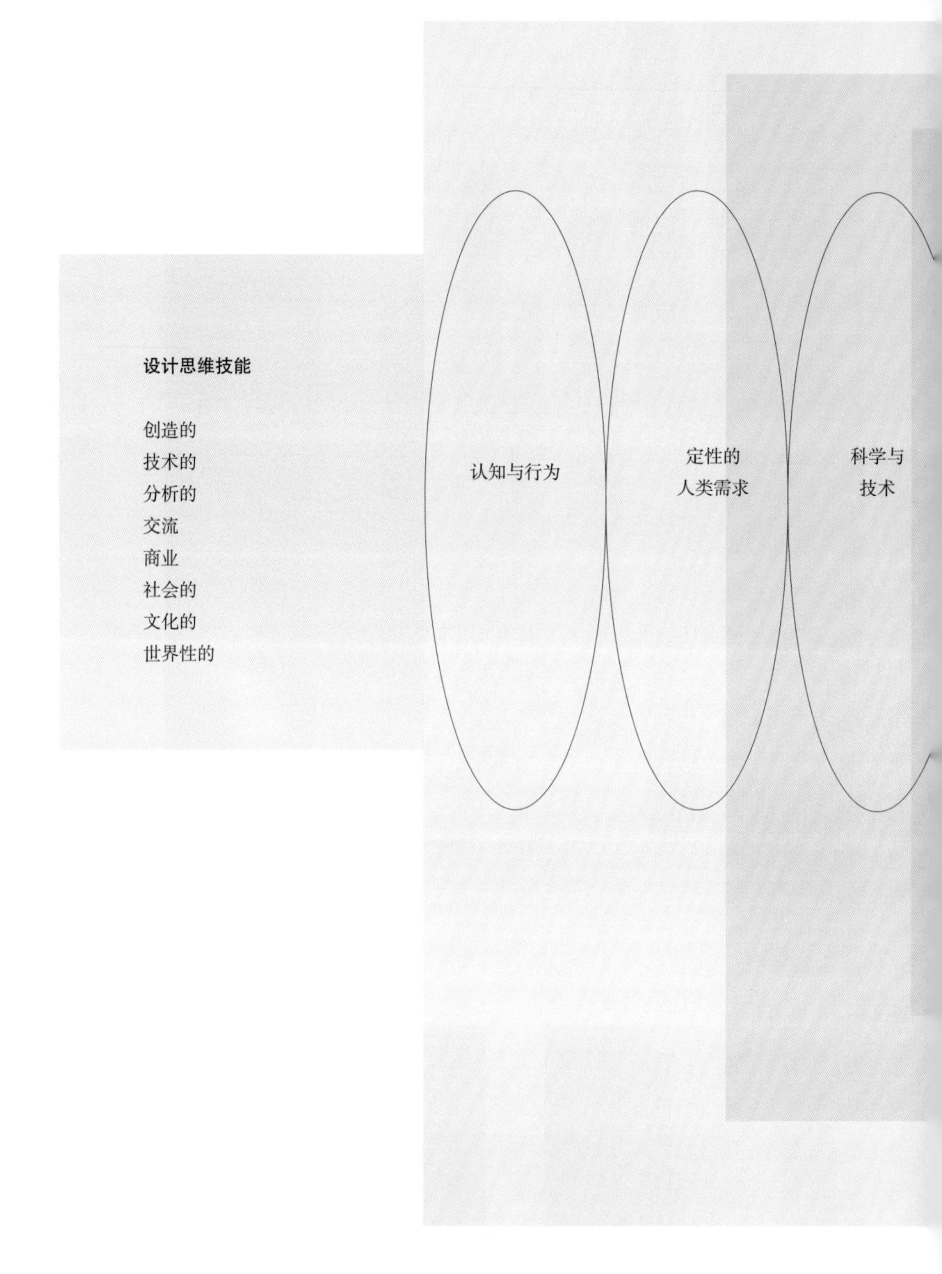

随着技术的巨大进步以及文化、社会、政治、经济条件的变迁，21世纪的设计师比以往任何时候都需要一种更加一体化和多元化的知识体系。设计师为人类塑造建成环境，重要的是必须广泛了解所有设计相关知识和普遍的全球性影响。同样重要的是要培养一定深度的、可供专家使用的专业知识。

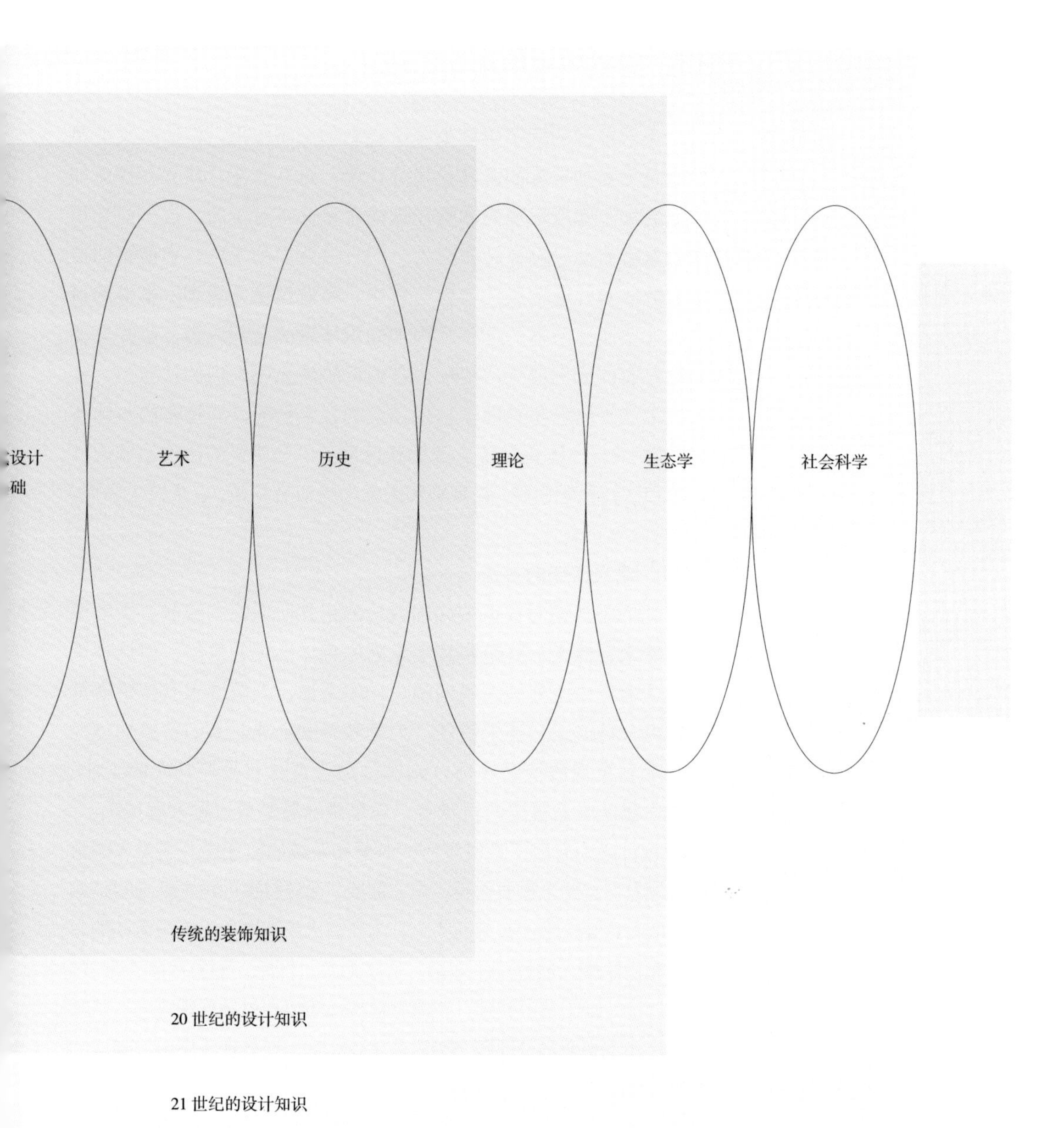
艺术
历史
理论
生态学
社会科学
传统的装饰知识
20 世纪的设计知识
21 世纪的设计知识

4.5 设计因素的定性识别

虽然前面的例子主要集中于色彩的三维应用，设计的义务是创造意义更加丰富的多样化建成环境，对其而言，建立一种更加广泛的关于建成环境的体验知识体系是必不可少的。这方面知识的积累将有助于设计转变成为一门日益重要的学科，它能够创造丰富的体验并邀请居住者参与其中，而非仅仅为看客。本书的目的并非要涵盖所需的全新及附加知识体系的全部内容，也并非要总结已有的研究成果，相反，它的目的是吸引人们的注意力，让人们关注于培养与其他学科相结合的、全新的、非特有的一体化必要性—— 一体化有待于开发和探索。一些明显的合作领域是社会学和认知科学领域、教育学和人类学的研究领域，以及技术领域。

4.5.1 建立信任的方法

我们不再面对或害怕如同我们的祖先所面临的威胁。虽然还存在着来自他人、野兽和其他原因的身体伤害的危险，但这并不是发达世界中主要关注的问题。一般来说，人类寻求安全感通常采取另一种形式：寻求信任。为了获得安全感，人们希望知道他们是受到重视的社区成员，无论这是否意味着具有独立的工作、在合作团队中是重要的贡献者，还是意味着需要照顾家庭成员。

设计必须有助于激发场所、对象和系统的信任感。它为人们获得心理自信起到了重要作用，当它促成了全体社会的民主参与时是最成功的，这要求设计有意而为之，为所有人创造方便出入与运动的环境，无论这些人的性别、年龄、经济地位、国籍，能力或教育程度。通过创造一种平等的氛围，使得社区成员可以更好地展现自己。虽然这项任务不完全是设计师范围内的工作，这一任务也不应该与嘲讽的词语“社会工程”混为一谈，但是必须让每一个体感受到自己的价值和重要性，感受到自己安置在一个能贡献价值的位置。[61] 设计可以发挥自己的作用，提供一种允许适当的现实民主与平等的环境，它有助于促进必要的、透明的、公开交流的文化。在共享的背景和环境中建立一种信任机制，将有助于满足我们树立全球化联系的意识，满足我们内在寻求合作的渴望，同时调节我们的自我保护意识。

4.5.2 舒适和力量

舒适是人类寻求安全和保障基本需求的另一种表达方式。它曾经是一种基本的物质需求，当代主要成为一种心理需求，必须通过设计得到满足。

上图

镜面大厅的细部。琥珀堡，位于斋浦尔附近，印度，建造于16—18世纪期间　在这个著名的室内设计空间内可以获得复杂的感官体验，房间内仅用一根点亮的蜡烛通过反射照亮整个大厅。其结果创造了一个闪闪发光的、不断变化的顶棚，将静态的房间变成了一个透明的、变化的苍穹。为了追求浪漫和愉悦，建筑的细部处理让人精神振奋。

中图和下图

百内基善本与手稿图书馆（Beinecke Rare Books and Manuscript Library），耶鲁大学，纽黑文，康涅狄格州，戈登·邦沙夫特 / SOM 建筑师事务所（1963）标志性的建筑与室内，百内基善本图书馆使用了不透明和透明两种元素来满足功能要求和情感品质。在阳光充足的情况下，馆内非常明亮，无形中增强了一种概念性哲理：书籍页面中蕴含的深奥的智慧似乎在等待着人们来开启。

舒适一词来源于拉丁语动词 confortare（本意是给予力量），它难以解释因为它如此包罗万象，涉及所有不同程度的感官体验：温度，湿度，光线，声音和气味的生理体验有助于人们产生舒适感觉，无形的心理因素如规模、比例、色彩、纹理、图案同样也影响人们的舒适感觉。舒适是一种身体状态，同时也是一种容易察觉的放松的存在。但这种放松状态不容易实现，只有当环境反射并支持自我形象时才能实现放松状态。

4.5.3 对比的刺激：光影生活

世界如同我们所体验到的那样，是一个短暂的、对比的感官体验：如果我们的眼睛感觉到阳光过于明亮晃眼，我们立即后退到温和的阴影中；寒冷刺骨的秋风刺激皮肤的同时羊毛带来温暖舒适的感觉；我们进入一个安静平和的都市教堂之前要经受喧闹的交通噪声。优秀的设计可以提升这种对比度，使我们保持一种必要的、生机勃勃的感官刺激状态。设计师必须把丰富的自然界的对比转化并重新引入到我们为自己建造的单一的环境中。当我们在精神上受到刺激而不是停留在一个单调的视觉或智力的生存环境时，我们处于最快乐的、最均衡的状态——我们的设计应该反映空间现实。[62] 训练有素的设计师如同艺术家一样利用光和影，通过掌握公共与私密、安静与喧嚣、狭小与宽敞、不透明与透明的对比差异，创造出一种平静与和谐以及期望的感觉，唤起人们发现的欲望。如同人类需要休息和恢复才能获得更大的活力和能量，我们渴望在建成世界中获得刺激从而体验存在的真正生命力。

4.5.4 感官刺激的必要条件：通过设计提升

科学事实表明：当人类的感官受到刺激时人类会更健康，但是设计很少全面阐释这一现象。当精心设计的作品传递了触觉、气味、声音、味觉，以及视觉感受时，所设计的物品和环境提供了完整的体验。迄今为止，设计了解了大量视觉知识，设计教育几乎完全是围绕视觉而建立的：许多突出的例子表明了视觉体验如何引起强烈的内心反应。然而，对其他感官体验的同等深度理解也应加入到这种知识体系中。

当我们做案头工作考虑问题时，很容易发现我们自己在观察并试图理解我们周边的世界。密切地关注于手头任务之后，我们的注意力会暂时地转移至路过车辆的反射灯光或者树叶沙沙的响声。片刻之后，我们的注意力又返回到办公桌上的文件，我们的思绪又回归到原点，我们可以用充沛的精力和清晰的思路来研究问题。设计师需要考虑这些微妙事情的发生，营造如同自然环境的设计氛围，这并不意味着设计师要生搬硬套地将自然界置于室内（虽然也有成功的范例，如水流和树木）；而是要结合设计要素的尺度，形状和尺寸的变化，通过图案、色彩、纹理的混合才能创造满意的刺激方式。

为了建立更全面的感官知识体系，设计领域需要研究活动的方式。运动，从字面意义上来理解，它可以用于实现思维的平静或者活跃。虽然运动产生平静似乎是一种矛盾的说法，但如果考虑到轻轻流淌的溪水所产生的心理效果，这一说法也并不矛盾。虽然表面图案上的光泽（门或者家具表面木材的粗糙纹理，印刷或编织的纺织品，锻造的钢材、分层的砌体）是不能移动的，但是它看起来似乎在流动。图案可以对人产生催眠效果，其方式如同舞动的火焰或者流动的水面上的涟漪，图案得以确认并有意地用作感官兴奋剂。当这类运动捕捉到我们的注意力时，打开了我们深层次的思维从而能够集中关注于手边的工作。活动和运动作为设计要素出现在许多成功的宜人环境中。

4.5.5 形式的体验

体验（experience）一词来自于拉丁语 experientia（测试或尝试），其含义已经扩展为一种通行的用法，它包括一种总体的认知；囊括所有的感知、理解和记忆。体验具有内在的活性。若要了解某物我们必须参与其中，人类身体的存在方式和运动方式与限制它的环境之间的关系因此成为了设计重点考虑的因素。要营造满意的体验，设计师必须能够编排叙述的顺序。“我能感觉到什么；我又如何才能产生感觉？”“这种体验有什么影响吗？”，如果有影响，“它能带来什么样的变化？”这都是需要通过设计和设计语言询问并回答的一些问题。[63] 这种定性、感官的知识是必要的，它可以影响概念性和实用性设计决策，这种决策交织了功能和结构需求，设计空间的布局、组织、易达性、识别性及计划的整体体验。当设计精心为人们安排了体验旅程、获得了新的发现，并达到预期目的时，设计能够创造最深刻的体验效果。

除了满足纯粹的功能要求，设计师应该能够以一种有意义的创作方式组织空间与对象。将体验的主动控制权返回给使用者，其中所包含的多种选择鼓励人们进行更多的探索，这些探索反过来也能创造出崭新的、非预期的、出乎意料的体验。

4.5.6 格式塔：创造整体

优秀的设计本质上体现了格式塔的概念：成功地将各种组成

"结构"(Structures)。"莎茜·卡安纺织品收藏展览"(Shashi Caan Textile Collections)(2004) 图案、纹理和色彩的结合可以编织出一幅令人感官愉悦的壁毯。然而，当纹样变化经过精心设计和图案追踪，变化逐渐放缓足以引起发觉，或者变化逐渐加剧足以维持精神刺激的时候，人的大脑能够理解同时也能自由地"畅想"，然后冷静地寻访其他变化。这些图案表明了形态和尺度对精神和感官刺激的可控差异。

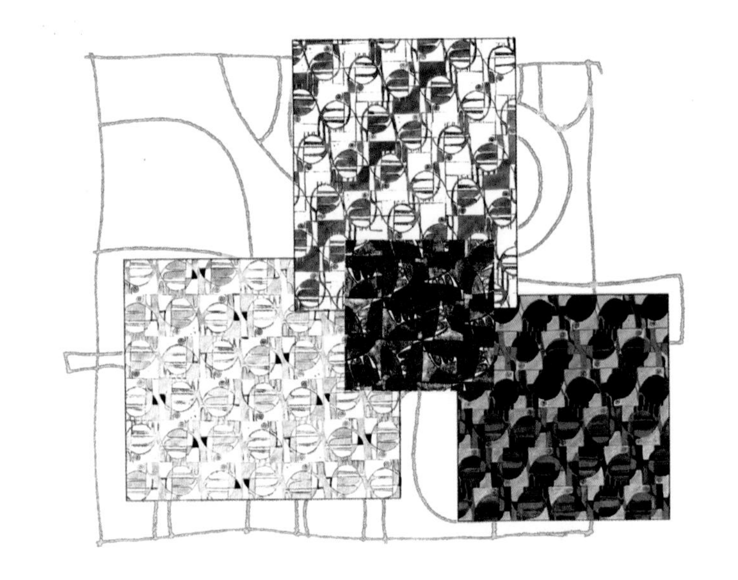

要素结合为一个整体，并产生一种独有的，统一的体验。这种体验是感官的体验，当所有要素——从最明显的姿势到最微小的细节或夸张的动作——融合成一个单独部分无法预测的整体时，这种体验才能产生。不能用纯粹的美学术语总结这种统一的体验。为了实现格式塔，设计需要将形式和现象学(有目的地嵌入)与出乎意料的意义变化相结合。这种意义的变化必须体现在所有组成部分中，并且通过重要的定性原则(计划体验的精心叙述)得以体现，而在艺术中只能局部表达或显现这种原则。格式塔的体验融合了所有的设计要素。它代表整体性的完全实现。

4.5.7 总体设计

格式塔的体验不是综合性设计的最终衡量标准。建筑师不同于艺术家，艺术家可以连续地构思、表达、发展和建构他们独有的创造性理念，21 世纪高度分化的生产和建造实践的复杂性禁止设计师成为设计的唯一作者。由于我们越来越依赖于共享的智力知识而不是专门的工艺技术，我们必须培养学科之间的信任和尊重。这种新方法能够很好地概括为德语 Gesamtkunstwerk，或者说是总体设计。[64]

理查德·瓦格纳（Richard Wagner）是一个富有争议的人物，他在 1849 年发表的论文《未来的艺术工作》（*Art–work of the Future*）中写道，"未来的艺术工作是一种联合工作，也只有联合需求才能产生艺术工作"。[65] 他暗示只有通过合作努力才能实现艺术的总体设计，但也要容许个人隐私的存在。人们所期望的综合性设计思想几乎是完美的，尽管建造部分属于不同个体的工作，但它却呈现了体验的整体性。

我们如何感知设计和室内属于尚未开发的领域，要了解这一领域，我们需要采取新的原理和方案，用标准引导我们更加深入地研究。然后，当现代社会显现出我们内在的需求时，通过敏感性和对目标的详细了解，设计能够满足我们内在的需求：对信任、舒适和尊严的渴望。只要周围的世界大部分仍然超出了我们的直接控制范围，我们就需要设计。不仅在穴居时代我们需要设计（尽管当时我们并不明白这一点），我们现在也同样需要设计——也将永远需要设计。

第五章

结语：由内而外

Out from Within

时代不仅梦想着人们追随其后，
而且在梦想中引发了自身的觉醒。

瓦尔特·本雅明
《巴黎，19世纪之都》(*Paris, Capital of the Nineteenth Century*)[1]

我们塑造了设计，之后它也塑造了我们。[2] 我们所经历的当代世界与先前自然存在的世界只有些许相似之处，人们根据自己的需要已经改造了先前的世界。然而，我们在一种由陌生的他人设计的要素所构成的环境中出生、成长、死亡。在很大程度上，我们生存所依赖的基本工具和场所已经被他人遥控。室内空间框架中所体验到的人文景观是一种事先设计的场景和体验的积累。纵观历史可以清楚地看到这一点，因此本书从一开始就关注于古老的历史事件。从这一视角看，产生了各种形式，而设计的演变过程可分为四个时代，其中最后一个时代属于未来：直觉时代（Intuitive Era）、工艺时代（Craft Era）、设计时代（Design Era），以及美其名曰整体性时代（Holistic Era）。

自从人类进入洞穴的那一刻起，人类开始将设计作为实现创造性的通用语言，这一时期被称为直觉时代。随着社会的进化，具体的行业得到了发展，个体具备了熟练的技能从而满足了社会的需求，这一时期是工艺时代。在设计时代，立足于效果的创意行为适应了工业化的需求，被认同为设计，从而将设计与制造分离开来。然而，现在我们认为这个时代与它源起的直觉时代毫无联系。我们必须前进——快速地前进——从即将淘汰的设计时代继续前进，因为这个时代只关注于风格而脱离了人们的需求，从而又再一次地将我们当代的设计问题与最原始的初衷联系起来。如今设计要求有全局观的思维方式和策略方法，它由训练有素的个体来完成，他们要处理和详述如同人类祖先面对的同样的基本需求和问题，让我们把这种属于未来的设计时代称为整体性时代。

直觉时代发端于史前时期，当时人们在没有任何关于设计的正式概念的情况下建造庇护所和工具。然而，这种创造物体和环境的本能，实际是一种设计行为，尽管当时人们还没有意识到这一点。设计师、工匠和最终使用者之间没有任何区别。设计是所有人合作的产物，它建立在相互理解生存的利害关系基础之上。人类依赖设计取得进步，但是缺少了专业化，最多也只能达到最低限度的功能和美学要求。

于是开启了第二个设计时代——工艺时代，其中个人获得了各个领域的知识和设计技能，产生了界定范围更小的行业。[3] 在这些行业中，工匠能够更熟练地创造更加精美的作品，它远远超出使用者自制的作品。在工艺时代，设计知识得到了系统化的总结，即使它们大部分是口头传授的形式。通过足够长时间的学习阶段，工匠师傅将技艺传授给学徒，从而使得复杂的设计知识得以代代相传。在这个时代，使用者从设计的创造工作中分离出来，但是其他两部分工作——造型和制作则由一个人完成。

第三个时代，就是我们今天生活的时代，大约始于19世纪早期和工业革命的初期。大规模生产，实现了从手工生产到机器制作的转变，并伴随着建成世界的复杂性增加，迫使设计从工艺中分离出来。其结果造成了长期以来关于人类需求及其合适的解决方法的一体化认识完全分裂。如今，设计师，工匠，使用者三者完全独立。在工业化进程的早期，人们已经意识到这种分裂状态，设计改革运动曾尝试重新将设计与工艺结合为一体，这种结合即使不是体现在实践中也是体现在思想观念上，但大多数情况下都无功而返。[4] 分裂的结果是肢解了曾经由同一个人考虑并解决的生存和幸福的核心问题，并且威胁到掩盖人类设计的组成要素。如果不能维持人类处于设计中心的地位，人类进步的宏图构想也会土崩瓦解。

设计师、制造商与使用者之间身体的、哲学的和心理的分离是我们当代所面临的困境。即使我们不能扭转已经发生的专业化或者阻止专业化的进一步发展，我们仍然可以恢复人类在所有设计中的核心地位，只有这样做，才可以为未来的发展提供一套整体的知识体系。它标志着整体设计的时代。设计的主要动机源自我们每一个人的内心，即使被忽视也无法被抑制。

我们与世界互动的方式前所未有地经历了如此迅速的变化。互联网和数字通信的革命已经颠覆了长期存在的人类关系的许多特征，我们所居住的世界不再只是一个物质环境，也是我们实际占据的一道风景。但错误的是——我们身体的客观限制定义了我们的个人空间——清晰地表现为一个虚构的命题。因为我们现在生活在一个地球村，它超越了我们的邻里关系和城市的有形边界。[5]

20世纪60年代，马歇尔·麦克卢汉有着先见之明地在他的著作中创造了“地球村”（global village）一词，该著作探讨了信息技术变革作用以及信息技术如何消除城市之间、地区之间、文化之间的地域和空间障碍，他将信息技术与城市化进程的早期作用进行了比较：

> 如果城市的工作是重新塑造或者将人转变为某种形态，这种形态比他的游牧祖先更加适合人类，那么，目前我们整个生活转变为信息精神的形式的做法难道不可能形成一个地球村和一个人类大家庭，一种单一的意识吗？[6]

麦克卢汉暗示了人类相互作用的基本特征已经发生了根本性

的改变，以至于我们的第二层皮肤具有渗透性，或许今天当我们进入到数字领域时，我们的第二层皮肤甚至完全消融。

正当科学开始逐步深入地探索人类最深层次的理解力时，发生了技术性的巨变。人类第一次在微观世界、甚至在抽象世界中寻找内在答案，我们处于认知的前沿，能够知道思维的准确基础，同时，我们现在可以解开生命的基因结构。我们前所未有地理解人类的内部结构。

昨天的未来也许不会如期出现——毕竟，没有到达月球的定期航班。但是许多不久前还是奇特的技术很快已经变得非常普通：可视电话、基因工程、机器人技术等。因为设计师们将成为主要的解释者，向人们解释如何对待新技术，无论其是物体还是整体的环境。他们必须从象牙塔里的形式塑造者进化为敏感的个体，他们能充分了解不断变化的世界形态。

虽然我们经常以乐观主义的态度构想未来的居住环境，但也存在不利的一面，向我们提出了巨大的挑战。这是个不幸的现实：全球城市人口的三分之一仍然生活在贫民窟中——惊人地占世界总人口的 15%。[7] 贫民窟的迅速增长与城市化的提高直接相关，在很大程度上由工业革命所引发。预计在 2050 年，世界欠发达国家的城市人口将翻一番，而最发达国家城市人口和总人口，由于出生率的下降，上升趋势非常缓慢。[8] 因此，设计不仅要适应设计自身的过程，还要适应越来越快的人口增长，全球人口寿命的影响，以及未来社会的失衡状况，所有这些变化都将带来崭新的多种挑战，并提出了新的需求。

在历史的发展进程中，受到需求和人类天性组成部分的驱使，我们的建成世界已经增加了规模、承载力和复杂性。同时，我们的生活系统已经变得更加完整、更加相互依存。当我们不再能承受建筑物水平方向扩张时，我们的建筑物开始向上发展。尽管纪念碑自古已存在，例如埃及金字塔，但大部分无人居住，其建造目的为宗教仪式或者纪念性之用。与此相反，工业的发展和 19 世纪人口的增长导致早期摩天大楼的出现，它们的出现源自蓬勃发展而土地拮据的大都会的需要，如 19 世纪末期的纽约、芝加哥、伦敦。最初，由于相应的结构技术发展水平不足以及出于防火安全的考虑，摩天楼的高度受到限制。[9] 这些早期社会和技术的缺陷已经被克服，当代大型的复杂建筑已经从单一用途的原始形式进化为高密度、多功能的摩天大楼，并竞相争夺地球上最高建筑的名冠。

乡村和邻里生活促进了社会化和社区建筑的发展，未来它将以前所未有的大规模和高密度的形态出现于室内空间中。当代的迪拜塔，迪拜，在本书出版之际为世界上最高的建筑。2009 年由阿德里安 · 史密斯（Adrian Smith）和 SOM 建筑师事务所设计。828 米高，162 层混合功能设施，主要包括酒店、住宅、办公和零售空间（还有其他一些功能）。高层建筑配备了各种各样的混合功能设施，在当代城市环境中非常普通，我们将它们看做独立的建筑，具有高密度的房地产价值。预计高耸的塔楼将被巨构建筑所取代，巨构建筑在同一屋顶下包含了许多功能，例如农舍、住宅、大学和办公综合体。

购物中心综合体已经证明了这一点，它等同于现代的城市广场或者露天广场，为城市和郊区的居民提供了聚会的场所。

如果考虑到人口发展趋势的预测结果，研究如何建造高密度的环境是明智之举。20 世纪 60 年代巨构建筑的设想又一次变得有意义，这类建筑越来越频繁地出现在艺术画廊和设计学校中，因为它们为大量人口的住房问题提供了一个集中的解决方案，并帮助解决了无数的环境弊病。康斯坦特 · 纽文惠斯（Constant Nieuwenhuys）的新巴比伦（New Babylon）（见第 172 页照片），塞德里克 · 普里斯（Cedric Price）的玩乐宫（Fun Palace），和巴克明斯特 · 富勒的作品都是著名的项目实例，他们设想了建构

布宜诺斯艾利斯的阿巴斯图（The Abasto de Buenos Aires）（1893—1984），是阿根廷首都的水果和蔬菜中心批发市场　自1999年以来，它已成为一个购物中心。购物中心在全球范围内已经成为一个现代聚会的场所。代替了城市广场，当代的购物中心包含众多的设施，包括娱乐，休闲，餐饮，购物。这些场所满足了年轻人聚会、父母以及年长者社交的需求，并且提供了饮食服务和日常工作服务。阿巴斯图甚至还为年轻的孩子们提供了一个摩天轮供他们娱乐（右图中位于拱形窗尽端）。

的建筑纪念碑的时代终结，并成为当代突出的个体建筑，在很大程度上，个体建筑的外观呈现了一种建筑的存在状态。[10] 设计师提出了结构的解决方案，主要是创造了一种具有无限扩张和生长能力的围护结构，同时提供通用的内部空间。所有供人们使用的必要的基础设施都置于室内，然而室内设计还欠缺细致的考虑。在这样的巨型结构中，城市空间只包含室内部分，相应会增加数百万计的人类基本问题，自最早的庇护所出现以来，这些基本问题一直有待解决。

位于日本东京湾（Tokyo Bay）的清水 TRY 2004 都市金字塔（Shimizu TRY 2004 Mega-City）是一座可容纳 75 万人的静态乌托邦式的巨构金字塔居住建筑，它拥有巨大的结构——比吉萨金字塔高 12 倍——通常无法看见它的外观全貌（见第 173 页图）。居住其中，其内部大部分给人的感觉是一系列的内部空间，环环相套，完全颠覆了我们过去对建成环境的体验。与此类似，崔悦君博士（Dr. Eugene Tsui）设计的创世纪塔（the Ultima Tower）的概念设计位于美国旧金山海湾（San Francisco Bay）地区，这座建筑呈现为一种巨大的垂直维护结构——高 3.2 公里，宽（基础部位）3.2 公里（见第 176 页和 177 页图）。这种喇叭筒形的张力结构将可利用的自然环境升华为一系列分层叠放的景观，街区取代了传统的楼层。与其说是形成了一个建筑聚居地，不如说是形成了一个生态系统，

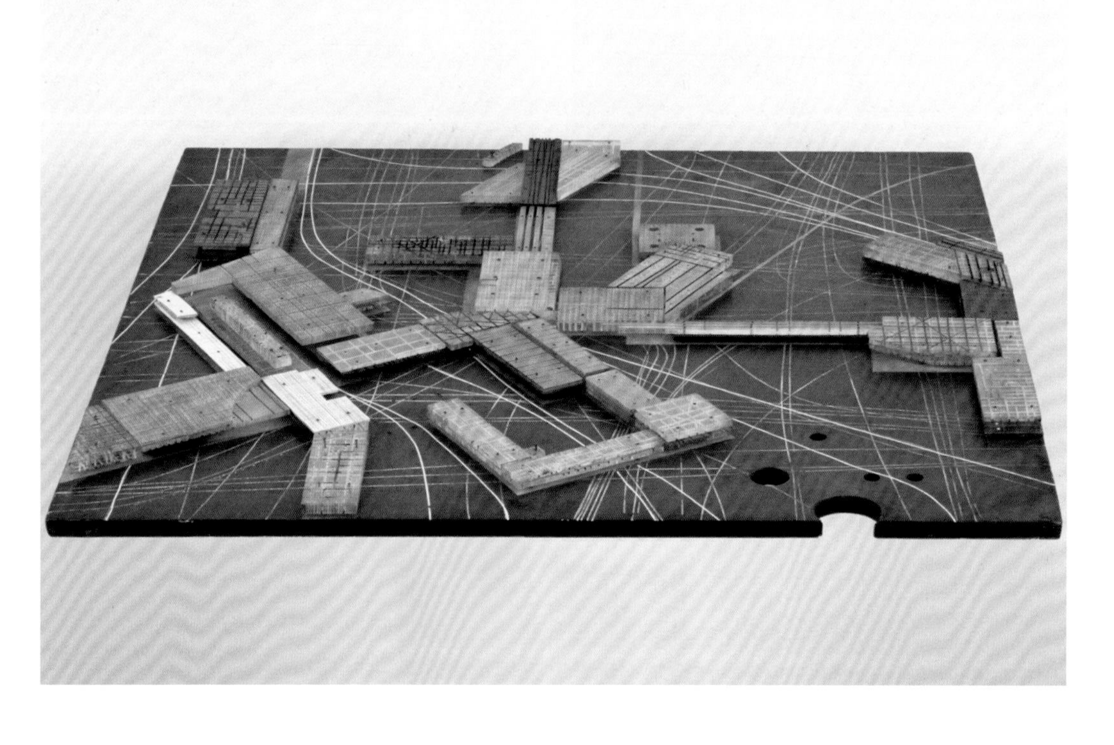

康斯坦特·纽文惠斯，新巴比伦项目（1963） 这个富有远见的项目是最早的尝试之一，它阐明并设计了一个巨大的结构体量，使所有的人口居住在同一个屋檐下。纽文惠斯提出将人汇集在一个屋顶下（借助可移动的要素），体现了一个地球规模的居住组团和游牧群体理念。它被构想为可以任意扩展和生长，可以跨越景观、国界和海洋的结构形式。虽然纽文惠斯的构想是乌托邦式的而非实用的，但是它代表了未来的愿景，即将城市空间完全转变为室内空间，在这种空间内，使用者的身份将等同于使身临其境的空间。

在其庞大的围护结构内，设计者将面临的挑战是创造一个崭新的人工世界。我们考虑建造这种未来的聚居地是明智的，这种建筑也许应更准确地称为巨构建筑——不是一个大的整体建筑，而是结构内套结构，成千上万的社区连着成千上万种各不相同的文化与个性化需求，由一个共同的屋顶或者结构框架和空间边界统一为一个整体。它不是更大规模的设计，相反，它涉及在巨大的环境中以人的尺度为基础设计更小的空间。

那么我们如何让人们在环境与背景中感到舒适而不需要应付大自然中不可预测的危险呢？一个完全排除外界的环境如何创造设计体验，它等同于我们需要并期望从自然界中获得的各种感官刺激？我们如何将一个社区安置在一个屋顶下，如同一个完全的内部空间，而且仍然能称之为社区？我们如何在一个拥有千万人口的内部大型城市内满足某一个体在个人层面上的需求？我们如何在一个水平和垂直堆叠的个人和共有的空间内保留个人的尊严感、主人翁感和自豪感？我们如何处理隐私、安宁和安全这些复杂体验的问题，它们已远远超出目前的城市近郊和密度体验？当人们被纳入一个巨大的

日本清水都市金字塔是一个计划建造在东京湾的巨大的金字塔造型的项目。如果该项目建成，它的结构将超过2000米高——是吉萨大金字塔高度的12倍。金字塔将容纳约75万人。拥有众多的社区设施，如医院/康乐设施，学校/学院，娱乐设施，办公楼和住宅，这种结构将包含一个独特的生态系统和运输系统。这个自成一体、在一个屋顶下的邻里社区可容纳1/47的东京总人口，将有助于缓解东京不断加剧的空间不足的矛盾。这个项目如此巨大，由于建筑的重量问题，如果采用目前可利用的技术或材料无法完成这一项目。它的设计要依靠将来生产出碳纳米管这类超强轻质材料。

单一体量内，我们会完全忽略个体的需求吗？

考虑到巨构建筑在我们未来出现的可能性，这样的前景如何塑造设计和室内设计的定义也是值得思考的问题，此时，我们所了解的室内和室外的对比已经彻底地改变。在实现了庇护所功能的地方，探索和愉悦，以及对私人和公共空间的思考成为了外部世界的深层次问题，这些问题可以从社会内部的最深处去除，不再出现于居民的生活当中。在这种情况下，设计师将承担创造我们物种赖以生存的独立环境的重要责任。

如果未来我们大部分需要的是室内空间，它的主要作用是塑造社会和文化，这种作用将在意义和重要性两个方面得到延伸，

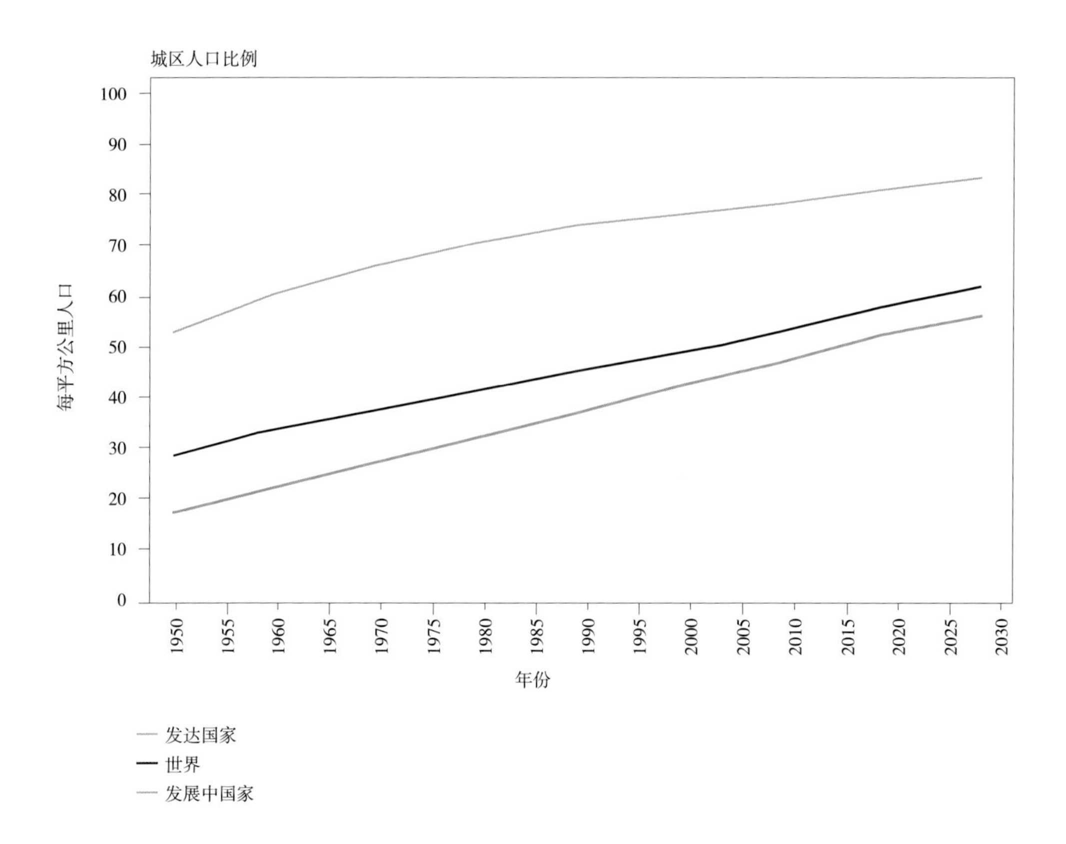

每平方公里的居民人口数量，也称为人口密度，自1950年以来人口密度基本以恒定的速率增加，如柱状图所示。此外，居住在城区的人口比例也在稳步增加。发展中国家和发达国家的这种增幅相似。这就提出了如何在建成环境内解决大量人口的健康供养和资源供给问题。

人口密度数据来源：美国人口普查局（U.S.Census Bureau）
人口司（Population Division）：http：//www.census.gov/ipc/www/.

城区人口比例的数据来源：联合国（United Nations），2004 年世界人口展望（World Population Prospects 2004）。

上图中无柱状图，原书如此。——译者注

它的设计师的角色也一样。这是一个假设，可以促进重新思考设计基础。通才型设计师必须能够满足未来不可预见的需求，因此，设计师必须有更充分的准备，接受更好的教育和培训，具备更广阔的知识基础，它包括研究、实证经验，以及对现象学的理解力。专家型设计师需要更深入地发展与他或她所选专业相关的知识和专门的技能（产品设计，工业设计，时尚设计等）。如同早期的理论强调建造过程需要一种完整的体验经历，展望未来，生命活动不再视为隔离的或者分裂的，而是可以理解为一种渗透各处的网络和系统。这需要一种跨学科的和互相依存的方法，它结合了通用的知识和专业知识。设计教育必须涵盖艺术与科学之间的相互联系，吸纳社会和基础知识，并认识到合作和团队工作的重要作用。

在大学层次的学习环境中，应该将基础设计作为其自身的专业知识进行传授。科学与人文科学的研究和方法论将为设计补充或贡献一种新的基础知识。溯因逻辑的概念，对学科的归纳法和演绎逻辑带来了有价值的新视角，它可以当做设计创造性推理的基础。[11] 美术和设计将有机会得到更高层次的研究和表达（由此学术合法化），艺术和设计在生活中的核心地位将

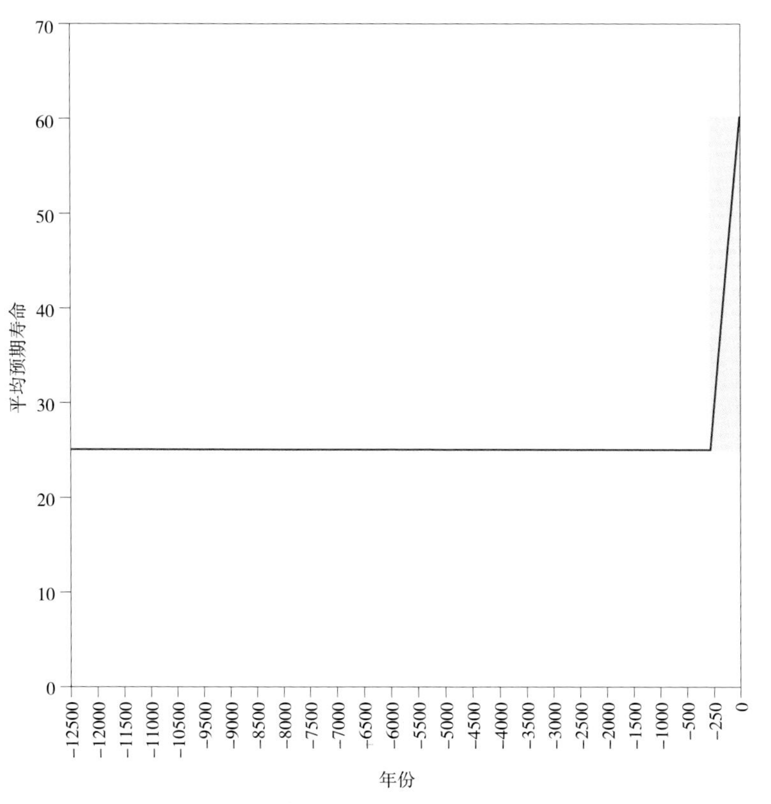

全球平均寿命（Global Life Expectancy）
12500年前——至今

几千年来，人类的平均寿命大约在20—30岁的区间。然而，自1820年左右和工业化时代之后，世界范围内人口平均寿命迅速地提升并且持续增长，如放大的详图中所展示。2010年全球人口平均寿命为69岁。这预示着在21世纪末，世界人口数量将是现在的三倍，这必然给我们的生活方式带来翻天覆地的变化。

数据来源：因杜尔·M·高克兰尼（Indur M.Goklany），"我们世界的进步状况"（The Improving State of our World），华盛顿，卡托研究所（Washington DC，Cato Institute）（2007），第36页 1820年以前人类的平均寿命是20—30岁，25岁被认为是平均值。

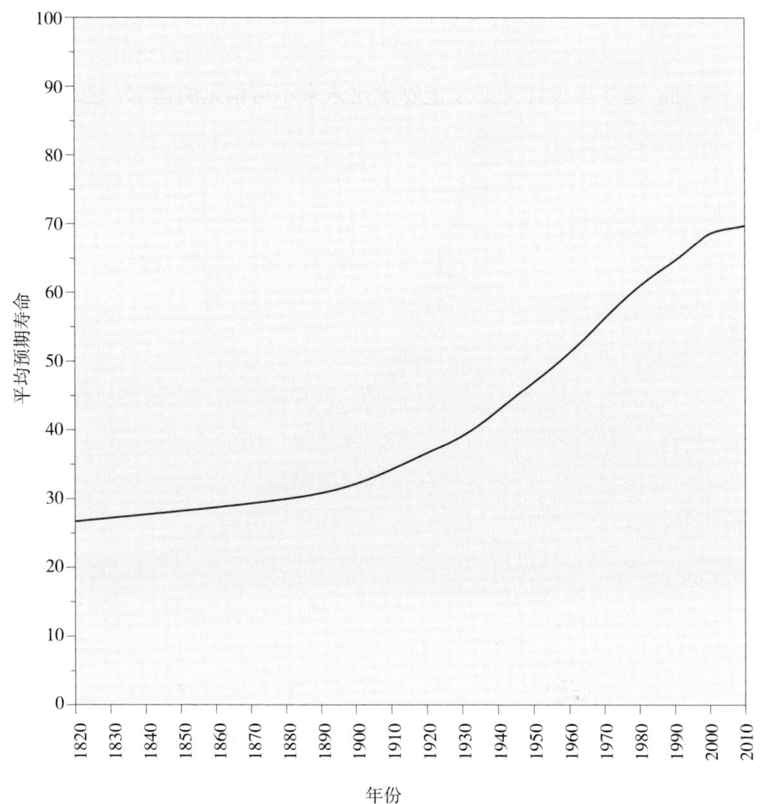

平均寿命的增长
（1820—2010年）

灰色范围表示上图中扩大图表的详细区域

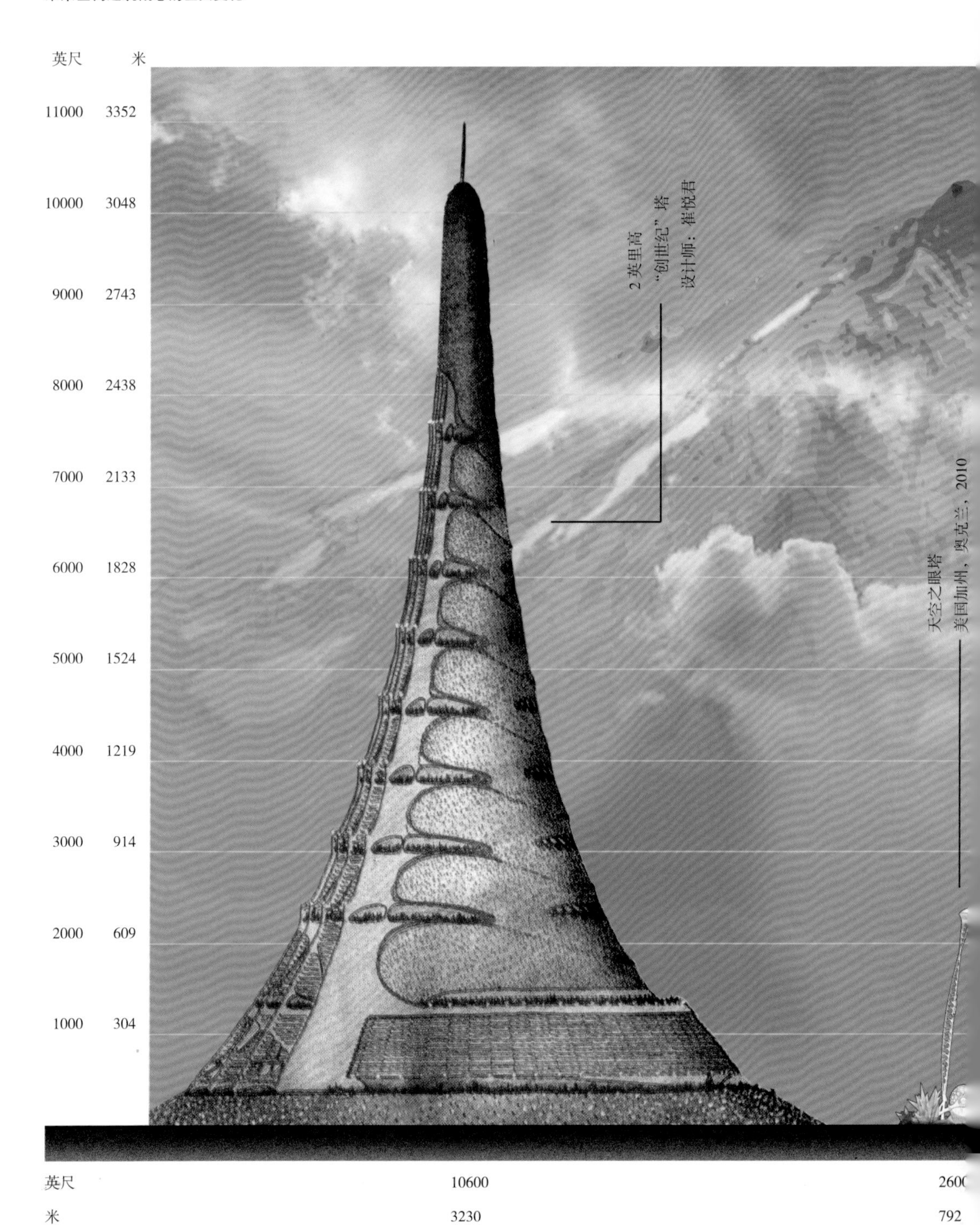
英尺 米
11000 3352
10000 3048
9000 2743
8000 2438
7000 2133
6000 1828
5000 1524
4000 1219
3000 914
2000 609
1000 304
2英里高
“创世纪”塔
设计师：崔悦君
天空之眼塔
美国加州，奥克兰，2010
英尺 10600 2600
米 3230 792

年世界上最高的建筑

创世纪塔，在一个巨型结构中自然环境分层式发展的概念设计构想，由崔悦君博士设计 预想在旧金山建造这个项目，这座塔楼的高度将超过两英里（高度要超过迪拜塔的三倍以上，宽度远远超出迪拜塔的宽度，如图所示）。这个喇叭筒形的张力结构按理说是最稳定的，同时它的空气动力学外形特别为高层建筑而设计，这种外形可以抵御自然灾害。这个大楼并非表现为楼层的建造形式，而是完全体现为一座小型城市的形式，内有景观规划，包含 30—50 米高的“天空”（skies）区域。这座塔楼内部为生态平衡的环境，支持湖泊，溪流，河流，丘陵，沟壑的可持续发展，设置有为住宅，办公，商业，零售和娱乐等建筑配套的景观。在这样的建成环境中，我们可以牧羊、度假，也可以去温馨的、配有辅助设施的老年公寓拜访外婆。

会得到更富有成效的认可。[12] 优秀的艺术家的视觉素养和经验法将广泛地为设计师所采纳，它鼓励和支持人们产生身临其境的感觉。在更宽泛的甚至在看似不同的学科之间建立一种崭新的、广泛的对话，将激发更大的创造力，并提供一种全新的、急需的精神动力。在 21 世纪的知识经济中，这种对话将重新定位设计，它具有复杂的学科、时空、概念、社会政治、文化和物质环境背景。

伴随着当代并不陌生的社会与环境可持续发展的内在挑战，可以展望未来世纪的发展趋势。虽然我们使用甚至滥用地球的范围已经大幅地扩展，但这主要是技术和工业革命的结果，它大幅提高了发达国家的生活水平。[13] 针对这点，敏感的设计师需要再次发挥作用。可持续发展的责任不仅涵盖物质世界的保护，同时也包括我们如何维持自身并与环境协调。它必须成为所有设计研究的不可分割的内在基础。如果设计的主要目标是促进幸福，我们人类如何才能继续生存并且最终不伤害自然界，这个问题不容忽视。

我们仍然可以向早期的人类祖先学习设计知识，尽管他们在这个星球只留下了相对轻微的足迹。在农业产业化兴起之前，人类脆弱的生活状态反映了人类生存与生态之间微妙的平衡关系。大约在 1275 年，阿纳萨齐（Anasazi）人在美国西南部悬崖上挖空的砂岩洞穴中建造了住所，因为悬崖下肥沃的山谷为他们提供了大量的耕地。13 和 14 世纪时山谷生态环境发生了变化，许多土地荒芜，可能是由于水资源的短缺无法维持人类的生存，甚至无法维持少数人的生存。[14] 要是以几十年的时间段来看，阿纳萨齐人在较小的范围内似乎实现了人口和资源的平衡问题——这也是我们需要在更大范围解决的问题。在现代世界中，尽管生存的基本利害关系表现得不明显，但它们也没有发生变化。准确地说，在更加复杂的环境中它们分为各种层次，这已使得生存岌岌可危。我们最基本的生活必需品——食物和水的供应可能会缺乏。[15] 对于高密度的城市中心或大型社会结构而言，淡水资源的稀缺是一种潜在的灾难。虽然扭转这一局面的任务并不在设计师短期的责任范围之内，但是我们必须认识到这种可能性，才能帮助人们实现自然环境和现代人类之间微妙的平衡。随着人口增长和劳动力中老龄化的加剧，可以预料社会行为将发生根本性变化（见第 174 页和 175 页人口平均寿命图表）。实现这种改变必须成为设计的首要目标。

设计是一种理性和直觉的实践，是艺术与科学的组合体。它推动着人类的进步，在任何时候都是权宜之计，使得我们可以继续保持人类的本源：

> 人们现在已经认识到，过分强调纯粹理性思维已经使人们陷入了僵局。人们再次认识到逻辑和理性的局限。也再次认识到形式原理建立在比严格的逻辑更加深刻、更加重要的要素基础上。我们认识到事物并非如此简单，而且我们也无法切断自己与整个历史的联系，哪怕我们希望切断这种联系：它继续与人们生活在一起。[16]

我们认识到设计是人类生存的方式和人类适应性的创造性源泉，现在必须尝试恢复人类进程中的这些“更加深刻的”和“重大的”的要素。设计师必须努力捕捉到高层次的体验形式，从而可以激发我们对于自身和世界的信任感、尊严感、尊重感和自豪感；设计师也必须努力重新创造舒适体验，为人类成功的交流提供平台；设计师还必须努力为人类继续进步奠定责任性的基础。让人类祖先首次进入洞穴所感受到的安宁感和愉悦感的初次体验重新焕发活力。通过重新捕获最初发现的感觉，我们能够设计一种未来的环境——它能带给我们愉悦、快乐、满足和最终的幸福感：即人类的体验。

注释

第一章

1 Guy Davenport, "The Geography of the Imagination," title essay in *The Geography of the Imagination* (Boston: David R. Godine Publisher, 1997).
2 J. Walter Fewkes, "The Cave Dwellings of the Old and New Worlds" in *American Anthropologist* 12:3 (1910), 394. Despite its age, Fewkes' account is still one of the most thorough available. Fewkes (1850–1930) was instrumental in the preservation, excavation, and documentation of numerous Native American sites in the southwestern United States and served as director of the Smithsonian Institution's Bureau of American Ethnology. He supervised excavations at Casa Grande, a Hohokam site just outside Phoenix, Arizona, and at Mesa Verde, Colorado.
3 Norbert Schoenauer, *6,000 Years of Housing* (New York/London: W.W. Norton, revised and expanded edition, 2000), 47.
4 Schoenauer, 21.
5 Lawrence Guy Straus, "Caves: A Paleoanthropological Resource" in *World Archaeology* 10:3 (February 1979), 333.
6 Schoenauer, 91. He introduces the idea that many cultures existing today can be studied to give an insight into earlier and preclassical housing patterns. While much evidence exists to the contrary and while he does include Chinese cave dwellings (pages 75–77) he does not include any references to the American Southwest and concludes the chapter somewhat surprisingly, when he writes: "If one applies knowledge acquired from the study of contemporary Stone Age cultures to view prehistoric ones, it is difficult to accept the notion that man was originally a cave dweller. For example, although the Kalahari Desert has many caves suited for shelter, the Bushmen seldom use them for that purpose. [...] Food-gathering nomads are constantly on the move, and the notion of sedentary cave living is inconsistent with this activity. A sedentary lifestyle belongs to a more advanced society."
7 Shelter, n. Definition 1a. OED *The Oxford English Dictionary*, second edition, 1989. OED Online. Oxford University Press.
8 Shelter, n. Definition 2a. OED online.
9 Note the genre of "shelter magazine," a subtle change in nomenclature used to encompass earlier home or ladies' magazines. Wikipedia defines the genre as a "publishing trade term used to indicate a segment of the U.S. magazine market, designating a periodical publication with an editorial focus on interior design, architecture, home furnishings, and often gardening." en.wikipedia.org/wiki/Shelter_magazine
10 Joseph Rykwert's *On Adam's House in Paradise: The Idea of the Primitive Hut in Architectural History* (New York: Museum of Modern Art, 1972) is the definitive work on the long mythology and cultural relevance of the hut—rather than the cave—in architectural history, and its role in shaping our basic expectations of architecture. Rykwert's history, invaluable as a reference on the imagined early history of architecture across a variety of stories and cultures, also asserts the continued relevance of this early history to the present. The book concludes with the following lines, which evoke the same inspiration for perfection that underpins our examinations of origins: "The return to origins is a constant of human development and in this matter architecture conforms to all other human activities. The primitive hut—the home of the first man—is therefore no incidental concern of theorists, no casual ingredient of myth and ritual. [...] The desire for renewal is perennial and inescapable. I believe, therefore, that [the primitive hut] will continue to offer a pattern to anyone concerned with building, a primitive hut situated permanently perhaps beyond the reach of the historian or archeologist, in some place I must call Paradise. And Paradise is a promise as well as a memory." 192.
11 Joseph Gwilt, *The Encyclopedia of Architecture: Historical, Theoretical, and Practical* (originally published London: Longmans, Green, 1867; reprinted New York: Crown Publishers, 1982), 1. It should be noted that this encyclopedia first appeared at a time when architecture was attempting to establish its professional legitimacy, hence the need to cast the historical net as far back in time as possible. Though architecture's professional existence was legally codified in most places through health, safety, and welfare requirements, its giant historical claim to legitimacy was as the art that encompassed and gave birth to all other arts. Gwilt (1784–1863) had published the *Encyclopedia of Architecture* as early as 1842 but the expanded 1867 edition appeared after his death. Coincidentally, he prepared a translation of Vitruvius in 1826.
12 ibid., 1. Gwilt continues: "Such is in various degrees to be found among people of savage and uncivilised habits; and until it is brought into a system founded upon certain laws of proportion, and upon rules based on a refined analysis of what is suitable in the highest degree to the end proposed, it can pretend to no rank of a high class. It is only when a nation has arrived at a certain degree of opulence and luxury that architecture can be said to exist in it."
13 Others are more charitable to the cave as a valid architectural form. For example, the writings of American architect and author Russell Sturgis (1836–1909): *Dictionary of Architecture and Building* offers an relatively even-handed take in his entry on the cave: "CAVE DWELLING. A natural cave occupied by men as a dwelling place. Caves have been so occupied in all ages. In Europe there are caves that were occupied long ago for an extended period; but in America, while numerous natural caves have been inhabited, the duration of the residence within them was comparatively short." However, the definition of architecture offered in this influential volume—as either the "art and the process of building with some elaboration and with skilled labor" or the "modification" of a building "by means which they become interesting as works of fine art"—does not apply to early shelter or found space. *Dictionary of Architecture and Building*, Russell Sturgis, ed. (New York: The Macmillan Company, 1901), 3 vols. References respectively Vol. I, 478, 144.
14 Sir Banister Fletcher, *A History of Architecture on the Comparative Method* (New York: Charles Scribner's Sons, 17th edition, 1967), 1. Intriguingly, this observation is stated more firmly than in the previous editions, which had only stated that architecture "*must have had* a simple origin in the primitive efforts of mankind." (Author's emphasis added.) Indeed, looking farther back to the fourth edition, published in 1901, the opening of the same section reads even more strongly: "The origins of architecture, although lost in the mists of antiquity, must have been connected intimately with the endeavours of man to provide for his physical wants. It has been truly said that protection from the inclemency of the seasons was the mother of architecture." Fletcher (1866–1953) was the son of an eponymously named architect and politician, who was himself an author and practicing architect in London.
15 ibid., 1–2.
16 ibid., 5. Indeed, the point is underlined in the structure of the contents to Fletcher's book. The chapters on primitive architecture are cordoned off in a prologue, separated from his primary history of architecture. The rest of the book is composed of an interpretation of architectural history as a series of succeeding stylistic epochs—an interpretation that echoes the battles over architectural style in the nineteenth and early twentieth centuries.
17 Most famously formulated by Nikolaus Pevsner in his often-cited declaration: "A bicycle shed is a building; Lincoln Cathedral is a piece of architecture." Nikolaus Pevsner, *Outline of European Architecture* (Harmondsworth: Penguin Books, 1942), 3–4. This

book became a standard text in many design and architecture schools in the period after World War II in lieu of Fletcher.
18 Fletcher, 5. Histories of the interior also tend to be organized along period lines, often even in more recent publications, for example, Peter Thornton, *Authentic Decor: The Domestic Interior* (London: Weidenfeld and Nicholson, 1984).
19 Marcus Vitruvius Pollio, *De Architectura*, is commonly known in translation as *The Ten Books on Architecture*. Though there may be other ancient references to buildings in older manuscripts, Vitruvius' text appears to be the earliest surviving document devoted exclusively to architecture and building. All references to Vitruvius in the text refer to *Vitruvius: The Ten Books on Architecture* (Cambridge, MA: Harvard University Press, 1914). Translated by Morris Hicky Morgan.
20 *Vitrivius: The Ten Books on Architecture*, 38.
21 Vitrivius describes three types of shelter that primitive men originally constructed: "Some made them of green boughs, others dug caves on mountain sides, and some, in imitation of the nests of swallows and the way they built, made places of refuge out of mud and twigs." ibid., 38.
22 Rykwert makes the point that the "original house" had a "double parentage": "the 'found' volume of the cave and the 'made' volume of the tent or bower in a radically reduced form." One might slightly adapt Rykwert's formulation to posit that the "made" volume of the tent or bower mimicked the found space of the cave; see Rykwert 191–92.
23 Marc-Antoine Laugier, *Essai sur l'architecture* (An Essay on Architecture) 1755 (Los Angeles: Hennessey & Ingalls, 1977), 12. Translated and with an introduction by Wolfgang and Anni Herrmann. The entire account is found on 11–12. Laugier's and Vitruvius' accounts are arguably the two most influential stories of the origin of building in the Western tradition, though Laugier's writings are more far more recent, dating from the Enlightenment. While speculative, the Frenchman's argument carries a conceptual clarity not expected from Vitruvius. Laugier (1713–1769) was a Jesuit priest.
24 ;bid., 11.
25 ibid., 11–12.
26 Thomas Hubka, "Just Folks Designing: Vernacular Designers and the Generation of Form" in *Journal of Architectural Education* 32:3 (1979), 27; Bernard Rudofsky, *Architecture Without Architects: A Short Introduction to Non-Pedigreed Architecture* (New York: Doubleday, 1964). For a sequel, see Rudofsky, "Before the Architects" in *Design Quarterly* No. 118–119 (1982), 60–63; here he not only refers back to his earlier book and its acceptance but also discusses "Similarities Between Folk and Modern Design Methods."
27 While cave art generally is perceived to be primarily referring to painting and sculptural activities, it is also extended into other arts, for example, music; see "Stone Age Flutes Are Window Into Early Music," *New York Times* (June 24 , 2008), which describes the existence of musical instruments as far back as 35,000 years ago.
28 See, for instance, Thomas Heyd and John Clegg, *Aesthetics and Rock Art* (Burlington, VT: Ashgate Publishing, 2005).
29 James Marston Fitch and William Bobenhausen, *American Building: The Environmental Forces that Shape It* (New York/ Oxford: Oxford University Press, 1999), 9. This volume reflects ideas that Fitch expressed in similar language in earlier 1948 and 1973 editions of the book. Intriguingly, there is also a direct analogy, in the case of "womb rooms" constructed for premature babies, which are "predicated on the obvious notion that the best place for a premature baby would be the exquisitely complex environment where, in the last three months of gestation, the neural connections in the baby's brain grow exponentially as it curls up in amniotic fluid, listening to the mother's heartbeat, breathing, intestinal gurgling, and pitch of her voice," described by Christine Hauser, "For the Tiniest Babies, The Closest Thing to a Cocoon," *New York Times* (May 29, 2007). According to the article, there is yet little peer-reviewed evidence for the actual scientific underpinnings of such rooms, even as they have grown in popularity.
30 Frank Alvah Parsons, *The Psychology of Dress* (Garden City, NY: Doubleday, Page & Company, 1921), xxi. Parsons' own idiosyncratic capitalization.
31 Fitch and Bobenhausen, 9.
32 Stanley Abercrombie, *A Philosophy of Interior Design* (Boulder: Westview, 1990), 3. He precedes the remark with: "[W]e know from experience that interiors have a power over us that facades can never have. This is not due to the commonly observed fact that we spend most of our time indoors; it is due instead to the fact that interiors surround us and facades are essentially two dimensional and can only be experienced visually. It is the very reason why interiors treated as a formal space are nothing more than a compilation of facades."
33 *The Columbia World of Quotations* (New York: Columbia University Press, 1996). Accessed online at www.bartleby.com/66/. It is an important argument against building and architecture as a (mostly) visual art, to be seen but not experienced.
34 Rykwert, 140.
35 ibid., 140.
36 Fewkes, 391.

第二章

1 Martin Heidegger, *Poetry, Language, Thought* (New York: Harper Colophon Books, 1917). Translated from the German by Albert Hofstadter.
2 C.G. Jung. *Memories, Dreams, Reflections* (New York: Pantheon Books, c. 1963). Recorded and edited by Aniela Jaffé. Translated from the German by Richard and Clara Winston.
3 For a more recent discussion about design, architecture, and phenomenology see Jorge Otero-Pailos, *Architecture's Historical Turn: Phenomenology and the Rise of the Postmodern* (Minneapolis/London: University of Minnesota Press, 2010).
4 This is not to argue that the external world is not real without human perception, a point of view that some philosophers have espoused, Ralph Waldo Emerson prominent among them. Instead, it is more reflective of the works of recent scientists of cognition who recognize that the brain does not always perceive things as they actually are. The most well known of these scientists over the past 30 years has been Oliver Sacks, who has authored popular works such as *The Man who Mistook His Wife for a Hat* (New York: Summit, 1985) and *Musicophilia: Tales of Music and the Brain* (New York: Knopf, 2007).
5 The second and concluding paragraph of the entry states: "The words interior and exterior can be used for physical and moral uses, and we say that modern architecture is concerned with the distribution, commodity and interior decoration, but it has all but neglected the exterior. It is not sufficient that the exterior must be composed; the interior must be innocent. The Chancellor Bacon titled one of his books on inside the man, from the cave. This title makes one shiver." Denis Diderot and Jean le Rond d'Alembert, eds., *Encyclopédie, ou dictionnaire raisonné des sciences, des arts et des métiers* (Encyclopedia, or a systematic dictionary of the sciences, arts, and crafts) (Paris: 1751–1772), Vol. 8, 829. Translated from the French by Patrick Ciccone; there is no standard published English version for this entry. Available online from the University of Chicago: ARTFL Encyclopédie Projet (Winter 2008 edition), Robert Morrissey (ed.), http://encyclopedie.uchicago.edu/. Diderot's reference to Chancellor Bacon concerns the writings of the Englishman Francis Bacon (1561–1626).
6 "Skin" is now a nearly universal, nonjargony way of referring

to the exterior of a building. The term has grown especially popular with the creation of completely smooth building envelopes through advanced curtain wall systems—though such skins are transparent, unlike our own. Similarly, the expression "breathing walls" is commonly used to describe a wall system that has some permeability for air and water vapor, and in more recent times it has been used to contrast characteristics of earlier construction methodologies with airtight building envelopes created today. It could be argued that in our time the word skin referring to buildings has taken on a new meaning as a system of biomorphic enclosures, suggesting a greater ecological awareness of sustainable practices.

7 This argument was made convincingly by Reyner Banham, *The Architecture of the Well-Tempered Environment* (London: The Architectural Press, 1969).

8 Ralph Waldo Emerson, "Works and Days" in *Society and Solitude* reprinted in *The Complete Works of Ralph Waldo Emerson*, Vol. VII (Cambridge, MA: Riverside Press, 1904). The essay opens: "Our nineteenth century is the age of tools. They grow out of our structure. 'Man is the meter [*sic*] of all things,' said Aristotle; 'the hand is the instrument of instruments, and the mind is the form of forms.'"

9 Marshall McLuhan, *Understanding Media: Extensions of Man* (New York: New American Library, 1964).

10 Edward T. Hall, *The Hidden Dimension* (New York: Anchor Books, second edition, 1969), 4.

11 Adrian Forty, *Words and Buildings: A Vocabulary of Modern Architecture* (New York: Thames and Hudson, 2000), 257. Forty writes: "As a term, 'space' simply did not exist in the architectural vocabulary until the 1890s. Its adoption is intimately connected with the development of modernism, and whatever it means, therefore, belongs to the specific historical circumstances of modernism, just as is the case with 'space's' partners, 'form' and 'design.'" He adds: "Much of the ambiguity of the term 'space' in modern architectural use comes from a willingness to confuse it with a general philosophical category of 'space.' To put this issue slightly differently, as well as being a physical property of dimension or extent, 'space' is also a property of the mind, part of the apparatus through which we perceive the world. It is thus simultaneously a thing within the world, that architects can manipulate, and a mental construct through which the mind knows the world, and thus entirely outside the realm of architectural practice (although it may affect the way in which the results are perceived). A willingness to connive in a confusion between these two unrelated properties seems to be an essential qualification for talking about architectural space. [...] The development of space as an architectural category took place in Germany, and it is to German writers that one must turn for its origins, and purposes. This immediately presents a problem for the English-language discussion of the subject, for the German word for space, *Raum*, at once signifies both a material enclosure, a 'room,' and a philosophical concept."

12 Qtd. in Forty, 261. Paul Zucker offers an analysis relevant in this context: the rhetoric of space is at least partially adaptable to theories of human perception, since architecture, like the mind, was organized in the same manner, thus mimicked human perception of inside space: "Thus the idea that one must build from inside to outside, from interior to the volume-body (*von innen nach aussen*) actually became an architectural slogan. [...] space was the decisive factor and its purposeful (functional) organization only a natural symptom of all human activity." Paul Zucker, "The Paradox of Architectural Theories at the Beginning of the Modern Movement," *The Journal of the Society of Architectural Historians* 10:3 (October 1951), 9. The Wölfflin work cited in the article is by the Swiss art historian Heinrich Wölfflin, *Prolegomena zu einer Psychologie der Architektur* (1886).

13 Dom H. Van der Laan, *Architectonic Space: Fifteen Lessons on the Disposition of the Human Habitat* (Leiden: E.J. Brill, 1983). Translated by Richard Padovan. Van der Laan was a Dutch Benedictine monk and also an architect.

14 ibid., 11. The outside world is not actually a limitless plain set against a vast sky. The natural world contains as many types of space as does the architectural world. Yet reducing the natural environment to this paradigm, as Van Der Laan does, is useful in creating an intriguing theory of what makes the insides of buildings and our relation to them unique. There is another more mystical formulation worth citing, by Oswald Spengler: "All Classical building begins from the outside, all Western from the inside ... There is one and only one soul, the Faustian, that craves for a style which drives through walls into the limitless universe of space, and makes both exterior and the interior of the building complementary images of one and the same world-feeling." Oswald Spengler, *The Decline of the West* (New York: Knopf, 1926), qtd. in Peter Collins, *Changing Ideals in Modern Architecture 1750–1950* (London: Faber and Faber, 1965), 292.

15 Van der Laan sees both an emptiness and fullness in space: "This emptiness is as it were subtracted by the space-apart of the walls from the homogenous fullness of natural space, and suspended within it, like a bubble in water.") ibid., 12. He puts into words for our physical environments the sentiments expressed in psychological terms in William Blake's famous lines from *The Marriage of Heaven and Hell*: "If the *doors of perception were cleansed every thing would* appear to man as it is: *Infinite*."

16 He continues: "Precisely because the two space-images are diametrically opposed, they are able to complement each other exactly, like the form of a seal and its imprint in wax. The overall function of the house, the reconciliation of man and nature, is in essence nothing else but this fitting-together of the two space-images: that of the separated space on the one hand, and that of the experienced space on the other." ibid., 12–13

17 From inside to outside is the English translation of the German *von innen nach aussen*, which is a phrase that is used throughout the beginning of the twentieth century and mostly refers to the visual relationship between the inside and outside and thus the transparency of the wall. For a more detailed discussion, see Ulrich Müller, *Raum, Bewegung und Zeit* (Berlin: Akademie Verlag, 2004), 20–21.

18 As summarized in Charles J. Holahan, *Environmental Psychology* (New York: Random House, 1982), 275.

19 Hall, xi.

20 Holahan, 275. Author's emphasis added.

21 French psychiatrist Eugène Minkowski's work offers an intriguing corollary to this concept: "We obviously know the movement of bodies, but we also experience situations where we delineate a path through space without this act or path having something of a material quality to it; in such cases, 'to travel through space' does not have subject properly speaking, it is through its dynamism ['*an a priori dynamism*'] that this space is created." Minkowski, *Vers une Cosmologie: fragments philosophiques* (Paris: Aubier-Montaigne, new edition, 1967), 70, qtd. in Richard Etlin, "Aesthetics and the Spatial Sense of Self," *The Journal of Aesthetics and Art Criticism* 56:1 (Winter 1998), 4.

22 As qtd. in Stanley Abercrombie, *A Philosophy of Interior Design* (Boulder: Westview, 1990), 77. This is a slight paraphrase of Rudofsky's words as they appear in *Behind the Picture Window* (New York/London: Oxford University Press, 1955).

23 The more detailed analysis of the social and functional history is found in Galen Cranz, *The Chair: Rethinking Culture, Body and Design* (New York/London: Norton, 1998).

24 There were interesting attempts to classify the sitting positions of the world's population in the immediate post-World War II era, most notably by Gordon W. Hewes in "World Distribution of Certain Postural Habits," *American Anthropologist* 57:2 (April 1955) 231–44.

25 *Immeuble* in French means all that cannot be moved, from which the French equivalent of real estate, *immobilier*, is derived. The opposite of *immeuble* in French is *meuble* which comprises furniture and all movable objects, including art, within the household. For a good nineteenth-century rendering of these terms and associated French phrases into English, see John Charles Tarver, *The Royal Phraseological English–French, French–English Dictionary* (London: Dulau & Co, 1879). See *immeuble, immobile, immobilier*, 437, and *meuble, meubler*, 520.
26 Hall stated that a fundamental aim of writing *The Hidden Dimension* was "to communicate to architects that the spatial experience is not just visual, but multisensory." Hall, xi.
27 Qtd. in Clare Cooper "The House as Symbol of the Self" in *Environmental Psychology, 2nd Edition: People and Their Physical Settings*, Harold M. Proshansky, William H. Ittleson, Leanne G. Rivlin, eds. (New York: Holt, Rinehart and Winston, 1976), 435–36.
28 Socrates quotes Protagoras as the origin of the idea in the c. 360 BCE dialog *Theaetetus*. For a standard English version, see Plato, *Theaetetus*. Translated by Benjamin Jowett, c. 1892, available online at classics.mit.edu/Plato/theatu.html.
29 The anthropic principle in science is defined as "the principle that theories of the universe are constrained by the need to allow for man's existence in it as an observer." From "Anthropic, a." Definition 1a. *OED The Oxford English Dictionary*. Second edition, 1989. OED Online. Oxford University Press.
30 Though the passage in Vitruvius and Leonardo's rendering of it have been celebrated for centuries, it was Kenneth Clark's *The Nude: A Study of Ideal Art* (New York: Pantheon Books, 1956) which brought wide attention to Leonardo's rendering in the twentieth century, and where the "Vitruvian Man" as a expression in English was popularized.
31 *Vitruvius: The Ten Books on Architecture* (Cambridge, MA: Harvard University Press, 1914), 72. Translated by Morris Hicky Morgan. A different translation of the same quote, along with an interesting analysis, can be found in Joseph Rykwert, *The Dancing Column: On Order in Architecture* (Cambridge, MA: MIT Press, 1998), 97.
32 The complete list provided by Vitruvius follows: "For the human body is so designed by nature that the face, from the chin to the top of the forehead and the lowest roots of the hair, is a tenth part of the whole height; the open hand from the wrist to the tip of the middle finger is just the same; the head from the chin to the crown is an eighth, and with the neck and shoulder from the top of the breast to the lowest roots of the hair is a sixth; from the middle of the breast to the summit of the crown is a fourth. If we take the height of the face itself, the distance from the bottom of the chin to the under side of the nostrils is one third of it; the nose from the under side of the nostrils to a line between the eyebrows is the same; from there to the lowest roots of the hair is also a third, comprising the forehead. The length of the foot is one sixth of the height of the body; of the forearm, one fourth; and the breadth of the breast is also one fourth. The other members, too, have their own symmetrical proportions, and it was by employing them that the famous painters and sculptors of antiquity attained to great and endless renown." *Vitruvius: The Ten Books on Architecture*, 72. These proportions can easily be measured against one's own body, and are often off by significant margins. Performing such an experiment on oneself or on a host of other bodies was not the aim of this system, for it is not a human-centered system but rather an expression of universe.
33 Rykwert, *The Dancing Column*, 99.
34 *Vitruvius: The Ten Books on Architecture*, 72–73
35 Qtd. in Anthony Blunt, *Artistic Theory in Italy 1450–1600* (London/New York: Oxford University Press, 1940; 1968 reissue, unrevised), 18.
36 Rudolf Wittkower, *Architectural Principles in the Age of Humanism* (London: Alec Tiranti, third edition, 1962), 14, 15. Leonardo da Vinci, who criticized Alberti's methodology and recommended the observation of human difference as the basis for understanding proportion, claimed that otherwise these figures on a "single model" threatened to "all look like brothers." However, even though da Vinci recommended the study of human variation, he still did so to indicate divine proportions. Leonardo's associate, mathematician Luca Pacioli, wrote in the 1509 book *Divina proportione* that man must be considered first when talking about architecture, "because from the human body derive all measures and their denominations and in it is to be found all and every ratio and proportion by which God reveals the innermost secrets of nature." Leonardo da Vinci and Pacioli, both quoted in Blunt, 32.
37 Edmund Burke, *On the Sublime and Beautiful*. Vol. XXIV, Part 2. *The Harvard Classics* (New York: P.F. Collier & Son, 1909–1914). Available online at www.bartleby.com/24/2/.
38 ibid.
39 That phrase is taken from the first English edition of Le Corbusier's 1948 book devoted to the system, *The Modulor: A Harmonious Measure to the Human Scale Universally Applicable to Architecture and Mechanics* (London: Faber and Faber, 1956). The system uses a Fibonacci sequence (in fact, miscalculated) to render the human body in numerical proportion, based on a height from feet to navel of 3½ feet (1.08 meters), later revised to 3⅝ feet (1.13 meters). In the 1955 sequel, published in English in 1958 as *Modulor 2: Let the User Speak Next* (London, Faber and Faber, 1958), Corbusier printed letters of testimony from architects and designers worldwide who claimed to have successfully applied the universal principles of the Modulor to their own designs. The figure of the Modulor man can, of course, be seen in 1:1 scale in Corbusier's later buildings, most notably the Unité d'Habitation in Marseilles.
40 The book was first published in German as Ernst Neufert, *Bauentwurfslehre, Grundlagen, Normen und Vorschriften über Anlage, Bau, Gestaltung, Raumbedarf, Raumbeziehungen: Masse für Gebäude, Räume, Einrichtungen und Geräte mit dem Menschen als Mass und Ziel: Handbuch für den Baufachmann, Bauherrn, Lehrenden und Lernenden* (Berlin: Bauwelt, 1936) and has subsequently been translated into 18 languages. Neufert (1900–1986) served as Walter Gropius' assistant in the 1920s at the Bauhaus and went on to establish his own firm after World War II. During the war he was instrumental in standardizing German industry under Albert Speer.
41 Henry Dreyfuss, *The Measure of Man: Human Factors in Design* (New York: Whitney Library of Design, 1960). Later editions have been retitled *The Measure of Man and Woman: Human Factors in Design*.
42 Dreyfuss recognized there were separate classifications of needs—physical and often psychological—for different groups. Probably the most significant such group is the physically disabled, for whom there are numerous design requirements in local building codes. Similar design criteria for other needs groups will inevitably develop over time.
43 Grant Hildebrand, *Origins of Architectural Pleasure* (Berkeley: University of California Press, 1999)
44 ibid., 9. The book is a synthesis of a large amount of primary research from both within and beyond the province of design. By taking this approach Hildebrand extends the natural selection process to include, among other things, the reward of those who make good homes: "If we are to have a good chance of survival success, we must be highly competent at four basic activities: ingestion, procreation, the securing of appropriate habitation, and exploration."
45 ibid., 22. The terms are not Hildebrand's invention but represent the synthesis of several decades of research on human environmental desires.
46 ibid., 22, quoting D.M. Woodcock, "A Functionalist Approach to Environmental Preference (PhD diss., University of Michigan,

1982). Hildebrand writes: "D.M. Woodcock has introduced a distinction between the characteristics of a setting we actually occupy and those of a setting we could occupy. He calls the conditions of an immediate setting primary refuge and primary prospect; conditions of a setting seen at a distance he terms secondary refuge and secondary prospect." Hildebrand's terms are directly inspired by Jay Appleton's concept of refuge in *The Experience of Landscape* (Chichester, UK: John Wiley & Sons, 1975). There is not a completely secure scientific underpinning for these suppositions—they are largely drawn from the realm of philosophy rather than empirical data.

47 Jane Jacobs, *The Death and Life of Great American Cities* (New York: Random House, 1961), 35.

48 Oscar Newman, *Defensible Space: Crime Prevention through Urban Design* (New York: Macmillan, 1972). The book was released in the United Kingdom under the somewhat more colorful title *Defensible Space: People and Design in the Violent City* (London: Architectural Press, 1973) and was subsequently adapted for design guidelines by the US National Institute of Law Enforcement and Criminal Justice as *Design Guidelines for Creating Defensible Space* (Washington, DC: National Institute of Law Enforcement and Criminal Justice, Law Enforcement Assistance Administration, US Department of Justice: US Government Printing Office, 1976).

49 With Jacobs, one can cite the attempts to replicate—successfully or unsuccessfully—the urban elements of New York City's West Village and Boston's North End in the design guidelines of the Congress of the New Urbanism, arguably the most influential United States urban design movement of the past three decades.

50 comfort, n. *OED The Oxford English Dictionary*. Second edition, 1989. OED Online. Oxford University Press.

51 Reyner Banham, *The Architecture of the Well-Tempered Environment* (London: The Architectural Press, 1969), 8. A wide variety of authors have addressed the concept of comfort; the two most compelling, apart from Banham, are James Marston Fitch, in various editions of *American Building* (see individual notes for bibliographic information), and Witold Rybcyznski in *Home: A Short History of an Idea* (New York: Viking, 1986).

52 Unlike many other airports, New York's JFK was designed as a collection of separate terminals for the individual airlines. Many of these early terminals have since been replaced with newer facilities reflecting the changes in volume and expectations for contemporary airline travel.

53 Ralph Waldo Emerson, "Experience" in *Essays: Second Series* (Boston and New York: Houghton Mifflin, 1889), 56.

54 Marc-Antoine Laugier, *Essai sur l'architecture* (An Essay on Architecture). Translated and with an introduction by Wolfgang and Anni Herrmann, (Los Angeles: Hennessey & Ingalls, 1977), 81.

55 The French term was *convenance*, which does not translate literally as convenience. The term was used in association with *distrubution* from Vitruvius' *distribution*, meaning "the suitable arrangement of all the parts of a building." See especially, J.L. de Cordemoy, *Nouveau traité de toute l'architecture* (Paris: J.B. Coignard, second edition, 1714; Farnborough: Gregg, 1966), 236.

56 Rybcyznski, 31–32.

57 Sigfried Giedion, *Mechanization Takes Command* (New York: Oxford University Press, 1948), 260. A great deal has been written since about the cultural and historical dimensions of the concept of comfort. See, for instance, J.E. Crowley, *The Invention of Comfort* (Baltimore: The Johns Hopkins University Press, 2001) and K.C. Grier, *Culture and Comfort: Parlor Making and Middle-Class Identity, 1850–1930* (Washington, DC: Smithsonian Institution Press, 1997).

58 Indeed, one might remark upon the odd situation where many Americans, during the summer, wear significantly fewer layers of clothing inside air-conditioned environments than they did when environments were not air-conditioned—a disconnect between the formal and the functional roles.

59 It is hard to imagine a more 180-degree view from contemporary thinking, which seeks to restore natural lighting and natural ventilation to the office. Herman Worsham, "The Milam Building" in *Heating, Piping and Air Conditioning* 1 (July 1929), 182, qtd. in Cecil D. Elliot, *The Development of Materials and Systems for Buildings* (Cambridge, MA/London: MIT Press, 1992), 320.

60 Privacy, n. OED online. The full etymology is listed as being "from the Anglo-Norman *privеté, privetee, priveitie, priveité, privité, privitee* and Old French *priveté*, Old French, Middle French *privité* secrecy, secret (*c*1170 in Old French), familiarity, intimacy (*c*1170 in Anglo-Norman) < *privé* PRIVY *adj.* + *-té* -TY *suffix*1; compare -ITY *suffix*. Compare post-classical Latin *privitas* intimacy, familiarity (9th cent.), private capacity (1333 in a British source)." In more current discussions the term privacy seems to be applied more to rights with regard to the protection of information from search or other intrusions. The word architecture is also found in that context, but it refers to the architecture of information systems and not buildings.

61 Rybcyznski, 28. He also writes: "Before the idea of the home as the seat of family life could enter the human consciousness, it required the experience of both privacy and intimacy, neither of which had been possible in the medieval hall." ibid., 48.

62 Walter Benjamin, *Reflections: Essays, Aphorisms, Autobiographical Writings* (New York: Harcourt Brace Jovanovich, 1978), 154. Edited and with an introduction by Peter Demetz. Translated by Edmund Jephcott. Benjamin also poses the interior as the opposite of the "private person who squares his accounts with reality in his office and demands the interior be maintained in his illusions." The passage has been frequently quoted in architectural theory and, in the past decade, in writing on interiors.

63 Privacy is, as influentially defined in the 1890 essay "The Right to Privacy," both "the right to be let alone" *and* "the right to one's personality." Though this definition is legal, its connection to the human response to the built environment is relevant: privacy is a psychological reflection of the self rendered in terms of architecture. Samuel Warren and Louis Brandeis, "The Right to Privacy," (1890), qtd. in Judith DeCew, "Privacy" in *The Stanford Encyclopedia of Philosophy* (Fall 2008 edition), Edward N. Zalta, ed., plato.stanford.edu/archives/fall2008/entries/privacy/>. Warren and Brandeis' essay is the foundation of American legal writing about privacy, which is, for the most part, only of passing interest here.

64 Tomas Maldonado, "The Idea of Comfort" in *Design Issues* 8:1 (Autumn 1991), 43. The article is a translation from Italian by John Cullars of an essay in Tomas Maldonado's *Il Futuro della Modernità* (Milan: Feltrinelli, 1987).

65 Benjamin, 154.

66 This terminology represents the criteria that most professional bodies and legal authorities impose upon certification and licensing of design professionals.

67 Edward Diener, "Guidelines for national indicators of subjective well-being and ill-being." http://www.psych.uiuc.edu/~ediener/Guidelines_for_National_Indicators.pdf, 4–6. The Gallup-Healthways Well-Being Index is located at www.well-beingindex.com/.

68 Alain de Botton, *The Architecture of Happiness* (New York: Vintage, 2006), 152. Indeed, the sight of beauty may provoke sadness, rather than happiness, because it forces us to recognize the gap between our daily existence and the object that we observe. De Botton further emphasizes this point: "It is perhaps when our lives are at their most problematic that we are likely to be most receptive to beautiful things." He underlines that those in a passive state of contentment—those whose needs for safety, comfort, and privacy have been fulfilled—are perhaps the least likely to react to aesthetic experience: "Our downhearted moments provide architecture and art with their best openings, for it is at such times that our hunger for their ideal qualities will be at its height." ibid., 150.

69 William Lescaze, *On Being an Architect* (New York: G.P. Putnam's Sons, 1942), 47.

第三章

1 Jean-Anthelme Brillat-Savarin, *The Physiology of Taste* (New York: Knopf, 1971), 33. Translated by M.F.K. Fisher.

2 Not surprisingly, the discipline's exact point of origin is vastly open to interpretation. In some instances, it is argued that the discipline did not come into being until the beginning of the twentieth century, and its existence is conflated with interior decoration. A recent article in the *New Yorker* on decorator Kelly Wearstler, for example, states with a tone of authority: "Interior design as profession was invented by Elsie de Wolfe, an actress from a middle-class family, who catered to the new-money aristocrats of the Gilded Age: Condé Nast, Anne Vanderbilt, Henry Clay Frick." Dana Goodyear, "Lady of the House: Kelly Wearstler's maximal style," *New Yorker* (September 14, 2009), 63.

3 Clive D. Edwards, "History and Role of the Upholsterer" in *Encyclopedia of Interior Design*, Joanna Banham, ed. (London: Routledge, 1997), 1321–22.

4 Ayn Rand, *The Fountainhead* (Indianapolis: Bobbs-Merrill, 1943). Though the novel was primarily a literary exposition of Rand's objectivist philosophy, the character of Roark was modeled—at least in his individualism—after Wright. There is a 1949 film version of the story starring Gary Cooper. The film's director, King Vidor, engaged Wright to design Howard Roark's architectural projects as they would appear in the film, but Warner Bros. executives blocked Wright's participation after balking over his fee of 10 percent of the budget, his standard rate for an architectural commission.

5 C. Victor Twiss, "What is a Decorator?" in *Good Furniture* 10 (February 1918),109. Twiss notes that "The term Interior Decorator is of comparatively recent origin. While the writer is unable to state just when it was first used, he is sure it has not been generally used longer than twenty-five or thirty years," which, by subtraction, dates back to the 1890s. This would seem to confirm the thesis that the concept of interior decoration—which is a more limited practice than interior design, despite the current cultural conflation of the two—is a much more recent phenomenon than interior design, with its history deeply embedded in human evolution. Intriguingly, Twiss says that the interior decorator must "be a student of the principles of psychology so that he will be able to do the right thing for the right person." Twiss was identified in the byline as "C. Victor Twiss, Interior Decorator."

6 There is a substantial body of sophisticated writing on interior decorating from this period. The three most famous figures and their works are Elsie de Wolfe (1865–1950), *The House in Good Taste* (New York: Century, 1913), collected after serial publication in *Good Housekeeping*; Edith Wharton (1862–1937), *The Decoration of Houses* (New York: Charles Scribner's Sons, 1897), co-written with Boston architect Ogden Codman; and Dorothy Draper (1889–1969), *Decorating is Fun: How to Be Your Own Decorator* (New York: Doubleday, Doran & Company, Inc., 1939). The epigraph to Wharton's book from Henry Mayeux, *La Composition decorative* (Paris: A. Quantin, 1885), is particularly intriguing: "*Une forme doit être belle en elle-même et on ne doit jamais compter sur le décor appliqué pour en sauver les imperfections*" (A form must be beautiful in its own right, and applied décor must never be relied upon to save it from its imperfections). Other later publications that extend the analysis of interior decoration include Frank Alvah Parsons, *Interior Decoration: Its Principles and Practice* (Garden City, NY: Page & Company, 1915) and Sherrill Whiton, *Elements of Interior Decoration* (Chicago: Lippincott, 1937), with recent editions incorporating interior design into the title as Sherrill Whiton and Stanley Abercrombie, *Interior Design and Decoration* (Upper Saddle River, NJ: Pearson Prentice Hall, 2008). Parsons started a course in interior decoration in 1906 as president of the New York School of Fine and Applied Art in New York City (now integrated into The Parsons New School for Design); Whiton founded in 1915 what is now the New York School of Interior Design. Many of the earlier introductions to interior design and decorating contain substantial sections dedicated to the various stylistic periods in France and England; it was not until after World War II that modern interiors and planning began to be included in these volumes. See *House and Garden's Complete Guide to Interior Decoration*, Richard Wright, ed. (New York: Simon and Schuster, 1947), for instance, which presents a mixture of traditional and more modern designs and detailing. Contemporary histories of interior design strike a more balanced note. See, for instance, John Pile, *A History of Interior Design* (New York: John Wiley & Sons, 2004). Much has been published about the role of women and their place in the discipline and professional life including architecture and interiors, and the fact it was considered a "suitable" occupation. See, for instance, M.A. Livermore, *What Should We do with Our Daughters?* (Boston: Lee and Shepard, 1883); G.H. Dodge, *What Women Can Earn: Occupations of Women and their Compensation* (New York: F.A. Stokes, 1899); H.C. Candee, *How Women May Earn a Living* (New York: The Macmillan Co., 1900) of which chapter 7 is titled "Architecture and Interiors." The same author, Helen Churchill Candee, published a book titled *Decorative Styles and Periods in the Home* (New York: F.A. Stokes, 1906). Finally, F.E. Willard, *Occupations for Women: A Book of Practical Suggestions for the Material Advancement* (Cooper Union NY, Success Co., 1897). Willard was also deeply involved in other women's issues and the temperance movement. More contemporary sources about the important role of women designers include: Isabelle Anscombe, *A Woman's Touch: Women in Design from 1860 to the Present Day* (New York: Viking Penguin, 1984) and Adam Lewis, *The Great Lady Decorators: The Women Who Defined Interior Design, 1870–1955* (New York: Rizzoli, 2009).

7 This is not to say that demand for professional decorators existed only for domestic clients in the late nineteenth century; at the highest levels of architectural practice, there were firms that specialized in interior decoration in buildings designed by leading New York City firms, as Robert Koch noted in his history of Louis C. Tiffany: "During the early eighties Louis C. Tiffany and the Associated Artists were well on their way to becoming one of New York's top decorating concerns. Only the New York firms of Marcotte and Co. and the Herter Brothers were considered more fashionable, but the Tiffany firm was known as the most 'artistic.' The Associated Artists not only decorated dozens of interiors but produced many of the decorative accessories to go with them. Much of their work came to them from the rapidly growing architectural firm of McKim, Mead, and White, although Stanford White favored La Farge for his interiors until they disagreed in 1888." Robert Koch, *Louis C. Tiffany, Rebel in Glass* (New York: Crown Publishers, Inc., 1964, third edition 1982), 16. Also, "interior design" was used to describe the interior work of architects; see the posthumous estimation of "Richardson as an Interior Designer," *The Art Amateur* (August 1887), 62–63. By the end of the nineteenth and the first quarter of the twentieth century the fascination with French eighteenth-century architecture and interiors led to the replication of these interiors not just in the United States. The work of French

decorating firms such as Allard et Fils or Carlhian et Fils, who acted almost in a design–build capacity in close collaboration with the building's architects, is not yet fully explored.

8 William Seale, *The Tasteful Interlude: American Interiors through the Camera's Eye, 1860–1917* (New York: Praeger Publishers, 1975), 11, 19.

9 In the 1840s, Catherine E. Beecher, sister of Harriet Beecher Stowe, the author of *Uncle Tom's Cabin*, published her first book, *Treatise of Domestic Economy, for the Use of Young Ladies at Home and at School* (Boston: T. H. Webb, 1842), later reprinted numerous times. After the Civil War, the sisters authored the equally popular *American Woman's Home, or Principles of Domestic Science, being a guide to the formation and maintenance of economical, healthful, beautiful, and Christian homes* (New York: J.B. Ford, 1869). The subject of home economics became deeply embedded in education, ranging from degrees offered at colleges to high school curricula. The widespread popular interest in the beauty and the efficiency of the home is also reflected in the appearance of what could be could considered early versions of what we would call shelter magazines today, including *Ladies' Home Journal* and *Practical Housekeeper* (1888), *Architectural Digest* (1920), *Better Homes & Gardens* (1924), and *House Beautiful* (1924).

10 Robert Gutman, *Architectural Practice, A Critical View* (Princeton: Princeton Architectural Press, 1988), 64–65. See also Mary N. Woods, *From Craft to Profession: the Practice of Architecture in Nineteenth-Century America* (Berkeley CA: University of California Press, 1999). Woods observes that, "Beginning in the late nineteenth century, many women interested in architecture were shunted into allied fields like interior design," footnote, 139. For a comprehensive short survey of the role of women in the architectural profession, see Gwendolyn Wright, "On the Fringe of the Profession" in *The Architect: Chapters in the History of the Profession*, Spiro Kostof, ed. (New York: Oxford University Press, 1977), 280–308.

11 The reference comes from an intriguing letter to the editor by American lexicographer Frank H. Vizetelly that appeared in 1935 in the *New York Times*, under the heading "Embellishers: Name Offered to Describe Interior Decorators". *New York Times* (June 30, 1935), E9. Vizetelly challenges the claims by the American Institute of Decorators, published in a previous article, that "not a single one of all the thousand dictionaries in existence gives a proper definition of what these people (decorators) are or what they do." To the contrary, Vizetelly wrote: "For nearly two centuries the word decorator has meant 'one who professionally decorates houses, public buildings, &c., with ornamental painting, plaster work, gilding and the like. In 1787 Sir John Hawkins described James and Kent as 'mere decorators' in his 'Life of Samuel Johnson,' but by 1885 the term had taken a more dignified position in the language, for in the Queen's Bench Division evidence was taken (Law Reports 14) concerning persons who 'carried on the business of upholsters, house painters and decorators.'" The letter concludes by suggesting a new name to substitute for the semantic confusion evident among decorators: "If decorators are not satisfied with the word that they themselves have used as the name of their institution, why not change it and substitute 'embellishers'?"

12 Interior architecture, another term that has gained currency in the past two decades, can be traced back at least to the 1920s, as evidenced in the unsigned article "Interior Architecture: The Field of Interior Design in the United States. A Review of Two Decades: Some Comments on the Present and a Look into the Future" in *The American Architect* (January 2, 1924), 25–29.

13 Codman and Wharton, qtd. in the excellent analysis by Pauline C. Metcalf, "Design and Decoration" in *Odgen Codman and the Decoration of Houses*, Pauline C. Metcalf, ed. (Boston: Boston Athenaeum, 1988), 65–66.

14 Peter Collins' *Changing Ideals in Modern Architecture* (London: Faber and Faber, 1965), a wide-ranging theoretical survey of the origins of modern architecture, ascribes numerous modernist theories to architectural concepts that emerged in the mid-eighteenth century, many of which revolved around the plan and design of interior space. Though interior design is not analyzed in detail in the book, the phrase "interior design" appears in the chapter "The Influence of Industrial Design," where Collins proposes a trio of eighteenth-century French architects as the first designers who can be considered both architects and interior designers in the modern sense: "[Germain] Boffrand was not only one of the greatest architects of his day, but, together, with Jean-François Blondel and Robert de Cotte, was one of the first to establish himself as an interior designer." 266.

15 *Distribution*, from Vitruvius' *distributio*, meaning "the suitable arrangement of all the parts of a building." J.L. de Cordemoy, *Nouveau traité de toute l'architecture*, (Paris: J.B. Coignard, second edition, 1714; reprinted Farnborough, UK: Gregg, 1966), 236. Blondel wrote that distribution was directly tied to decoration: "In addition to consisting of arranging well all of the rooms composing a building, there is another sort of distribution, which concerns decoration, both interior and exterior." Jacque-François Blondel, *De la distribution des maisons de plaisance* (Paris: C.A. Jombert, 1737; reprinted Farnborough, UK: Gregg, 1967). See also, Germain Boffrand's 1745 *Livre d'architecture: contenant les principes généraux de cet art, et les plans, elevations et profils de quelques-uns des bâtimens faits en France & dans les pays étrangers* (Paris: Chez Guillaume Cavelier père, rue Saint-Jacques, au Lys d'or, 1745), available in English as *Book of architecture: containing the general principles of the art and the plans, elevations, and sections of some of the edifices built in France and in foreign countries* (Burlington, VT: Ashgate, 2002), edited with introduction and notes by Caroline van Eck, translated by David Britt; and Jacques-François Blondel, *Cours d'architecture, ou, Traité de la décoration, distribution & construction des bâtiments; contenant les leçons données en 1750, & les années suivantes* (Paris: Desaint, 1771–77).

16 For a critical history of the exact role played by architects in eighteenth-century France, see Katie Scott, *The Rococo Interior* (New Haven: Yale University Press, 1995), 65–77.

17 Charles Matlack Price, "Architect and Decorator," *Good Furniture* (1914), 554. Price's notion of the interiors practitioner is far closer to the decorator than to the interior designer as we have laid it out here. He writes that "interior decoration was a profession demanding not only taste but a minute and conscientious consideration of all details of wood-work, ornamental plaster, rugs, tapestries, fabrics, papers, lighting, fixtures, hardware and furniture and the like." ibid., 554. It is important to note that Price was a frequent contributor to various architectural and design magazines at the time.

18 Bobbye Tigerman, "'I Am Not a Decorator': Florence Knoll, the Knoll Planning Unit and the Making of the Modern Office" in *Journal of Design History* 20:1 (2007), 63.

19 ibid., 63.

20 The splinter group that formed the National Society of Interior Designers broke off from the New York chapter of the American Institute for Decorators (AID), which had been formed in 1931. In 1961, reflecting a changing professional environment, AID itself changed its name to the American Institute of Interior Designers while keeping the same acronym. The two organizations merged in 1975 to form the American Society of Interior Designers (ASID). The maturation and development of these professional organizations was mirrored by attempts to develop more standardized interior design education and licensing standards; the Interior Design Educators Council (IDEC) was formed in 1963, and the National Council for Interior Design Qualification (NCIDQ) was formed in 1974. The International Interior Design Association (IIDA) was not formed until 1992.

See Christine M. Petroski, *Professional Practice for Interior Designers* (New York: Wiley-Interscience, 2001), 7–13, for a good summary of the recent history of the interior design professional organizations.

21 In recent years attempts are being made to correlate knowledge obtained in the neurosciences with the design of buildings and spaces. An example is the 2003 initiative by the San Diego Chapter of the American Institute of Architects in creating the Academy of Neurosciences for Architecture. Here scientists and designers are brought together for workshops. A good summary of these various efforts can be found in Emily Anthes, "Building around the Mind" in *Scientific American*, April/May/June 2009, 52–59. The conclusions presented in the article would seem quite apparent to most designers. A more interesting article in the same issue is Vilayanur S. Ramachandran and Diane Rogers-Ramachandran, "The Power of Symmetry," 20–22, which discusses studies of the figure ground and their relationship to the perception of motion.

22 "Psychology, n." OED *The Oxford English Dictionary*. Second edition, 1989. OED Online. Oxford University Press. The term *psychology* combines *psycho-* (of or relating to the soul or spirit) with *-logy* (study of); the word appeared first in post-classical Latin *psychologia* (late sixteenth century, originally in German sources: see note 24); it was adapted as substantially the same word in all western European languages.

23 ibid. Author's emphasis added.

24 "psychology." *Encyclopedia Britannica*. 2009. Encyclopedia Britannica Online. <search.eb.com/eb/article-9061727>.

25 T.H. Huxley, *Hume, with Helps to the study of Berkeley: Essays* (New York: D. Appleton & Company, 1896), 59. The essay itself is from 1879 and was reprinted and quoted in psychology textbooks as early as the following year. Huxley's most familiar public face was as "Darwin's Bulldog"—as the defender and Great Britain's chief popularizer of the Darwinian theory of evolution.

26 The spleen, for example, was regarded as the seat of melancholy or morose feelings, and also (somewhat contradictorily) as the seat of laughter or mirth. The sixteenth-century expression "from the spleen" could be seen as synonymous with what we mean today by "from the heart." We have kept the latter expression, even though we know full well the heart is not the seat of human emotion.

27 Gaston Bachelard, *La Terre et les rêveries du repos* (Paris: José Corti, 1948). Translation appears in Joan Ockman ed., *Architecture Culture 1943–1968: A Documentary Anthology* (New York: Rizzoli/Columbia, 1993), 112–13.

28 Huxley, 60.

29 William James, "A Plea for Psychology as a 'Natural Science'" (1890) in William James, *Collected Essays & Reviews* (New York: Longmans, Green & Co., 1920), 317.

30 William James, *Principles of Psychology* (New York: Henry Holt and Co., 1890, 1918 edition), 468.

31 Except, of course, in a post facto identification that occurs in a book like Jonah Lehrer's *Proust Was a Neuroscientist* (New York: Houghton Mifflin Harcourt, 2007), which argues that writers like Proust were, through literature, already conducting the basic outlines of what we would now recognize as cognitive science.

32 According to the *Encyclopedia Britannica*, "the general assumption [of the logical positivists] was that, insofar as biology is like physics, it is good science, and insofar as it is not like physics, it ought to be. The best one can say of modern biology, in their view, is that it is immature; the worst one can say is that it is simply second-rate." See "nature, philosophy of ." *Encyclopedia Britannica*. 2009. Encyclopedia Britannica Online. <search.eb.com/eb/article-36170>.

33 Different design and research methodologies have been proposed and published, though they all fall short. Most seek to develop basic comparative data as it relates to the factual planning needs of a project. A good example from an architectural perspective is Linda Groat and David Wang's *Architectural Research Methods* (New York: John Wiley & Sons, 2002). On the design end, see Graeme Sullivan, *Art Practice as Research: Inquiry in the Visual Arts* (Thousand Oaks, CA: Sage Publications, 2005). Note should also be made of the *Journal of Interior Design*, published by the Interior Design Educator's Council (IDEC), where many tightly defined experimental and design observation studies and experiments may be found.

34 "science." *Encyclopedia Britannica*. 2009. Encyclopedia Britannica Online. <search.eb.com/eb/article-9066286>.

35 The most significant attempt is Denise A. Guerin and Caren S. Martin, *The Interior Design Profession's Body of Knowledge: Its Definition and Documentation*, first published in 2001 and revised in 2005.

36 Richard Neutra, *Survival Through Design* (New York: Oxford University Press, 1954). A subsequent 1969 edition of the book has an introduction by Raymond Neutra. Intriguingly, Richard Neutra collapsed physiology and psychology into one term, physiopyschology, derived from Wilhem Wundt's *Principles of Physical Psychology*. The young Neutra, it's worth pointing out, knew Freud personally. In a 1967 interview he recounted Freud scoffing at him for having read Wundt: for Freud, "the formative and molding influences of a human mind were primarily human relations." Sylvia Lavin in "Open the Box: Richard Neutra and the Psychology of the Domestic Environment" writes: "On the one hand, it is now taken for granted that the environment has an impact on psychic life and, indeed, seems a banal observation of pop psychology. On the other hand, Neutra's writings have a frenzied and pseudoscientific air that has isolated them from the architectural mainstream. Thus Neutra's ideas have fallen prey twice: first to the idea that they are too popular to be serious and second to the idea that they are too idiosyncratic to have broad cultural significance." Sylvia Lavin, "Richard Neutra and the Psychology of the Domestic Environment," *Assemblage* 40 (December 1999), 8. Lavin has continued to publish about Richard Neutra, most recently, "Form Follows Libido: Architecture and Richard Neutra in a Psychoanalytic Culture" in *Harvard Design Magazine* 29 (Fall–Winter, 2008–2009) 161–64, 167.

37 Richard J. Neutra and Richard Hughes, "Interview with Richard J. Neutra" in *Transition* 29 (February–March, 1967), 22–34.

38 Neutra, *Survival Through Design*, 86

39 Neutra, "Human Setting in an Industrial Civilization" in *Zodiac* 2 (1958), 69–75. Reprinted in Joan Ockman, ed., *Architecture Culture 1943–1968: A Documentary Anthology* (New York: Rizzoli/Columbia, 1993), 287

40 For introduction to the principles of biomimicry, see Janine M. Benyus, *Biomimicry: Innovation Inspired by Nature* (New York: Perennial, 1998); for permaculture, see, for instance, David Holmgren, *Permaculture: Principles and Pathways Beyond Sustainability* (Holmgren Design Services, 2002).

41 Efforts to develop metrics for indoor air quality are being made. See, for instance, *ASHRAE Proposed New Guideline 10, Interactions Affecting the Achievement of Acceptable Indoor Environments* (Atlanta, GA: American Society of Heating, Refrigerating and Air-Conditioning Engineers, April 2010). This is a draft document for public review and comment only, and it is to be expected that a final version will be issued at some future date.

42 Building full-scale mock-ups of parts of buildings is a well-established architectural and interior practice. The construction of a full-scale mock-up of an entire facade is rare but not entirely unheard of. One of the most famous examples is the full-scale mock-ups of a villa for Kröller-Müller Museum *in situ* in Wassenaar, the Netherlands, by Ludwig Mies van der Rohe. The house was never built.

第四章

1 Walter Pater, *The Renaissance* (New York/London: Oxford University Press, 1998), 152; originally published 1873 as *Studies in the History of the Renaissance*.

2 Edgar Kaufmann, Jr., "Nineteenth-Century Design" in *Perspecta* 6 (1960), 61.

3 For an overview see especially Adrian Forty, *Objects of Desire: Design and Society Since 1750* (London: Thames and Hudson, 1992).

4 Sloan brought Earl to GM after the latter's success in creating custom bodies for vehicles in Los Angeles in the 1920s. The Sloan–Earl model of periodic stylistic obsolescence reflected the large-scale adoption of streamlining in 1930s design, as evidenced in the work of such prominent American industrial designers as Norman Bel Geddes, Henry Dreyfuss, Raymond Loewy, and Walter Dorwin Teague.

5 James Marston Fitch, "Physical and Metaphysical in Architectural Criticism" in *James Marston Fitch: Selected Writings on Architecture, Preservation, and the Built Environment*, Martica Sawin, ed. (New York: Norton, 2006), 82.

6 For a general discussion of design thinking, see Peter G. Rowe, *Design Thinking* (Cambridge, MA: MIT Press, 1991); Nigel Cross, *Designerly Ways of Knowing* (Basel: Birkhäuser, 2006), especially the section "Research in Design Thinking," 30–31; *Managing as Designing*, Richard Boland and Fred Collopy, eds. (Stanford: Stanford University Press, 2004), note especially the essay by Jeanne Liedtka, "Design Thinking: The Role of Hypotheses and Testing," 193–97. The origins of design thinking seem to lie in systems analysis and the nascent architecture of computing as formulated in the 1960s, rather than in the traditional practices of design.

7 In the context of design thinking the word "design" is used not only to indicate a creative form-giving process but also to denote a level of competency. The term "user-centered design" describes a level of customization rather than fully individualized work. See, for instance, John Heskett, *Design: A Very Short Introduction* (London/New York: Oxford University Press, 2003), 3.

8 Maslow's hierarchy of human needs, first published in the article "A Theory of Human Motivation" in 1943, identified a five-step pyramid. Starting from the bottom, those needs were: 1. Physiological; 2. Safety; 3. Love/belonging; 4. Esteem; and 5. Self-actualization. Maslow's hierarchy has had a vast influence in popular culture, especially in marketing literature, though the hierarchical construction of human needs has come under fire from subsequent psychologists. For the original text, see Abraham H. Maslow, "A Theory of Human Motivation" in *Psychological Review* 50:4 (1943), 370–96.

9 "The Economic Effects of Design," The Danish National Institute for Enterprise and Housing (September 2003) http://www.ebst.dk/file/1924/the_economic_effects_of_designn.pdf. That ladder has subsequently been adopted in many discussions of design management. While the format of the ladder reflects Maslow's methodology, the actual content of the design ladder does not seem to be directly related to the psychological components of Maslow's hierarchy.

10 It should be noted that the concept of design thinking has not been universally accepted. Museum of Modern Art (MoMA) design curator Paola Antonelli has, for example, criticized the idea that design thinking can be brought in from outside a company—as opposed to growing organically from within. See the interview with Paola Antonelli: "Thinking and Problem Making" on the Design Research Network at https://www.designresearchnetwork.org/drn/content/interview-paola-antonelli:-%2526quot%3B thinking-and-problem-making%2526quot%3B.

11 Rudolf Arnheim, "Sketching and the Psychology of Design" in *The Idea of Design*, Victor Margolin and Richard Buchanan, eds. (Cambridge, MA: MIT Press, 1995), 71.

12 Much of the research-based academic design literature does include publications on experiments and experimental installations. However, many seem not only to miss a clear "testing protocol" but the outcome also seems to have little direct applicability besides showing the participants the importance of the method by which particular phenomena can be manipulated, and too many surprising outcomes. See, for example, much of the case study and studio literature published in the *Journal of Design Education*.

13 Design, n. OED *The Oxford English Dictionary*, second edition, 1989. OED Online. Oxford University Press.

14 Industrial Design, definition in Paolo Portoghesi, ed., *Dizionario Enciclopedico di architettura e urbanistica* (Rome: Ist. editoriale romano, 1968–1969), 61.

15 There is a considerable body of recent literature establishing the relationship between the emergence of process engineering and labor studies and the birth of modern architecture. See, for instance, Mauro F. Guillén, "Scientific management's lost aesthetic: architecture, organization, and the taylorized beauty of the mechanical" in *Administrative Science Quarterly* (December 1, 1997), 682–715, and David A. Hounshell, *From the American System to Mass Production, 1800–1932: The Development of Manufacturing Technology in the United States* (Baltimore and London: The Johns Hopkins University Press, 1984).

16 Edgar Kaufmann Jr., *What is Modern Design?* (New York: Museum of Modern Art, 1950), 5; reprinted in Kaufmann, *Introductions to Modern Design* (New York: Arno Press, 1969). (Kaufmann's italics in the sentence "conceiving and giving form to objects used in everyday life" have been removed). Edgar Kaufmann Jr. was for some years involved with the Museum of Modern Art and its various exhibitions dealing with "design." He was the Director of Industrial Design at the Museum of Modern Art (MoMA) in New York City from 1946 through 1955, where one of his major contributions was the program "Good Design" in cooperation with the Merchandise Mart. For a summary of his involvement at the museum, see Franklin Toker, *Fallingwater Rising: Frank Lloyd Wright, E. J. Kaufmann, and America's Most Extraordinary House* (New York: Alfred A. Knopf, 2004), 371–80. More recently the museum held a "retrospective" of what was seen as good design between 1944 and 1956, the period when Kaufmann was at the museum. See Roberta Smith, "What was good design? MOMA's message 1944–56," *New York Times* (June 5, 2009). For a short summary of Kuafmann's life and career, see Paul Goldberger, "Edgar Kaufmann Jr., 79, Architectural Historian," *New York Times* (August 1, 1989).

17 Rowena Reed Kostellow was present at the creation of the first industrial design faculty in the United States in 1934 at the Carnegie Technical Institute, and helped to found the industrial design department at Pratt Institute in Brooklyn, New York, in 1936. Her husband, Alexander Jusserand Kostellow, was, with Reed, instrumental in formulating basic standards for industrial design education. Her teaching was later compiled into a book, though perhaps that publication does not entirely make clear its relevance to the design of interior spaces. See Gail Greet Hannah, *Elements of Design: Rowena Reed Kostellow and the Structure of Visual Relationship* (New York: Princeton Architectural Press, 2002).

18 Qtd. in Hannah, 100.

19 It is precisely this repetitive and exploratory sketching, searching for three-dimensional form, that is attractive in the design process of visualizing alternative scenarios to arrive at satisfactory problem resolution.

20 John Chris Jones, *Design Methods* (New York: John Wiley and Sons, second edition, 1992), 10–11.

21 Fitch 1973, 313.

22 It is important to note here that Fitch's interest was not just in the formal and historical but also in the environmental, as

witnessed as early as 1948 in his seminal *American Architecture: the Forces that Shaped It*, in which he discusses not only the historical and stylistic developments of American architecture but also shows how environmentally sensitive this same architecture was. James Marston Fitch, *American Architecture: the Forces that Shaped It* (New York: Houghton Mifflin, 1948).

23 Fitch 1973, 314.

24 Albert Borgmann "The Depth of Design" in *Discovering Design: Explorations in Design Studies*, Richard Buchanan and Victor Margolin, eds. (Chicago: University of Chicago Press, 1995), 15. Borgmann coined the term "device paradigm" in his *Technology and the Character of Contemporary Life* (Chicago: Chicago University Press, 1984), referring to the manner in which a technology is perceived by its users.

25 Richard Buchanan, "Rhetoric, Humanism, and Design" in *Discovering Design*, 31.

26 William Lescaze, *On Being an Architect* (New York: G.P. Putnam's Sons, 1942), 28–29. Lescaze himself was essentially a modernist and his early work dating from the 1930s is quite interesting, since he designed not only the buildings but often also the furniture for the interior. See Christian Hubert and Lindsay Stamm Shapiro, *William Lescaze 1896–1969* (New York: Rizzoli/Institute of Architecture and Urban Studies, 1993).

27 Fitch, *American Building* 1973, 314.

28 Qtd. in Hannah, 42.

29 J. Gordon Lippincott, "Industrial Design as a Profession" in *College Art Journal* 4:3 (March 1945):149–50.

30 The important English-language work on the architecture of the Beaux-Arts is by Arthur Drexler, *The Architecture of the École des Beaux-Arts* (New York: Museum of Modern Art, 1977). The book does not, however, focus on the educational ethos behind the Beaux-Arts. An intriguing study of the difference between the two schools' curricula is Harold Bush-Brown's *Beaux-Arts to Bauhaus and Beyond: An Architect's Perspective* (New York: Whitney Library of Design, 1976). The displacement of the Beaux-Arts design curricula with a modernist one occurred over a roughly three-decade span, as stated in the relatively conventional historical summation provided in the *Encyclopedia Britannica*: "Beaux-Arts architectural design has been particularly influential. About 1935 the system of the Paris school began to be displaced by an essentially German curriculum stemming from functionalism and machine-inspired theory taught at the Bauhaus." "Beaux-Arts, École des," *Encyclopedia Britannica*, 2009. Encyclopedia Britannica Online, search.eb.com/eb/article-9014011>. In this context it is interesting to note that women were not admitted to the Ecole officially till 1897 but their numbers remained small. See Meredith L. Clausen, "The École des Beaux-Arts: Toward a Gendered History, *Journal of the Society of Architectural Historians*, Vol. 69 (2 June 2010), 153–61. The first woman to be admitted to the École, in architecture, was the American Julia Morgan. In the United States it was not until the 1940s and 1950s that modernist curricula were installed in most architectural schools. See, for instance, Anthony Alofsin, *The Struggle for Modernism: Architecture, Landscape Architecture, and City Planning at Harvard* (New York: W.W. Norton, 2002). The role of history as a reference and source of inspiration was different for the two schools. Whereas the École des Beaux-Arts was clearly oriented towards a more historical approach, the approach to history in a modernist curriculum was quite different. See, for instance, Winfried Nerdinger, "From Bauhaus to Harvard: Walter Gropius and the Use of History" in *The History of History in American Schools of Architecture 1865-1975*, Gwendolyn Wright and Janet Parks, eds. (New York: Princeton Architectural Press, 1990), 89–98.

31 A.D.F. Hamlin, "The Influence of the École des Beaux-Arts on our Architectural Education" in *Columbia University Quarterly* (June 1908), reprinted from *Architectural Record* XXIII 4 (April 1908), 286.

32 This division between objects and buildings does not address the teaching of the orders as a design element, which was central in many of the Beaux-Arts-inspired design curricula, at least in the United States. But the teaching of the orders was not exclusive to Beaux-Arts education, and had formed a part of formal architectural education in many venues since the mid-eighteenth century.

33 William R. Ware's vision for American architectural education at Columbia University—which was formulated before the popular influence of the Beaux-Arts in America—suggested that students take home plaster casts from a collection to draw in their free time. Whether this ever occurred is a matter of conjecture. William R. Ware, "Architecture at Columbia College" in *The American Architect and Building News* (August 6, 1881), 61.

34 "The Bauhaus in Dessau," Curriculum, 1925, Broadside (November 1925) in *Bauhaus*, 107. This was published on the school's move to Dessau. The other purpose of the curriculum was stated as "practical research into problems of house construction and furnishing. Development of standard prototypes for industry and the crafts."

35 The Deutscher Werkbund was founded in 1907 in Munich, It remained active until the mid-1930s and was reestablished after World War II. The Werkbund organized several exhibitions, the best known of which were held in Cologne (1914) and Stuttgart (1927).

36 "The Bauhaus in Dessau" curriculum (1925) in *Bauhaus*, 107.

37 First Bauhaus Declaration, qtd. in Reyner Banham, *Theory and Design in the First Machine Age* (London: The Architectural Press, 1960), 277. The definitive collection of documents on the Bauhaus in English is Hans W. Wingler, ed., *Bauhaus: Weimar, Dessau, Berlin, Chicago* (Cambridge, MA: MIT Press, 1969). See also Leah Dickerman, "Bauhaus Fundaments" in *Bauhaus 1919–1933, Workshops for Modernity*, Barry Bergdoll and Leah Dickermann, eds. (New York: Museum of Modern Art, 2009), 15–39.

38 Walter Gropius, "Is there a Science of Design?," qtd. in Peter Collins, *Changing Ideals in Modern Architecture* (London: Faber and Faber, 1965), 269.

39 Laszlo Moholy-Nagy, "New Approach to the Fundamentals of Design" from the periodical *More Business* 3:11 (Chicago, November 1938) in *Bauhaus*,196. The components of the fundamentals course were organized under six workshops: "1. Wood, metal, 2. Textile, 3. Color, 4. Light, 5. Glass, 6. Display."

40 ibid., 196.

41 ibid., 197.

42 From the document "The Municipal Infant-Toddler Centers and Preschools of Reggio Emilia" on the main Reggio Emilia educational site: zerosei.comune.re.it/inter/nidiescuole.htm.

43 Several descriptions of Reggio Emilia are available in English. See *The Hundred Languages of Children: Narrative of the Possible* (Reggio Emilia: City of Reggio Emilia, 1987); Louise Boyd Cadwell, *Bringing Learning to Life: The Reggio Approach to Early Childhood Education* (New York and London: Teachers College Press, 2002); *Making Learning Visible: Children as Individual and Group Learners* (Reggio Emilia: Reggio Children, 2001); Ann Pelo, *The Language of Art: Inquiry-Based Studio Practices in Early Childhood Settings* (St. Paul, MN: Redleaf Press, 2007); and *In the Spirit of the Studio: Learning from the Atelier of Reggio Emilia* (New York and London: Teachers College Press, 2005). In the last publication, particularly in chapters 12 and 13, the importance of space, its organization, and patterns of change are discussed in the context of a school in St. Louis, MO. Most of the written material emphasizes the pedagogical role of the Reggio Emilia method in the development of children, and does not provide a specific "content" to the education. However, in the context of design education, the process of inquiry, and experience as a form of long-term learning is what is most relevant.

44 The account of Reggio Emilia's methods is based on the author's experiences at a conference in Reggio Emilia in 2007.

45 While the primary interest here is not early childhood education, it is important to note that the Reggio Emilia system works within a structure of teamwork and collaboration. Teams always consist of between three and five children. At a very early age they learn how to feel safe, secure, and curious while contributing to creative activities and participating in a helpful manner within a group setting.

46 In most of the Reggio Emilia literature, reference is made to an atelier—a studio-like setting—when discussing creative activities.

47 In the context of architectural schools, there is a great deal of discussion about the value and culture of the studio teaching method that is ingrained in their educational process. Many design schools have already begun to explore a more diversified studio model with frequent reference to the word "laboratory." However, most of them seem to focus on exploring particular design ideas, representation, or fabrication rather than the experiential.

48 For a description of one of the examples of this process, see "The Ideo Cure: De Paul Health Center" in *Metropolis* (October 2002), 3–10.

49 David Woodruff Smith, "Phenomenology," *The Stanford Encyclopedia of Philosophy* (Summer 2009 edition), Edward N. Zalta, ed., http://plato.stanford.edu/archives/sum2009/entries/phenomenology/.

50 That essay, titled "*Der Versuch als Vermittler von Objekt und Subjekt*," was not published until three decades later, however, with the printing of Goethe's six-volume "Scientific Notebooks" (*Naturwissenschaftliche Hefte*), from 1817–1824. The essay is available in English translation at http://pages.slc.edu/~eraymond/bestfoot.html.

51 Johann Wolfgang von Goethe, *Theory of Colours* (originally published London: John Murray, 1840; reprinted Cambridge, MA and London: MIT Press, 1970), iiv.; trans. Charles Lock Eastlake. The book first appeared in German in 1810.

52 Neil Ribe and Friedrich Steinle, "Exploratory Experimentation: Goethe, Land, and Color Theory" in *Physics Today* (July 2002), 44. See also Dennis L. Sepper, *Goethe Contra Newton: Polemics and the Project for a New Science of Color* (Cambridge: Cambridge University Press, 2003). Goethe's color theories were an integral part of his other scientific explorations. See Karl J. Fink, *Goethe's History of Science* (Cambridge: Cambridge University Press, 1991), 31–44.

53 ibid., 43 The authors contrast this method against Newton's: "Newton's investigations into optics were guided by the metaphysical belief that color was merely a subjective correlate of mechanical properties of light rays. He therefore abstracted from the complex world of normal visual perception, working in a dark chamber illuminated only by a single sunbeam. [...] His mathematization of light and color could best take flight from a few particular effects. But the price paid was that his experiments had only limited relevance to color as usually perceived."

54 Lois Swirnoff, *Dimensional Color* (New York: W.W. Norton & Company, 2003). Where Josef Albers in his *Interaction of Color* (New Haven: Yale University Press, 1963) explores color primarily as a series of two-dimensional exercises, Swirnoff's work concerns all three dimensions.

55 Serra's own description of *Tilted Arc* from a PBS interview available at www.pbs.org/wgbh/cultureshock/flashpoints/visualarts/tiltedarc_a.html, part of the website companion to the arts program *Culture Shocks*.

56 *Tilted Arc* was removed in 1989 after extended litigation that began shortly after the sculpture's installation. See Michael Breason, "The Messy Saga of 'Tilted Arc' is Far From Over," *New York Times* (April 2, 1993). Serra has proposed a similar installation for the Loris Malaguzzi International Centre in Reggio Emilia, Italy. See "An invitation for....Richard Serra," *Rechild, Reggio Children Newsletter* (December 2006), 12.

57 Turrell's three-dimensional achievements are reminiscent of the skies of the painted ceilings of the seventeenth and eighteenth century (albeit these were full of gods and cherubs), and also recall some of the effects experienced in the atmospheric theaters of the 1920s, when, in addition to the scenery, steam would be blown across a painted sky to simulate clouds. A good monograph on Turrell's work, with extensive discussion of skyscapes, is *Rencontres 9: James Turrell* (Paris: Almine Rech/Images Modernes, 2005). For some of his earlier work, try the exhibition catalog *James Turrell: The Other Horizon* (Vienna: MAK Austrian Museum of Applied Arts, 1999).

58 From the transcript of a TV interview with Turrell, available at www.pbs.org/wnet/egg/215/turrell/interview_content_1.html, from the television program *EGG: The Arts Show*.

59 Madeleine Grynsztejn "(Y)our Entanglements: Olafur Eliasson, The Museum, and Consumer Culture" in *Take Your Time: Olafur Eliasson* (San Francisco and London: San Francisco Museum of Modern Art/Thames and Hudson, 2007), 15. The experience is analogous to many of the phenomena that Goethe described for the first time. Goethe described the reverse experience: "If we look at a dazzling, altogether colourless object, it makes a strong lasting impression, and its after-vision is accompanied by an appearance of colour." Goethe, 16.

60 Grynsztejn., 15.

61 See, for example, the work of Karen Stephenson, who has surveyed the nature of trust in corporate settings. Her work largely focuses on the networks of trust that exist between workers in a large corporate office. See http://www.drkaren.us and http://netform.com.

62 A preponderance of evidence from the last decade shows that sensory stimulation and exercise are critical to maintaining mental health and physical agility when aging. Sensory stimulation is also necessary in the workplace but should not be confused with concerns that are being raised about overstimulation and distractions as a result of the various forms of instant communication that are available today. See, for example, the 2008 Lexis-Nexis Workplace Productivity Survey for a discussion of the estimated loss of productivity.

63 It is interesting to note in this context that Goethe's writings about color also included studies of language. See Fink, *Goethe's History of Science*, 31-44.

64 Bergdoll and Dickerman, *Bauhaus 1919–1933*, 27–36. In this section reference is made to "Gesamtkunstwerk Thinking," "The Modern Specialist," "Tactility," and "Commemoration" as headings suggesting some of the themes addressed here.

65 Richard Wagner, *The Art Work of the Future* (1849). Translated by William Ashton Ellis; available at http://users.belgacom.net/wagnerlibrary/prose/wagartfut.htm.

第五章

1 Walter Benjamin, *Reflections: Essays, Aphorisms, Autobiographical Writings* (New York: Harcourt Brace Jovanovich, 1978). Translated and edited by Peter Demetz.

2 A variation, of course, on the Churchill quote in chapter 1.

3 It is easier to define the end of this era—marked by the onset of the Industrial Revolution—than the beginning, because the formation of craft professions was dispersed widely over time and geography. In fact, all three eras overlap, but their delineation has been simplified for greater clarity.

4 Paradoxically, the reinforcement of design as a specialized knowledge has kept, to some extent, the quality of designed objects equal to, or perhaps higher than, the craft objects they replaced, and made them affordable to an ever larger group. The wide availability of relatively high-quality material goods could

never have occurred without the specialization of industrial production and the demotion of the role of craft in creating objects.

5 See the section in chapter 2, "Design for Basic Human Needs (Measures of Man)" for more on this point.

6 Marshall McLuhan, *Understanding Media: Extensions of Man* (New York: New American Library, 1964), 67.

7 Interview, Mike Davis, *New Perspectives Quarterly* (Summer 2006), www.digitalnpq.org/archive/2009_summer/16_davis.html. See also Davis, *Planet of Slums* (New York: Verso, 2007).

8 The statistics are fascinating. The world's population is expected to rise from 6.1 billion people in 2000 to 9.2 billion in 2050; at the same time, the percentage of the world's population living in urban areas will rise from just under 50 percent in 2000 to nearly 70 percent in 2050, again with the majority of urban population growth in developing countries according to the United Nations Population Division. The agency's website allows one to produce an array of fascinating comparative tables, by economic divisions, and on a country-by-country or worldwide basis. See http://www.un.org/esa/population/unpop.htm.

9 The height of buildings was the product of many different factors including structural limitations, and lack of any or suitable elevators or fire protection. By the end of the nineteenth century almost all these issues were sufficiently resolved to allow for much taller buildings. By 1913 with the opening of the Woolworth Building in New York City, whose 54 stories and height of 794 feet (242 meters) made it the tallest building in the world for the next 17 years, most of those issues were adequately resolved.

10 Many post-World War II architects developed plans for new cities and megastructures. Constant Nieuwenhuys (generally only referred to as Constant) was a Dutch artist, who throughout his life worked on New Babylon, a utopian anti-capitalist city. See Mark Wigley, *Constant's New Babylon: the hyper-architecture of desire* (Rotterdam: 010 Publishers, 1998). For the work of Cedric Price, see Stanley Mathews, *From agit-prop to free space: the architecture of Cedric Price* (London: Black Dog Publishers, 2007). Both Nieuwenhuys and Price envisioned structural systems where infills could be made to accommodate specific functions or needs without necessarily any regard for exterior appearance. For the work of R. Buckminster Fuller, see the catalog of the exhibition at the Whitney Museum of Art in New York City: K. Michael Hays, ed., *Buckminster Fuller: Starting with the Universe* (New Haven: Yale University Press, 2008).

11 Jon Kolko, "Abductive Thinking and Sensemaking: The Drivers of Design Synthesis" in *Design Issues*, Winter 2010, Volume 26, Number 1.

12 Jeffrey T. Schnapp and Michael Shanks, "Artereality (Rethinking Craft in a Knowledge Economy)" in *Art School (Propositions for the 21st Century)*, S.H. Madoff, ed. (Cambridge, MA: MIT Press, 2009).

13 Cornelia Dean, "Ancient Man Hurt Coasts, Paper Says", *New York Times* (August 21, 2009), A20. The article describes how researchers are challenging the idea that primitive hunter-gatherers lived in harmony with nature.

14 William N. Morgan, *Ancient Architecture of the Southwest* (Austin, TX: University of Texas Press, 1994).

15 For a comprehensive survey of the issue surrounding the world's water supply, see UNESCO The 3rd United Nations World Water Development Report: Water in a Changing World (WWDR-3), available at http://www.unesco.org/water/wwap/wwdr/wwdr3/index.shtml. For food (as well as further perspective on water resources) see the Statistics section of the United Nations Food and Agriculture Organization http://www.fao.org/corp/statistics/en/.

16 Sigfried Giedion, *Space, Time and Architecture: The Growth of a New Tradition* (Cambridge, MA/London: Harvard University Press, sixth edition, 1969)

推荐读物

Ackerman, Diane, *A Natural History of the Senses*, New York: Random House, 1990

Abercrombie, Stanley, *A Philosophy of Interior Design*, Icon Editions, New York: Harper & Row, 1990

Abercrombie, Stanley, *A Century of Interior Design, 1900–2000*, New York: Rizzoli, 2003

Appleton, Jay, *The Experience of Landscape*, Chichester, UK: John Wiley & Sons, 1975

Albers, Josef, *Interaction of Color*, New Haven: Yale University Press, 1963

Alofsin, Anthony, *The Struggle for Modernism: Architecture, Landscape Architecture, and City Planning at Harvard*, New York: W. W. Norton, 2002

Anscombe, Isabelle, *A Woman's Touch: Women in Design from 1860 to the Present Day*, New York: Viking, 1984

Arnheim, Rudolf, *Visual Thinking*, Berkeley: University of California Press, 1969

Aynsley, Jeremy, and Charlotte Grant, *Imagined Interiors: Representing the Domestic Interior Since the Renaissance*, London/New York: V&A/Harry N. Abrams, Inc, 2006

Bachelard, Gaston, *La Terre et les rêveries du repos*, Paris: José Corti, 1948. Translation appears in Joan Ockman, ed., *Architecture Culture 1943–1968: A Documentary Anthology*, New York: Rizzoli/Columbia, 1993

Banham, Reyner, *Theory and Design in the First Machine Age*, London: The Architectural Press, 1960

Banham, Reyner, *The Architecture of the Well-tempered Environment*, Chicago: University of Chicago Press, 1969

Beecher, Catherine E., *Treatise of Domestic Economy, for the Use of Young Ladies at Home and at School* (Boston: T. H. Webb, 1842)

Beecher, Catherine E. with Beecher Stowe, Harriet, *American Woman's Home, or Principles of Domestic Science*, New York: J.B. Ford, 1869

Benjamin, Walter, *Reflections: Essays, Aphorisms, Autobiographical Writings*, Peter Demetz, ed., New York: Harcourt Brace Jovanovich, 1978

Benyus, Janine M., *Biomimicry: Innovation Inspired by Nature*, New York: Perennial, 1998

Bergdoll, B. and Dickerman, L., *Bauhaus 1919–1933, Workshops for Modernity*, New York: MOMA, 2009

Blake, Peter, *The Master Builders*, New York: Knopf, 1960

Blondel, Jacques-François, *De la Distribution des maisons de plaisance*, Paris: C.A. Jombert, 1737; reprinted Farnborough, U.K: Gregg, 1967

Blondel, Jacques-François, *Cours d'architecture, ou, Traité de la décoration, distribution & construction des bâtiments; contenant les leçons données en 1750, & les années suivantes*, Paris: Desaint, 1771–77

Blunt, Anthony, *Artistic Theory in Italy, 1450–1600*, Oxford: The Clarendon Press, 1940

Boffrand, Germain, *Livre d'architecture: contenant les principes généraux de cet art, et les plans, elevations et profils de quelques-uns des bâtimens faits en France & dans les pays étrangers*, Paris: Chez Guillaume Cavelier père, rue Saint-Jacques, au Lys d'or, 1745; and in English, Caroline van Eck, ed., *Book of Architecture: Containing the General Principles of the Art and the Plans, Elevations, and Sections of some of the Edifices Built in France and in Foreign Countries*, translated by David Britt, Burlington, VT: Ashgate, 2002

Borgmann, Albert, "The Depth of Design" in *Discovering Design: Explorations in Design Studies*, Richard Buchanan and Victor Margolin, eds, Chicago: University of Chicago Press, 1995

Borgmann, Albert, *Technology and the Character of Contemporary Life*, Chicago: University of Chicago Press, 1984

Buchanan, Richard, and Victor Margolin, eds, *Discovering Design: Explorations in Design Studies*, Chicago: University of Chicago Press, 1995

Brillat-Savarin, Jean-Anthelme, *The Physiology of Taste*, M.F.K. Fisher, trans., New York: Knopf, 1971

Burke, Edmund, *On the Sublime and Beautiful*, Vol. XXIV, Part 2, The Harvard Classics, New York: P. F. Collier & Son, 1909–14. Available online at www.bartleby.com/24/2/

Bush-Brown, Harold, *Beaux-Arts to Bauhaus and Beyond: An Architect's Perspective*, New York: Whitney Library of Design, 1976

Cadwell, Louise Boyd, *Bringing Learning to Life: The Reggio Approach to Early Childhood Education*, New York and London: Teachers College Press, 2002

Candee, H. C., *How Women May Earn a Living*, New York: The Macmillan Co., 1900

Candee, H. C., *Decorative Styles and Periods in the Home*, New York: F. A. Stokes, 1906

Clark, Kenneth, *The Nude: A Study of Ideal Art*, New York: Pantheon Books, 1956

Collins, Peter, *Changing Ideals in Modern Architecture*, London, Faber and Faber, 1965

Cooper, Clare, "The House as Symbol of the Self" in *Environmental Psychology, Second Edition: People and Their Physical Settings*, Harold M. Proshansky, William H. Ittleson, Leanne G. Rivlin, eds, New York: Holt, Rinehart and Winston, 1976, 435–6

Cranz, Galen, *The Chair: Rethinking Culture, Body and Design*, New York/London: Norton, 1998

Cross, Nigel, *Designerly Ways of Knowing*, Basel: Birkhäuser, 2006

Crowley, J. E., *The Invention of Comfort*, Baltimore: The Johns Hopkins University Press, 2001

Davenport, Guy, "The Geography of the Imagination," title essay in *The Geography of the Imagination*, Boston: David R. Godine Publisher, 1997

de Botton, Alain, *The Architecture of Happiness*, New York: Pantheon Books, 2006

de Cordemoy, J.-L., *Nouveau traité de toute l'architecture*, second ed., Paris: J.-B. Coignard, 1714; Farnborough: Gregg, 1966), 236

de Wolfe, Elsie, *The House in Good Taste*, New York: Century, 1913

Diderot, Denis, Jean Le Rond d'Alembert and Pierre Mouchon, *Encyclopédie, ou Dictionnaire raisonné des sciences, des arts et des métiers*

Dodge, G. H., *What Women Can Earn: Occupations of Women and their Compensation*, New York, F. A. Stokes, 1899

Draper, Dorothy, *Decorating is Fun: How to Be Your Own Decorator*, New York: Doubleday, Doran & Co., Inc., 1939

Dreyfuss, Henry, *The Measure of Man: Human Factors in Design*, New York: Whitney Library of Design, 1960

Drexler, Arthur, *The Architecture of the École des Beaux-Arts*, New York: Museum of Modern Art, 1977

Dutton, Denis, *The Art Instinct: Beauty, Pleasure, and Human Evolution*, New York: Bloomsbury, 2009

Elliott, Cecil D., *Technics and Architecture: The Development of Materials and Systems for Buildings*, Cambridge, MA: MIT Press, 1992

Emerson, Ralph Waldo, *Nature: Addresses, and Lectures*, Boston: James Munroe, 1849

Emerson, Ralph Waldo, "Works and Days" in *Society and Solitude*, reprinted in *The Complete Works of Ralph Waldo Emerson*, Vol. VII, Cambridge, MA: Riverside Press, 1904

Etlin, Richard, "Aesthetics and the Spatial Sense of Self" in *The Journal of Aesthetics and Art Criticism*, 56:1 (Winter 1998), 4

Fewkes, J. Walter, "The Cave Dwellings of the Old and New Worlds" in *American Anthropologist*, 12:3 (1910), 394

Fink, Karl J., *Goethe's History of Science*, Cambridge, Cambridge University Press, 1991

Fitch, James Marston, *American Building: The Forces that Shape It*, Boston: Houghton Mifflin, 1948

Fitch, James Marston, *American Building: The Historical Forces that Shaped It*, second edition, New York: Schocken Books, 1973

Fitch, James Marston, and William Bobenhausen, *American Building: The Environmental Forces That Shape It*, rev. and updated ed., New York: Oxford University Press, 1999

Fitch, James Marston, and Martica Sawin, *James Marston Fitch: Selected Writings on Architecture, Preservation, and the Built Environment*, New York: W. W. Norton, 2006

Fletcher, Banister, *A History of Architecture on the Comparative Method*, 17th ed., New York: Scribner, 1961

Fletcher, Banister, and J. C. Palmes, *Sir Banister Fletcher's A History of Architecture*, 18th ed., London: Athlone Press, 1975

Forty, Adrian, *Words and Buildings: A Vocabulary of Modern Architecture*, New York: Thames & Hudson, 2000

Forty, Adrian, *Objects of Desire: Design and Society Since 1750*, London: Thames & Hudson, 1992

Gallagher, Winfred, *The Power of Place: How Our Surroundings Shape Our Thoughts, Emotions, and Actions*, New York: Poseidon Press, 1993

Giedion, Sigfried, *Space, Time and Architecture: the Growth of a New Tradition*, 5th ed., Cambridge, MA: Harvard University Press, 1967

Giedion, Sigfried, *Mechanization Takes Command*, New York, Oxford University Press, 1948

Goethe, Johann Wolfgang, *Theory of Colours*, trans. Charles Lock Eastlake, originally published London: John Murray, 1840; reprinted in facsimile Cambridge, MA and London: The MIT Press, 1970

Grier, K. C., *Culture and Comfort: Parlor Making and Middle-Class Identity, 1850–1930*, Washington, DC: Smithsonian Institution Press, 1997

Groat, Linda N., and David Wang, *Architectural Research Methods*, New York: John Wiley, 2002

Grynsztejn, Madeleine, "(Y)our Entanglements: Olafur Eliasson, The Museum, and Consumer Culture" in *Take Your Time: Olafur Eliasson*, San Francisco and London: San Francisco Museum of Modern Art/Thames & Hudson, 2007

Guerin, Denise A., and Caren S. Martin, *The Interior Design Profession's Body of Knowledge: Its Definition and Documentation*, first published in 2001, rev. 2005; available at http://www.careersininteriordesign.com/idbok.pdf

Guillén, Mauro F., *The Taylorized Beauty of the Mechanical: Scientific Management and the Rise of Modernist Architecture*, Princeton: Princeton University Press, 2006

Gutman, Robert, *Architectural Practice, A Critical View*, Princeton: Princeton Architectural Press, 1988

Gwilt, Joseph, and Wyatt Angelicus Van Sandau Papworth, *The Encyclopedia of Architecture: Historical, Theoretical and Practical*, rev. ed., New York: Crown, 1982

Hall, Edward T., *The Hidden Dimension*, first ed. Garden City, NY: Doubleday, 1966

Hall, Edward T., *Beyond Culture*, Garden City, NY: Doubleday, 1976

Hannah, Gail Greet, *Elements of Design: Rowena Reed Kostellow and the Structure of Visual Relationship*, New York: Princeton Architectural Press, 2002

Heidegger, Martin, *Poetry, Language, Thought*, New York: Harper Colophon Books, 1917, trans. Albert Hofstadter

Heskett, John, *Design: A Very Short Introduction*, London/

New York: Oxford University Press, 2003
Hesselgren, Sven, *Man's Perception of Man-Made Environment*, Lund, Sweden/Stroudsburg, Pennsylvania: Studentlitteratur ab/Dowden, Hutchinson & Ross, 1975
Hewes, Gordon W., "World Distribution of Certain Postural Habits" in *American Anthropologist* (April 1955) 57:2
Heyd, Thomas and Clegg, John, *Aesthetics and Rock Art*, Burlington, VT: Ashgate Publishing, 2005
Hildebrand, Grant, *Origins of Architectural Pleasure*, Berkeley: University of California Press, 1999
Hiss, Tony, *The Experience of Place*, New York: Knopf, 1990
Holahan, Charles J., *Environmental Psychology*, New York, Random House, 1982
Holmgren, David, *Permaculture: Principles and Pathways Beyond Sustainability*, Holmgren Design Services, 2002
Hounshell, David A., *From the American System to Mass Production, 1800–1932: The Development of Manufacturing Technology in the United States*, Baltimore and London: The Johns Hopkins University Press, 1984
Hubert, Christian and Lindsay Stamm Shapiro, *William Lescaze 1896–1969*, New York: Rizzoli/Institute of Architecture and Urban Studies, 1993
Hubka, Thomas, "Just Folks Designing: Vernacular Designers and the Generation of Form" in *Common Places: Readings in American Vernacular Architecture*, ed. Dell Upton and John M. Vlach, Athens: University of Georgia Press, 1986
Huizinga, Johan, *Homo Ludens: A Study of the Play-element in Culture*, in the series Humanitas, Beacon Reprints in Humanities, Boston: Beacon Press, 1955
Huxley, Thomas Henry, *Hume, With Helps to the Study of Berkeley: Essays*, New York: D. Appleton, 1896
Jacobs, Jane, *The Death and Life of Great American Cities*, New York: Vintage Books, 1961
James, William, and Ralph Barton Perry, "A Plea for Psychology as a 'Natural Science'" in William James, *Collected Essays & Reviews*, New York: Longmans, Green & Co., 1920
James, William, *Principles of Psychology*, New York: Henry Holt and Co., 1890 (1918 edition)
Jones, John Chris, *Design Methods*, New York: John Wiley and Sons, second edition, 1992
Jung, C. G., *Memories, Dreams, Reflections*, New York: Pantheon Books, c. 1963. Recorded and edited by Aniela Jaffé; trans. Richard and Clara Winston
Kaufmann Jr., Edgar, *What is Modern Design?*, New York: Museum of Modern Art, 1950, reprinted in Kaufmann, *Introductions to Modern Design*, New York: Arno Press, 1969
Kentgens-Craig, Margret, *The Bauhaus and America: First Contacts, 1919–1936*, Cambridge, MA: MIT Press, 1999
Koch, Robert, *Louis C. Tiffany, Rebel in Glass*, New York: Crown Publishers, Inc., 1964, third edition, 1982
Kopec, David Alan, *Environmental Psychology for Design*, New York: Fairchild, 2006
Kostof, Spiro, ed., *The Architect: Chapters in the History of the Profession*, New York: Oxford University Press, 1977
Laugier, Marc-Antoine, *An Essay on Architecture*, trans. by Wolfgang and Anni Herrmann, Los Angeles: Hennessey & Ingalls, 1977
Le Corbusier, *The Modulor: A Harmonious Measure to the Human Scale Universally Applicable to Architecture and Mechanics*, London: Faber and Faber, 1956
Le Corbusier, *Modulor 2: Let the User Speak Next*, London, Faber and Faber, 1958
Leatherbarrow, David, *Uncommon Ground: Architecture, Technology, and Topography*, Cambridge, MA: MIT Press, 2000
Lehrer, Jonah, *Proust Was a Neuroscientist*, New York: Houghton Mifflin Harcourt, 2007
Leroi-Gourhan, André, *Gesture and Speech*, Cambridge, MA: MIT Press, 1993
Lescaze, William, *On Being an Architect*, New York: G.P. Putnam's Sons, 1942
Lewis, Adam, *The Great Lady Decorators: The Women Who Defined Interior Design, 1870–1955*, New York, Rizzoli, 2009
Livermore, M. A., *What Should We do with Our Daughters?*, Boston: Lee and Shepard, 1883
Margolin, Victor, and Richard Buchanan, *The Idea of Design, A Design Issues Reader*, Cambridge, MA: MIT Press, 1995
Mathews, Stanley, *From Agit-prop to Free Space: The Architecture of Cedric Price*, London: Black Dog, 2007
McKellar, Susie, and Penny Sparke, *Interior Design and Identity, Studies in Design*, Manchester/New York: Manchester University Press, 2004
McLuhan, Marshall, *Understanding Media: The Extensions of Man*, second ed., New York: New American Library, 1964
Metcalf, Pauline C., ed., *Odgen Codman and the Decoration of Houses*, Boston: Boston Athenaeum, 1988
Minowski, Eugène, *Vers une Cosmologie: fragments philosophiques*, new ed., Paris: Aubier-Montaigne, 1967
Moholy-Nagy, Laszlo, *Vision in Motion*, Chicago: P. Theobald, 1947
Moholy-Nagy, Laszlo and D. Hoffmann, *The New Vision and Abstract of an Artist, The Documents of Modern Art*, New York: George Wittenborn, Inc., 1947
Morgan, William N., *Ancient Architecture of the Southwest*, Austin: University of Texas Press, 1994
Müller, Ulrich, *Raum, Bewegung und Zeit*, Berlin: Akademie Verlag, 2004
Nerdinger, Winfried, "From Bauhaus to Harvard: Walter Gropius and the Use of History" in *The History of History in American Schools of Architecture 1865–1975*, Gwendolyn Wright and Janet Parks, eds., New York: Princeton Architectural Press, 1990
Neufert, Ernst, *Bau-Entwurfslehre, Grundlagen, Normen und Vorschriften über Anlage, Bau, Gestaltung, Raumbedarf, Raumbeziehungen: Masse für Gebäude, Räume, Einrichtungen und Geräute mit dem Menschen als Mass und Ziel: Handbuch für den Baufachmann, Bauherrn, Lehrenden und Lernenden*, Berlin: Bauwelt, 1936. Subsequently published in English as *Architects' Data*
Neutra, Richard J., *Survival Through Design*, New York: Oxford University Press, 1954
Newman, Oscar, *Defensible Space: Crime Prevention through Urban Design*, New York: Macmillan, 1972
Ockman, Joan, *Architecture Culture 1943–1968: A Documentary Anthology*, New York: Rizzoli/Columbia, 1993
Otero-Pailos, Jorge, *Architecture's Historical Turn: Phenomenology and the Rise of the Postmodern*, Minneapolis/London: University of Minnesota Press, 2010
Opulent Interiors of the Gilded Age: All 203 Photographs from "Artistic Houses," New York: Dover, 1987; first published as *Artistic Houses*, New York: D. Appleton, c. 1883
Panero, Julius, and Martin Zelnik, *Human Dimension & Interior Space: A Source Book of Design Reference Standards*, New York: Whitney Library of Design, 1979
Parsons, Frank Alvah, *Interior Decoration: Its Principles and Practice*, Garden City, NY: Page & Company, 1915
Pater, Walter, *The Renaissance*, New York/London: Oxford University Press, 1998; originally published 1873 as *Studies in the History of the Renaissance*
Pelo, Ann, *The Language of Art: Inquiry-Based Studio Practices in Early Childhood Settings*, St. Paul, MN: Redleaf Press, 2007
Petroski, Christine M., *Professional Practice for Interior Designers*, New York: Wiley-Interscience, 2001

Pevsner, Nikolaus, *Outline of European Architecture*, Harmondsworth: Penguin Books, 1942
Piedmont-Palladino, Susan, *Tools of the Imagination: Drawing Tools and Technologies from the Eighteenth Century to the Present*, New York: Princeton Architectural Press, 2007
Pile, John, *A History of Interior Design*, New York: John Wiley & Sons, 2004
Plato, *Theaetetus*, Benjamin Jowett, trans. c. 1892, available online at classics.mit.edu/Plato/theatu.html
Portoghesi, Paolo, *Dizionario enciclopedico di architettura e urbanistica, Collana di dizionari enciclopedici di cultura artistica*, Rome: Ist. editoriale romano, 1968
Prak, Niels Luning, *The Language of Architecture: a Contribution to Architectural Theory*, The Hague/Paris: Mouton, 1968
Price, Charles Matlack, "Architect and Decorator" in *Good Furniture*, 1914
Proshansky, Harold M., William H. Ittelson and Leanne G. Rivlin, *Environmental Psychology: People and Their Physical Settings*, second ed., New York: Holt, Rinehart and Winston, 1976
Pulos, Arthur J., *The American Design Adventure, 1940–1975*, Cambridge, MA: MIT Press, 1988
Rand, Ayn, *The Fountainhead*, Indianapolis: Bobbs-Merrill, 1943
Rice, Charles, *The Emergence of the Interior: Architecture, Modernity, Domesticity*, London/New York: Routledge, 2007
Rowe, P. G., *Design Thinking*, Cambridge, MA: MIT Press, 1991
Rudofsky, Bernard, *Streets for People: A Primer for Americans*, Garden City, NY: Doubleday, 1969
Rybczynski, Witold, *Home: A Short History of an Idea*, New York: Viking, 1986
Rykwert, Joseph, *On Adam's House in Paradise: The Idea of the Primitive Hut in Architectural History*, New York: Museum of Modern Art, 1972
Rykwert, Joseph, *The Dancing Column: On Order in Architecture*, Cambridge, MA: MIT Press, 1996
Sacks, Oliver, *The Man who Mistook His Wife for a Hat*, New York: Summit, 1985
Sacks, Oliver, *Musicophilia: Tales of Music and the Brain*, New York: Knopf, 2007
Schoenauer, Norbert, *6,000 Years of Housing*, New York: W. W. Norton, 2000
Scott, Katie, *The Rococo Interior*, New Haven: Yale University Press, 1995
Seale, William, *The Tasteful Interlude: American Interiors through the Camera's Eye*, 1860–1917, New York: Praeger Publishers, 1975
Seamon, David, and Robert Mugerauer, *Dwelling, Place and Environment: Towards a Phenomenology of Person and World*, Malabar, FL: Krieger Publishing Company, 2000
Sepper, Dennis L., *Goethe Contra Newton: Polemics and the Project for a New Science of Color*, Cambridge: Cambridge University Press, 2003
Sternberg, Esther M., *Healing Spaces: The Science of Place and Well-Being*, Cambridge, MA/London: The Belknap Press of Harvard University Press, 2009
Straus, Lawrence Guy, "Caves: A Paleoanthropological Resource" in *World Archaeology* 10:3 (February 1979), 333
Sturgis, Russell, *A Dictionary of Architecture and Building: Biographical, Historical, and Descriptive*, New York: Macmillan & Co., 1901
Sullivan, Graeme, *Art Practice as Research: Inquiry in the Visual Arts*, Thousand Oaks, CA: Sage Publications, 2005
Swirnoff, Lois, *Dimensional Color*, New York: W. W. Norton, 2003
Tarver, John Charles, *The Royal Phraseological English–French, French–English Dictionary*, London: Dulau & Co, 1879
Taylor, Mark, and Julieanna Preston, *Intimus: Interior Design Theory Reader*, Chichester: Wiley-Academy, 2006
Thornton, Peter, *Authentic Decor: The Domestic Interior, 1620–1920*, first US ed., New York: Viking, 1984
Tigerman, Bobbye, "'I Am Not a Decorator': Florence Knoll, the Knoll Planning Unit and the Making of the Modern Office" in *Journal of Design History* 20:1, 2007
Toker, Franklin, *Fallingwater Rising: Frank Lloyd Wright, E. J. Kaufmann, and America's Most Extraordinary House*, New York: Alfred A. Knopf, 2004
U.S. National Institute of Law Enforcement and Criminal Justice, *Design Guidelines for Creating Defensible Space*, Washington, DC: National Institute of Law Enforcement and Criminal Justice, Law Enforcement Assistance Administration, US Dept. of Justice: US Government Printing Office, 1976
Van der Laan, Dom H., *Architectonic Space: Fifteen Lessons on the Disposition of the Human Habitat*, Richard Padovan, trans., Leiden: E. J. Brill, 1983
Veitch, Russell, and Daniel Arkkelin, *Environmental Psychology: An Interdisciplinary Perspective*, Englewood Cliffs, NJ: Prentice Hall, 1995
Vitruvius Pollio, Marcus, *De Architectura*, trans. by Morris Hicky Morgan as *Vitruvius: The Ten Books on Architecture*, Cambridge, MA: Harvard University Press, 1914
Wagner, Richard, *The Art Work of the Future* (1849), William Ashton Ellis, trans., available at http://users.belgacom.net/wagnerlibrary/prose/wagartfut.htm
Ware, William R., *An Outline of a Course of Architectural Instruction*, Boston: J. Wilson & Sons, 1866
Wharton, Edith, *The Decoration of Houses*, New York: Charles Scribner's Sons, 1897
Whiton, Sherrill, *Elements of Interior Decoration*, Chicago: Lippincott, 1937
Wigley, Mark, *Constant's New Babylon: The Hyper-architecture of Desire*, Rotterdam: 010 Publishers, 1998
Willard, F. E., *Occupations for Women: A Book of Practical Suggestions for the Material Advancement*, Cooper Union NY, Success Co, 1897
Wingler, Hans W., ed., *Bauhaus: Weimar, Dessau, Berlin, Chicago*, Cambridge, MA: MIT Press, 1969
Wittkower, Rudolf, *Architectural Principles in the Age of Humanism*, New York: Random House, 1965
Wölfflin, Heinrich, and Jasper Cepl, *Prolegomena zu einer Psychologie der Architektur: mit einem Nachwort zur Neuausgabe von Japser Cepl*, Edition Ars et Architectura, Berlin: Mann, 1999
Woodcock, D.M., "A Functionalist Approach to Environmental Preference," PhD diss., University of Michigan, 1982
Woods, Mary N., *From Craft to Profession: The Practice of Architecture in Nineteenth-Century America*, Berkeley: University of California Press, 1999
Worsham, Herman, "The Milam Building" in *Heating, Piping and Air Conditioning*, 1 (July 1929), 182
Wright, Frank Lloyd, *The Natural House*, New York: Horizon Press, 1954
Wright, Gwendolyn, and Janet Parks, eds, *The History of History in American Schools of Architecture 1865–1975*, Princeton: Princeton University Press, 1990
Wright, Richard, ed., *House and Garden's Complete Guide to Interior Decoration*, revised and enlarged edition, New York: Simon & Schuster, 1947
Yaneva, Albena, *Scaling Up and Down: Extraction Trials in Architectural Design*, Thousand Oaks, CA: Sage Publications Ltd., 2005
Zevi, Bruno, *Architecture as Space: How to Look at Architecture*, New York: Horizon Press, 1957

ARTICLES

Anon., "Interior Architecture: The Field of Interior Design in the United States. A Review of Two Decades: Some Comments on the Present and a Look into the Future" in *The American Architect* (January 2, 1924), 25–29

Anthes, Emily, "Building around the Mind" in *Scientific American*, April/May/June 2009

Attfield, Judy, "Beyond the Pale: Reviewing the Relationship between Material Culture and Design History" review in *Journal of Design History* 12 (4): 373–380, 1999

Biester, Charlotte E., "Catherine Beecher's Views of Home Economics" in *History of Education Journal* 3 (3): 88–91, 1952

Briggs, Martin S., "Architectural Models—I." in *The Burlington Magazine for Connoisseurs* 54 (313): 174–183, 1929

Briggs, Martin S., "Architectural Models—II." in *The Burlington Magazine for Connoisseurs* 54 (314): 245–252, 1929

Buchanan, Richard, "Rhetoric, Humanism, and Design" in *Discovering Design*, 31

Clausen, Meredith L., "The École des Beaux-Arts: Toward a Gendered History" in *Journal of the Society of Architectural Historians* 2 June (Vol. 69, 2010): 153–161

Collins, Peter, "The Eighteenth-Century Origins of Our System of Full-Time Architectural Schooling" in *Journal of Architectural Education* 33 (2) (November 1979): 2–6

Dean, Cornelia, "Ancient Man Hurt Coasts, Paper Says," *New York Times* (August 21, 2009), A20

Deforge, Yves, and John Cullars, "Avatars of Design: Design before Design" in *Design Issues* 6 (2): 43–50, 1990

Eames, Charles, "Language of Vision: The Nuts and Bolts" in *Bulletin of the American Academy of Arts and Sciences* 28 (1): 13–25, 1974

Eames, Charles, and Ray Eames, "The Eames Report April 1958" in *Design Issues* 7 (2): 63–75, 1991

Edwards, Clive D., "History and Role of Upholsterer" in *Encyclopedia of Interior Design*, Joanna Banham, ed., London: Routledge, 1997

Etlin, Richard A., "Le Corbusier, Choisy, and French Hellenism: the Search for a New Architecture" in *The Art Bulletin* 69 (2) (June 1987): 264–278

Goodyear, Dana, "Lady of the House: Kelly Wearstler's Maximal Style" in *New Yorker* (September 14, 2009)

Guillén, Mauro F., "Scientific Management's Lost Aesthetic: Architecture, Organization, and the Taylorized Beauty of the Mechanical" in *Administrative Science Quarterly* (December 1, 1997): 682–715

Hamlin, A. D. F., "The Influence of the École des Beaux-Arts on our Architectural Education" in *Columbia University Quarterly* (June 1908), reprinted from *Architectural Record* XXIII: 4 (April 1908), 286

Hays, Michael, ed., *Buckminster Fuller: Starting with the Universe*, New Haven: Yale University Press, 2008

Hayward, Stephen, "'Good Design Is Largely a Matter of Common Sense:' Questioning the Meaning and Ownership of a Twentieth-Century Orthodoxy" in *Journal of Design History* 11 (3): 217–224, 1998

Hewes, Gordon W., "World Distribution of Certain Postural Habits" in *American Anthropologist* 57 (2): 231–244, 1955

Hewes, Gordon W., "The Domain Posture" in *Anthropological Linguistics* 8 (8): 106–112, 1966

Howarth, Thomas, "Background to Architectural Education" in *Journal of Architectural Education* 14:2 (Autumn 1959): 25–30

Kaufmann, Edgar, Jr., "Nineteenth-Century Design" in *Perspecta* 6: 56–67, 1960

Kelley, C. F., "Architectural Models in Miniature" in *Bulletin of the Art Institute of Chicago* (1907–1951) 31 (5): 65–68, 1937

Kirkham, Pat, "Humanizing Modernism: The Crafts, 'Functioning Decoration' and the Eameses" in *Journal of Design History* 11 (1): 15–29, 1998

Kolko, Jon, "Abductive Thinking and Sensemaking: The Drivers of Design Synthesis" in *Design Issues* 26 (1), Winter 2010

Lavin, Sylvia, "Richard Neutra and the Psychology of the Domestic Environment" in *Assemblage* No. 40 (December 1999), 8

Lavin, Sylvia, "Form Follows Libido: Architecture and Richard Neutra in a Psychoanalytic Culture" in *Harvard Design Magazine* (Fall–Winter, 2008–2009), n. 29, 161–164, 167

Ley, David, untitled review in *Annals of the Association of American Geographers* 64 (1): 156–158, 1974

Lippincott, J. Gordon, "Industrial Design as a Profession" in *College Art Journal* 4: 3, 1945

Maciuika, John V., "Adolf Loos and the Aphoristic Style: Rhetorical Practice in Early Twentieth-Century Design Criticism" in *Design Issues* 16 (2): 75–86, 2000

Maldonado, Tomas, "The Idea of Comfort" in *Design Issues* (Autumn 1991) 8: 1, 35–43

Margolin, Victor, "A World History of Design and the History of the World" in *Journal of Design History* 18 (3): 2005, 235–243

Maslow, Abraham H., "A Theory of Human Motivation" in *Psychological Review* 50 (4): 370–396, 1943

Moholy-Nagy, Laszlo, "New Approach to the Fundamentals of Design" from the periodical *More Business* 3:11 (Chicago, November 1938) in *Bauhaus*, 196

Moholy-Nagy, Sibyl, "The Indivisibility of Design" in *Art Journal* 22 (1): 12–14, 1962

Muschenheim, William, "Curricula in Schools of Architecture: A Directory" in *Journal of Architectural Education* (1947–1974) 18 (4): 56–62, 1964

Neutra, Richard J., "Human Setting in an Industrial Civilization" in *Zodiac* 2 (1958): 69–75; reprinted in Joan Ockman, ed., *Architecture Culture 1943–1968: A Documentary Anthology*, New York: Rizzoli/Columbia, 1993, 287

Puetz, Anne, "Design Instruction for Artisans in Eighteenth-Century Britain" in *Journal of Design History* 12 (3): 217–39, 1999

Purser, Robert S., "The Historical Dimension of Environmental Design Education" in *Art Education* 31 (4): 13–15, 1978

Ramachandran, V. S. and D. Rogers-Ramachandran, "The Power of Symmetry" in *Scientific American*, April/May/June 2009, 20–22

Ribe, N. and F. Steinle, "Exploratory Experimentation: Goethe, Land, and Color Theory" in *Physics Today* (July 2002), 44

Robinson, Julia W., "Architectural Research: Incorporating Myth and Science" in *Journal of Architectural Education* 44 (1): 20–32, 1990

Smith, Roberta, "What was Good Design? MOMA's Message 1944–56," *New York Times* (June 5, 2009)

Twiss, C. Victor, "What is a Decorator?" in *Good Furniture* 10 (February 1918)

Vizetelly, Frank H., "Embellishers: Name Offered to Describe Interior Decorators," *New York Times* (June 30, 1935)

Ware, William R., "Architecture at Columbia College" in *The American Architect and Building News* (August 6, 1881), 61

Weigley, Emma Seifrit, "It Might Have Been Euthenics: The Lake Placid Conferences and the Home Economics Movement" in *American Quarterly* 26 (1): 79–96, 1974

Wigley, Mark, "White-out: Fashioning the Modern [Part 2]" in *Assemblage* (22): 7–49, 1993

Woodruff Smith, David, "Phenomenology" in *The Stanford Encyclopedia of Philosophy* (Summer 2009 Edition), Edward N. Zalta, ed., http://plato.stanford.edu/archives/sum2009/entries/phenomenology/

Wright, John Henry, "The Origin of Plato's Cave" in *Harvard Studies in Classical Philology* 17: 131–142, 1906

Young, Gregory, Jerry Bancroft, and Mark Sanderson, "Seeking Useful Correlations between Music and Architecture" in *Leonardo Music Journal* 3: 39–43, 1993

Zucker, Paul, "The Paradox of Architectural Theories at the Beginning of the Modern Movement" in *The Journal of the Society of Architectural Historians* 10: 3 (October 1951), 9

图片来源

Front cover: Lérida University, Alvaro Siza (photo: ©Fernando Guerra/VIEW)
Back cover: Shashi Caan
13–14 Shashi Caan; **16** Nicolas Lescureux, Muséum national d'Histoire naturelle (Paris, France); **17, 18 top** Theodore Prudon; **18 center & bottom** Shashi Caan, after N. Schoenauer, *6,000 Years of Housing*, W.W. Norton & Co., 2000; **19 top** Theodore Prudon; **19 bottom** Fewkes, "Cave Dwellings of the Old and New World" in *American Anthropologist*, 1910; **20** James Orr/New Mexico Tourism Department; **21** Carl Sofus Lumholtz, *Unknown Mexico*, Macmillan & Co., Ltd, 1902; **21 center** National Museum and Research Center of Altamira Department of Culture of Spain; **21 bottom** Theodore Prudon; **22** Richard Shieldhouse; **23, 25** Carl Sofus Lumholtz, *Unknown Mexico*, Macmillan & Co., Ltd, 1902; **26 top** Vitruvius, *De Architectura*, trans. Cesare Cesariano; **26 bottom** *On Adam's House in Paradise*, from Viollet-le-Duc's *Dictionnaire* **27** Vitruvius, *De Architectura*, trans. Cesare Cesariano; **28** Marc-Antoine Laugier, *Essai sur l'architecture*, 1755; **31** *AIA Journal*, October 1961; **39** Diderot and d'Alembert, *Encyclopédie*, 1751–1772; **41** Francesco Colonna, *Hypnerotomachia Poliphili*, Venice, 1499; **42** Shashi Caan; **46–47** Shashi Caan, after Edward T. Hall, *The Hidden Dimension*, Anchor Books, 1990; **48** Getty Images/Time & Life Archive, Photographer Bernard Hoffman; **49, 50** Shashi Caan; **51** Shashi Caan, after S. Diamant, "A Prehistoric Figure from Mycenae" published in *The Annual of the British School at Athens*, Vol. 69 (1974); **52** Shashi Caan; **53** Librado Romero/*The New York Times*; **56** Robert Fludd, *Utrisque Cosmi*, 1619; **58** Modulor redrawn by Shashi Caan/©FLC/ADAGP, Paris and DACS, London 2011; **59** Shashi Caan; **61** Albrecht Dürer, *Four Books on Human Proportion* (*Vier Bücher von Menschlicher Proportion*), 1512–1523; **62** Shashi Caan; **63** Cover of the English edition of *Architect's Data*, Ernst Neufert; **65** Shashi Caan; **67** Theodore Prudon; **69** Getty Images/Time & Life Archive, Photographer Frank Scherschel; **70** US Patent No. 324, 825 25, August 1885, reproduced in S. Giedion, *Mechanization Takes Command*, Oxford University Press, 1948; **71** Courtesy of the Teylers Museum, Haarlem, Collection of M. de Clercq; **73** Shashi Caan, after James Marston Fitch, *American Building*, 1948; **74** Albrecht Dürer, *St. Jerome in his Study*, 1514; **75** Photography Collection, Miriam and Ira D. Wallach Division of Art, Prints and Photographs, The New York Public Library; **77** Shashi Caan; **79** Shashi Caan, with data from the Gallup-Healthways Well-Being Index; **86** Diderot and d'Alembert, *Encyclopédie*, 1751–1772; **88** Elsie de Wolfe, *The House in Good Taste*, 1913; **90–91** Catherine Ward Beecher and Harriet Beecher Stowe, *American Woman's Home, or Principles of Domestic Science*, 1869; **92** Germain Boffrand, *Oeuvre d'architecture...* Paris, Pierre Patte, 1753; **93** Library of Congress; **95 top** Ezra Stoller/ESTO; **95 bottom** Shashi Caan; **96 top** Pullman Company, as reproduced in S. Giedion, *Mechanization Takes Command*, Oxford University Press, 1948; **96 bottom** Walter Dorwin Teague, 1949, Courtesy of Teague, Seattle; **97 left** Scott Norsworthy; **97 right** Shashi Caan; **98–99** Theodore Prudon; **100 left** Charles Bell, *The Anatomy of the Brain*, 1802; **100 right** Shashi Caan, as redrawn from the *Proceedings of the National Academy of the Sciences of the United States of America*, January 2009; **101** Cover, *American Phrenological Journal*, Vol. X, No. 3, March, 1848, O. S. Fowler, ed.; **102** *Caroli Linnaei, Systema naturae: Regnum animale*, 1735; **103** J. C. Lavater, *Von der Physiognomik*, 1772; **104** Shashi Caan; **105** Galen R. Frysinger; **110–111, 115, 116–117, 121** Shashi Caan; **126** The New York Public Library Archives, The New York Public Library, Astor, Lenox and Tilden Foundations; **130–131** Rowena Reed Fund; **134 top** Paul Jonusaitis; **134 center** Foster + Partners; **134 bottom** Shashi Caan; **138** Art & Architecture Collection, Miriam and Ira D. Wallach Division of Art, Prints and Photographs, The New York Public Library, Astor, Lenox and Tilden Foundations; **139** Shashi Caan, as redrawn with permission from Ethel Rompilla, *Color for Interior Design*, Harry N. Abrams, 2005; **140–141** Shashi Caan; **142** Courtesy of the Brent R. Harris Collection/©The Josef and Anni Albers Foundation/VG Bild-Kunst, Bonn and Dacs, London 2011; **144** Art & Architecture Collection, Miriam and Ira D. Wallach Division of Art, Prints and Photographs, The New York Public Library, Astor, Lenox and Tilden Foundations; **146 top** Kirill Pochivalov; **146 bottom** Vladimir V. Lima, Phillippines; **148–149** Dunja Vrkljan; **151 top** Getty Images, Photographer Mario Tama/©ARS, NY and DACS, London 2011; **151 bottom** Getty Images, Photographer Timothy A. Clary/©ARS, NY and DACS, London 2011; **152–153** Getty Images/Hulton Archive, Photographer Frank Martin/©ARS, NY and DACS, London 2011; **155** Shashi Caan, adapted from original image courtesy of Flickr user "Oceandesetoiles;" **156–159, 161 top** Shashi Caan; **161 center** Theodore Prudon; **161 bottom** Paul Goyette; **164** Shashi Caan; **172** Nicolas Lannuzel: www.flickr.com/photos/nlann; **173** Shashi Caan; **174** Constant Nieuwenhuys, *New Babylon, Groep sectoren, 1959*, Collection of the Gemeentemuseum Den Haag/©DACS 2011; **175** Shimizu Corporation; **178–179** Tsui Design and Research

译者简介

本书的作者致谢、序言、绪论、第一章、第二章、第三章由谢天翻译，第四章与第五章由顾蓓蓓、谢天翻译。

谢天：女，出生于1974年，博士，国家一级注册建筑师。

顾蓓蓓：女，出生于1978年，博士，深圳大学建筑与城市规划学院讲师。